Förderprogramm-Controlling:
Entwicklung einer betriebswirtschaftlichen Konzeption

Beiträge zum Controlling

Herausgegeben von Wolfgang Berens

Band 18

PL ACADEMIC RESEARCH

Torsten Wruck

Förderprogramm-Controlling: Entwicklung einer betriebswirtschaftlichen Konzeption

Kategorisierung von staatlichen Förderprogrammen entlang des Fördermanagementprozesses zur Ableitung von Gestaltungspotentialen

PL ACADEMIC RESEARCH

Bibliografische Information der Deutschen Nationalbibliothek
Die Deutsche Nationalbibliothek verzeichnet diese Publikation in der Deutschen Nationalbibliografie; detaillierte bibliografische Daten sind im Internet über http://dnb.d-nb.de abrufbar.

Zugl.: Münster (Westfalen), Univ., Diss., 2012

Umschlaggestaltung:
© Olaf Gloeckler, Atelier Platen, Friedberg

Logo auf dem Umschlag:
Logo des Lehrstuhls für Betriebswirtschaftslehre, insb. Controlling der Westfälischen Wilhelms-Universität Münster

Gedruckt auf alterungsbeständigem, säurefreiem Papier.

D 6
ISSN 1618-825X
ISBN 978-3-631-64044-9

Geleitwort

Das Thema „Staatliche Förderprogramme“ wurde bislang in der betriebswirtschaftlichen Diskussion nur wenig berücksichtigt. Die vereinzelt in der Literatur vertretenen Arbeiten beschränken sich auf eine Evaluation und Wirkungsanalyse ausgewählter Förderprogramme bzw. leiten praktische Handlungsempfehlungen zur Inanspruchnahme bestimmter Förderprogramme ab. Eine übergeordnete Betrachtung, die nicht auf ein bestimmtes Förderprogramm abstellt, sowie eine systematische modelltheoretische Auseinandersetzung sind in der wissenschaftlichen Diskussion bisher nicht vertreten. Dies bezieht sich insbesondere auf einen analytisch-konzeptionellen Ansatz zur betriebswirtschaftlichen Steuerung staatlicher Förderprogramme unter Berücksichtigung der unterschiedlichen Phasen, die eine Förderung durchläuft.

Die Bedeutung eines solchen übergreifenden Ansatzes ist vor dem Hintergrund der Kritik im Umgang mit staatlichen Geldern, der Entwicklung der öffentlichen Haushaltslage und der zunehmenden Forderung nach Transparenz über die eingesetzten staatlichen Mittel von hoher praktischer Relevanz.

Den Kern der Arbeit von Herrn TORSTEN WRUCK bildet die Entwicklung eines ganzheitlichen Modellrahmens zur Analyse von Förderprogrammen im Hinblick auf die Ausgestaltung und Optimierung eines Förderprogramm-Controllings. Dabei konzipiert Herr WRUCK in einem ersten Schritt Analysen für sämtliche Prozessphasen, die ein Förderprogramm durchlaufen kann, beginnend mit der Planung, über die Durchführung bis hin zur Kontrolle eines Förderprogramms. Die Gesamtheit dieser Phasen charakterisiert er zutreffend als Fördermanagementprozess. Durch diese Analysen werden eindeutige theoretische Gestaltungspotentiale durch die Implementierung eines Förderprogramm-Controllings offensichtlich, die unter Berücksichtigung individueller Zielsetzungen direkt in praktische Handlungsbedarfe überführt werden können.

Hervorzuheben ist außerdem, dass Herr WRUCK der Heterogenität von Förderprogrammen Rechnung trägt, indem er neben der prozessorientierten Untersuchung auch prozessunabhängige Analysen zur Beurteilung der individuellen Beziehung zwischen Fördergeber, Fördernehmer und Zielgruppe durchführt. Durch diese Analyse kann ein Komplexitätsgrad aufgezeigt werden, der bei der praktischen Realisierung der Gestaltungspotentiale beachtet werden muss.

Die Arbeit von Herrn WRUCK bietet aus wissenschaftlicher Perspektive den Mehrwert einer guten Strukturierungshilfe für staatliche Förderprogramme. Für Praktiker kann das Werk als konkrete Hilfestellung für ein Förderprogramm-Controlling gesehen werden. Somit gehe ich davon aus, dass die Arbeit auf die ihr gebührende Resonanz stoßen wird.

Münster, im Dezember 2012 Prof. Dr. Wolfgang Berens

Vorwort

Die vorliegende Arbeit entstand während meiner Assistententätigkeit als externer wissenschaftlicher Mitarbeiter am Lehrstuhl für Betriebswirtschaftslehre, insbesondere Controlling sowie meiner Tätigkeit als Berater für die BMS Consulting GmbH, Düsseldorf, und wurde im Wintersemester 2012/2013 an der Westfälischen Wilhelms-Universität Münster als Dissertationsschrift angenommen. Allen, die mich während meiner Dissertationszeit unterstützt haben, möchte ich an dieser Stelle meinen Dank aussprechen.

Besonderer Dank gilt in diesem Zusammenhang zunächst meinem akademischen Lehrer und Erstgutachter Herrn Prof. Dr. Wolfgang Berens. Er ermöglichte es, dass ich die Promotion mit meiner Beratungstätigkeit verbinden konnte. Diese Integration und Kombination von Wissenschaft und Praxis haben die letzten Jahre zu einem lehrreichen Erlebnis werden lassen. Frau Prof. Dr. Theresia Theurl danke ich recht herzlich für die Übernahme des Zweitgutachtens.

Spezielle Anerkennung und großer Dank gilt Herrn Dr. Thomas Mosiek. Neben seiner konstruktiven Kritik und seinen kreativen Anregungen hat er durch außerordentliches Engagement – trotz seiner zeitintensiven Tätigkeit als Geschäftsführer der BMS Consulting GmbH – zur Entstehung dieser Arbeit beigetragen.

Ein herzlicher Dank richtet sich vor allem an Frau RA'in Natalie Ott. Durch ihren hohen zeitlichen Einsatz hat sie einen wesentlichen Beitrag zur Qualität der Arbeit geleistet. Auch durch ihre notwendige Aufmunterung war sie mein größter Rückhalt bei der Erstellung dieser Arbeit. Bei Herrn Dipl.-Kfm. Ansgar Kernder möchte ich mich ebenfalls für seine konstruktive Kritik und viele Anregungen bedanken.

Für die anregenden Diskussionen, hilfreichen Hinweise und den Zuspruch möchte ich sowohl meinen Kollegen bei der BMS Consulting GmbH und den Mitarbeitern am Lehrstuhl für Betriebswirtschaftslehre, insbesondere Controlling besonderen Dank aussprechen.

Abschließend möchte ich mich bei meinen liebevollen Eltern für die Geduld und immerwährende Unterstützung – nicht nur in den letzten Jahren bei der Erstellung dieser Dissertationsschrift – ganz herzlich bedanken.

Düsseldorf, im Dezember 2012 Dipl-Kfm. Torsten Wruck

Inhaltsverzeichnis

Abkürzungsverzeichnis

ANBest-G	Allgemeine Nebenbestimmungen für Zuwendungen zur Projektförderung an Gemeinden
ANBest-I	Allgemeine Nebenbestimmungen für Zuwendungen zur institutionellen Förderung
ANBest-P	Allgemeine Nebenbestimmungen für Zuwendungen zur Projektförderung
APuZ	Aus Politik und Zeitgeschichte
Az.	Aktenzeichen
BFuP	Betriebswirtschaftliche Forschung und Praxis
BGB	Bürgerliches Gesetzbuch
BHO	Bundeshaushaltsordnung
BMS	Berens Mosiek Siemes
BVerwG	Bundesverwaltungsgericht
bzgl.	bezüglich
BWL	Betriebswirtschaftslehre
ca.	circa
DVBl.	Deutsches Verwaltungsblatt
EFRE	Europäische Fonds für regionale Entwicklung
E-Government	Electronic Government
ERP	European Recovery Program
EU	Europäische Union
e.V.	eingetragener Verein
f.	folgende
ff.	fortfolgende
F&E / FuE	Forschung und Entwicklung
FHTW	Fachhochschule für Technik und Wirtschaft Berlin
FHVR	Fachhochschule für Verwaltung und Rechtspflege Berlin
ggf.	gegebenenfalls
GmbH	Gesellschaft mit beschränkter Haftung
Hrsg.	Herausgeber
i.d.R.	in der Regel
JA	Juristische Arbeitsblätter
KfW	Kreditanstalt für Wiederaufbau
KLR	Kosten-Leistungsrechnung
KMU	Kleine und mittlere Unternehmen
M€	Millionen Euro
MGEPA	Ministeriums für Gesundheit, Emanzipation, Pflege und Alter des Landes Nordrhein-Westfalen
NJW	Neue Juristische Wochenschrift

NRW	Nordrhein-Westfalen
o.V.	ohne Verfasserangabe
p.a.	per anno
Rz.	Randziffer
S.	Seite
Sp.	Spalte
T€	Tausend Euro
TV	Television
U3	unter 3 Jahren
URL	Uniform Resource Locator
USA	Vereinigte Staaten von Amerika
VOP	Verwaltungsführung, Organisation, Personalwesen
vs.	versus
VwVfG	Verwaltungsverfahrensgesetz
WiSt	Wirtschaftswissenschaftliches Studium
WISU	Das Wirtschaftsstudium
z.B.	zum Beispiel
ZögU	Zeitschrift für öffentliche und gemeinwirtschaftliche Unternehmen

Abbildungsverzeichnis

Tabellenverzeichnis

1 Einführung

1.1 Ausgangslage

Im Zusammenhang mit staatlichen Förderprogrammen sind in den letzten Jahren regelmäßig *kritische Aussagen und Bewertungen* anzutreffen. Staatliche Institutionen[1] als Initiator und Fördergeber werden oftmals hinsichtlich der Durchführung von Förderprogrammen und der daraus resultierenden Art und Weise ihres Umgangs mit Fördergeldern kritisiert. So bemängelt beispielsweise der Landesrechnungshof des Landes Nordrhein-Westfalen, dass das für ein Förderprogramm zuständige Ministerium beim Umgang mit Fördergeldern „weder geeignete Steuerungsinstrumente zur sachgerechten Verteilung eingesetzt noch eine begleitende Erfolgskontrolle durchgeführt“ hat.[2] Mit deutlichen Worten befindet der Landesrechnungshof auch, dass die „Prüfung [...] gravierende Unregelmäßigkeiten zutage treten lassen“ habe und spricht in diesem Zusammenhang von „unzulänglich getroffenen Förderentscheidungen“ und „eindeutige[n] Zweckverfehlungen der eingesetzten Fördermittel“.[3] Ferner konstatierte der Bundesrechnungshof bei einem Förderprogramm eine fehlende Überprüfung hinsichtlich der Zielerreichung der laufenden Förderung und stellte fest, dass somit auch unklar bleibt, welchen Nutzen die bisher eingesetzten Fördermittel gebracht haben oder noch bringen werden.[4] Unabhängig von den Bewertungen der Rechnungshöfe werden beispielsweise auch allgemeine Forderungen laut, eine gezielte, noch pointiertere Förderung anstatt der Förderung „nach dem Gießkannenprinzip“ vorzunehmen.[5]

Diese Aussagen sind insbesondere vor dem Hintergrund der *Lage der öffentlichen Haushalte*[6] zu würdigen. Die finanzielle Situation staatlicher Institutionen wird seit Jahren vielfach als krisenhaft bzw. problematisch eingestuft.[7] Dies

---

1 Unter dem Begriff staatliche Institution werden sämtliche Ebenen der öffentlichen Verwaltungen und Unternehmen eingeordnet. Diese Begriffseinordnung erfolgt in Anlehnung an Klingebiel (1999), S. 380. KLINGEBIEL verwendet in diesem Kontext den Begriff der Öffentlichen Institution.

2 Landesrechnungshof des Landes Nordrhein-Westfalen (2011), S. 133.

3 Landesrechnungshof des Landes Nordrhein-Westfalen (2012), S. 17.

4 Vgl. Bundesrechnungshof (2006), S. 53.

5 Vgl. Tonnellier (2011), S. 26f.

6 Unter dem Begriff der öffentlichen Haushalte im engeren Sinne ist das Rechnungswerk von Bund, Ländern und Gemeinden zu subsumieren, in dem Solleinnahmen und -ausgaben im Haushaltsplan (Budget) im Voraus für ein Rechnungsjahr festgesetzt werden. Eine nachträgliche Zusammenstellung der tatsächlichen Einnahmen und Ausgaben erfolgt in der Haushaltsrechnung. Diese Begriffsdefinition wurde Gabler Verlag (2012) entnommen.

7 Vgl. Müller (1994), S. 11 und Horváth (2000), S. 322.

wird vor allem bei einem Blick auf die Entwicklung der Verschuldung der Bundesländer der Bundesrepublik Deutschland deutlich. Die öffentlichen Schulden befinden sich seit Jahrzehnten im Anstieg.[8] Die vorgenannte Situation und die Einführung einer Schuldenbremse, die einen weiteren Anstieg der Schulden verhindern soll, führen dazu, dass die jeweiligen Bundesländer in ihren finanziellen Handlungsspielräumen eingeschränkt sind.[9] Davon sind allerdings die einzelnen Bundesländer in unterschiedlichem Maße betroffen, da sowohl die einnahmen- als auch ausgabenseitigen Rahmenbedingungen je nach Bundesland variieren.[10]

Gerade deswegen besteht die *grundsätzliche Notwendigkeit, Ausgaben bzw. Kosten einzusparen* und die vorhandenen Ressourcen effizient zu nutzen.[11] So werden auch bei Förderprogrammen Mitteleinsparungen zur Reduzierung von Ausgaben vorgenommen.[12]

Neben der aus der Haushaltslage resultierenden Herausforderung, Ausgaben zu reduzieren, ist auch ein *zunehmender Wandel bei den Erwartungen der Bürger an die staatlichen Institutionen* zu konstatieren. Die Bürger fordern deutlich *mehr Transparenz und Informationen* über die Leistungen, die staatliche Institutionen erbringen. Dabei orientiert sich dieser Anspruch an den Publikationspflichten über die Leistungen und Ergebnisse privatwirtschaftlicher Unternehmen.[13] Allerdings ist bisher vielfach der Zusammenhang zwischen einer Ausgabe des Staates bzw. der Verwaltung und dem Erfolg einer mit diesen eingesetzten Mitteln durchgeführten Maßnahme nicht bekannt. Daher kann auch keine Aussage getroffen werden, ob die Ausgabe gerechtfertigt war oder nicht. An dieser Stelle muss grundsätzlich ein Controlling als Steuerungsinstrument ansetzen.[14]

---

8 Vgl. Statistisches Bundesamt (2012). Zur Entwicklung der Schulden der öffentlichen Gesamthaushalte (Bund, Bundesländer, Gemeinden) können beim Statistischen Bundesamt Daten für die Jahre 1992 bis 2009 abgerufen und der Anstieg der Verschuldung nachvollzogen werden.

9 Vgl. Freye (2009), S. 5.

10 Vgl. Freye (2009), S. 29f. Unter Rahmenbedingungen sind kaum oder nicht kurzfristig beeinflussbare Gegebenheiten zu verstehen. Dies ist auf der Einnahmenseite die Höhe der Steuereinnahmen, welche konjunkturbedingt variieren. Auf der Ausgabenseite betrifft dies beispielsweise die Zinsbelastung, die für die aufgenommenen Verbindlichkeiten fällig wird. Ein Indikator für einen eingeschränkten Handlungsspielraum ist daher die Zins-Steuer-Quote. Diese Kennzahl bringt zum Ausdruck, wie viele Steuereinnahmen allein für Zinsverpflichtungen aufgewendet werden müssen.

11 Vgl. Tepe (2009), S. 9.

12 Vgl. Franke (2011), S. 4, S. 16 und o.V. (2011).

13 Vgl. Caiden/Caiden (1999), S. 145.

14 Vgl. Schenker-Wicki (2002), S. 68.

Bei der Einführung und Optimierung von betriebswirtschaftlichen Controlling-Konzeptionen und -Instrumenten in der öffentlichen Verwaltung besteht weiter die *Herausforderung, gewachsene Verwaltungsstrukturen und Denkweisen zu überwinden.*[15] Diese Herausforderung zu meistern ist insbesondere im Hinblick auf die geforderte Transparenz über die Leistung der Verwaltung erforderlich.[16]

Dies gilt verstärkt für *staatliche Förderprogramme*. Im Rahmen der vorliegenden Untersuchung wird ein staatliches Förderprogramm als ein freiwilliges Instrument zur Erreichung politischer Ziele verstanden.[17] Vor diesem Hintergrund sollten vor allem interne Akteure auf Seiten des Fördergebers (Verwaltung und politische Ebene) ein starkes Interesse haben, über den Erfolg des Förderprogramms Informationen zu erhalten, um ggf. Maßnahmen und Entscheidungen ableiten zu können. Darüber hinaus sollte auch aus Legitimationszwecken eine hinlängliche Transparenz über den Erfolg der eingesetzten staatlichen Gelder herrschen.

Insbesondere bei Förderprogrammen als freiwillige Aufgabe des Staates wäre es daher sinnvoll, dass bereits Instrumente zur Messung von Erfolg und gesellschaftlichen Wirkungseffekten verbreitetet zum Einsatz kommen. Eine solche Vorgehensweise lässt sich aber bisher nur selten beobachten. Häufig wird sich bei Förderprogrammen mit dem Nachweis, dass alle Mittel auch tatsächlich im Sinne des Förderprogramms verwendet wurden, zufrieden gegeben.[18] Nur bei vereinzelten Förderprogrammen wurde bisher die Wirkung des Förderprogramms beurteilt.[19]

Die vorliegende Untersuchung zeigt auf, dass die für die Verwaltung erforderlichen Erkenntnisse zur internen Steuerung und die Schaffung der geforderten externen Transparenz zur Legitimation der Verwaltungstätigkeiten nur erlangt werden können, wenn *von Beginn des Förderprogramms an ein begleitendes Förderprogramm-Controlling eingesetzt* wird. Dabei sind eine ganzheitliche Perspektive und alle Phasen eines Fördermanagementprozesses[20] gleichermaßen zu berücksichtigen. In der Phase, in der bereits Fördermaßnahmen erfolgt sind oder das Förderprogramm abgeschlossen ist, sind die eigentlichen Controlling-Aktivitäten einzuordnen, da dort ex post Ergebnisse ausgewertet und beurteilt und für Folgehandlungen Empfehlungen abgeleitet werden können. Darüber

---

15 Vgl. Kewenig (1988), S. 18 und Weber/Hamprecht (1995), S. 124.
16 Vgl. zur geforderten Transparenz Caiden/Caiden (1999), S. 145.
17 Vgl. Kapitel 2.1.1.5 zur Einordnung von Förderprogrammen in die Handlungsoptionen des Staates und Kapitel 2.1.2 zur begrifflichen Klärung.
18 Vgl. Berens/Mosiek/Röhrig/Gerhardt (2004), S. 328f.
19 Vgl. Pesch (2005), S. 1.
20 Vgl. dazu Kapitel 2.4.

hinaus muss auch die Phase des sogenannten Antrags- und Bewilligungsprozesses berücksichtigt werden, da dort das laufende Förderverfahren gesteuert wird. Weiter ist aber auch die Phase der Planung und Auflegung des Förderprogramms im Gesamtkonstrukt des Fördermanagementprozesses von erheblicher Bedeutung, da dort Rahmenbedingungen und Vorgaben festgelegt werden, die eine wichtige Grundlage zur laufenden und abschließenden Bewertung des Fördererfolgs bilden. Dies gilt vor allem für die festzulegenden Ziele des Förderprogramms, die wiederum nach Durchführung der Förderung überprüft werden müssen.

1.2 Zielsetzung der Arbeit

Ausgehend von der geschilderten Ausgangslage ist die *Hauptzielsetzung* dieser Arbeit, einen *theoretischen Modellrahmen entlang des Fördermanagementprozesses zu entwickeln*, der in den jeweiligen Phasen Förderprogramme kategorisiert und analysiert. Als zentraler Bestandteil dieses übergeordneten Ziels sollen aus diesen Analyseergebnissen Gestaltungspotentiale zur Optimierung eines Förderprogramm-Controllings[21] bzw. zur Verbesserung der Steuerbarkeit eines Förderprogramms abgeleitet werden können. Es sollen die Stellschrauben identifiziert werden, die zur Verbesserung der Beurteilung des Erfolgs eines Förderprogramms bzw. zur Verbesserung der zielorientierten Steuerbarkeit genutzt werden können. Bei Vorliegen von Gestaltungspotentialen sollen darüber hinaus geeignete betriebswirtschaftliche Instrumente gezielt zugeordnet werden, mit Hilfe derer das Gestaltungspotential erschlossen werden kann.

Eine ausschließliche Kategorisierung entlang der Phasen des Fördermanagementprozesses würde hingegen der differenzierten Grundstruktur eines Förderprogramms nicht abschließend gerecht werden. Daher muss das Hauptziel der Arbeit erweitert werden, um diese Differenzierungsmerkmale herauszuarbeiten und als eine *weitere prozessunabhängige Analyse* mit in die Gesamtbeurteilung aufzunehmen.

Das im Rahmen dieser Arbeit entwickelte Modell soll einen Ansatz zur systematischen Auseinandersetzung mit staatlichen Förderprogrammen liefern. Die vorliegende Ausarbeitung soll damit einen Anstoß geben und einen Beitrag leisten,

21 Vgl. Kapitel 3.4.1 zur begrifflichen Einordnung. In diesem Kapitel wird folgende Definition herausgearbeitet: Förderprogramm-Controlling dient der Beschaffung, Aufbereitung, Analyse und Kommunikation von Daten zur Vorbereitung zielsetzungsgerechter Entscheidungen zur Sicherstellung der Wirtschaftlichkeit und Wirksamkeit beim Einsatz und der Beurteilung von staatlichen Förderprogrammen.

sich im Rahmen wissenschaftlicher und modelltheoretischer Betrachtungen mit dem bisher stark vernachlässigten Instrument staatlicher Förderprogramme weiter und tiefergehender auseinanderzusetzen.

Das *Subziel* dieser Arbeit und eine besondere Herausforderung bei der Entwicklung des theoretischen Modellrahmens bestehen darin, ein *geeignetes Aggregationsniveau der Analysen und Kategorien für Förderprogramme zu identifizieren*. Bezüglich der Heterogenität und Individualität von Förderprogrammen gilt es, eine Verdichtung auf Eigenschaften und Merkmale vorzunehmen, die einerseits für jedes Förderprogramm beurteilbar sind. Andererseits darf aber auch kein zu grobes Aggregationsniveau erreicht werden, das keine differenzierten Aussagen und Ergebnisse mehr ermöglicht.

Der herausgearbeitete Modellrahmen soll nicht nur als *theoretisches Grundlagenmodell* zur Analyse von staatlichen Förderprogrammen betrachtet werden. Vielmehr soll das Modell *auch dem praktischen Ansatz dienen*, Förderprogramme systematisch zu analysieren und zu kategorisieren. So können in der Praxis nach Durchführung der Analysen etwa Umgestaltungen laufender Förderprogramme angestoßen bzw. Erkenntnisse erlangt werden, zukünftige Förderprogramme so zu gestalten, dass ein Förderprogramm-Controlling Aussagen über den Erfolg eines Förderprogramms treffen kann und eine verbesserte laufende Steuerung ermöglicht wird. Dazu soll der theoretische Ansatz an einem praktischen Anwendungsfall exemplarisch verdeutlicht werden.

Abschließend sei erwähnt, dass dieses Basismodell zur Analyse aller Förderprogramme als Ausgangspunkt zur Betrachtung spezieller Förderprogrammsegmente herangezogen werden kann.

1.3 Methodik und Vorgehensweise

Vor dem Hintergrund der in den vorangegangenen Abschnitten beschriebenen Motivation und Zielsetzung soll im *ersten Kapitel* noch der Aufbau der Arbeit in den drei folgenden, ineinandergreifenden, theoretischen Kapiteln vorgestellt werden, nämlich den Grundlagen staatlicher Förderprogramme und des Controllings sowie dem theoretischen Modell zur Kategorisierung von Förderprogrammen. Abschließend wird das theoretisch erarbeitete Modell einer exemplarischen, praktischen Anwendung unterzogen.

Aufgabe des *zweiten Kapitels* ist es, dem Leser die erforderlichen allgemeinen und theoretischen Grundlagen zum Verständnis von Ausgestaltung und Wirkung staatlicher Förderprogramme zu geben. Dabei wird zunächst das Instrument des Förderprogramms in die Handlungsoptionen des Staates eingeordnet und darauf aufbauend eine Definition des Begriffs „staatliches Förderprogramm" abgeleitet. Die besondere Bedeutung von staatlichen Förderprogrammen wird anschließend anhand von Mengen- und Volumengrößen eingeordnet. Nach Darstellung der spezifischen Charakteristika eines Förderprogramms, insbesondere hinsichtlich der Förderarten und den beteiligten Akteuren bei der Abwicklung, endet dieses Kapitel mit der Einführung eines Modellablaufs zur Darstellung des Fördermanagementprozesses. Diese prozessorientierte Sichtweise ist zentrale Grundlage dieser Arbeit und wird in den folgenden Kapiteln immer wieder aufgegriffen.

Im *dritten Kapitel* werden die für diese Arbeit relevanten Grundlagen des Controllings erläutert. Aufbauend auf dem allgemeinen betriebswirtschaftlichen Verständnis werden diese Aspekte für das Controlling-Verständnis im Hinblick auf die Institution der öffentlichen Verwaltung konkretisiert. Der für diese Arbeit zentrale Aspekt des Förderprogramm-Controllings wird als eine Ausprägung der Controlling-Aktivitäten in der öffentlichen Verwaltung herausgearbeitet. Da bei staatlichen Tätigkeiten der Verwaltung auch die Frage nach der (gesellschaftlichen) Wirkung dieser Aktivitäten gestellt wird, werden darüber hinaus die in der Literatur diskutierten Ebenenmodelle eines wirkungsorientierten Controllings mit in die Diskussion einbezogen.[22] Für die vorliegende Arbeit folgt der Verfasser der Darstellung in der Konzeption von MOSIEK ET AL.[23] Sowohl bei der allgemeinen betriebswirtschaftlichen Darstellung als auch bei der speziellen Perspektive des wirkungsorientierten Controllings wird eine Vernetzung mit dem in Kapitel 2 herausgearbeiteten Ablauf des Fördermanagementprozesses vorgenommen.

Das *vierte Kapitel* als Hauptelement der Arbeit widmet sich anschließend der konzeptionellen Ausarbeitung eines Modells zur Kategorisierung von Förderprogrammen entlang des Fördermanagementprozesses. Dabei werden Analysen für jede Phase des Fördermanagementprozesses (Planungsphase, Durchführungsphase und Kontrollphase) durchgeführt. Aus dem Ergebnis jeder Analyse werden Gestaltungspotentiale abgeleitet, durch deren Ausschöpfung die Rahmenbedingungen[24] des Förderprogramm-Controllings optimiert werden können bzw. eine bessere Steuerung des Förderprogramms ermöglicht wird. Zur praktischen Realisierung der Gestaltungspotentiale werden den einzelnen Prozessphasen und Modellanalysen zentrale Controlling-Instrumente zugeordnet. Ergän-

---

22 Vgl. Geier (1994), S. 83 und Mosiek et al. (2003), S. 28f. hinsichtlich der erforderlichen (gesellschaftlichen) Wirkung staatlicher Aktivitäten und Kapitel 3.3.1 zur ausführlichen Darstellung der Ebenenmodelle.

23 Vgl. Kapitel 3.3.2 zur Erläuterung der Konzeption von MOSIEK ET AL.

24 Unter Rahmenbedingungen sind beispielsweise quantitative und qualitative Fördervoraussetzungen sowie die Definition von Meilensteinen, die zur Fortsetzung der Förderung erreicht werden müssen, zu verstehen.

zend zu der prozessorientierten Betrachtung schließt das entwickelte theoretische Modell dann mit einer Beziehungsanalyse der am Förderprogramm beteiligten Akteure (Fördergeber, Fördernehmer, Zielgruppe). Durch diese übergreifende Analyse wird die Komplexität zum Ausdruck gebracht, die bei der Realisierung der aus allen Analysen ermittelten Gestaltungspotentiale berücksichtigt werden muss. Bei den gesamten Analysen dieses Modells wird ein Aggregationsniveau gewählt, auf dem alle Förderprogramme berücksichtigt werden können. Dieses Modell ist demnach in die Grundlagenforschung zur weiteren Vertiefung von Controlling-Konzeptionen mit Bezug zu staatlichen Förderprogrammen einzuordnen. Um aus der theoretischen Modellkonzeption in eine praktische Anwendung überzuleiten, werden am Ende des vierten Kapitels konkrete Fragestellungen formuliert. Dies dient dazu, theoretische Gestaltungspotentiale auch als praktische Handlungsbedarfe identifizieren zu können. Diese Fragen müssen die unterschiedlichen Fördergeber im Kontext des individuellen Förderprogramms beantworten und damit entscheiden, ob und welches Gestaltungspotential ausgeschöpft wird. Diese praktische Vorgehensweise ist sinnvoll, da beispielsweise vor dem Hintergrund der Kürze des noch ausstehenden Förderzeitraums (Förderprogramm läuft aus) der Nutzen einer Umgestaltung den hierfür erforderlichen Aufwand nicht rechtfertigt. Somit können in der Praxis nach Würdigung des Modells Handlungsbedarfe von Gestaltungspotentialen abweichen.

Die auf das entwickelte Modell folgende Fallstudie im *fünften Kapitel* stellt für das Förderprogramm „Frau und Beruf" des Ministeriums für Gesundheit, Emanzipation, Pflege und Alter des Landes Nordrhein-Westfalen beispielhaft zum einen die grundsätzliche Vorgehensweise und die dort eingesetzten Controlling-Instrumente in allen Phasen des Fördermanagementprozesses dar. Zum anderen wird in dem jeweiligen Prozessschritt das Förderprogramm analysiert und kategorisiert, um noch offene Gestaltungspotentiale aufzudecken. Das Ergebnis der prozessunabhängigen Beziehungsanalyse fließt in die abschließende Gesamtbeurteilung des Förderprogramms „Frau und Beruf" mit ein.

Die Arbeit schließt mit einer Schlussbetrachtung im *sechsten Kapitel.*

Der beschriebene Gesamtaufbau der Arbeit wird in der nachfolgenden Abbildung nochmals schematisch zum Ausdruck gebracht.

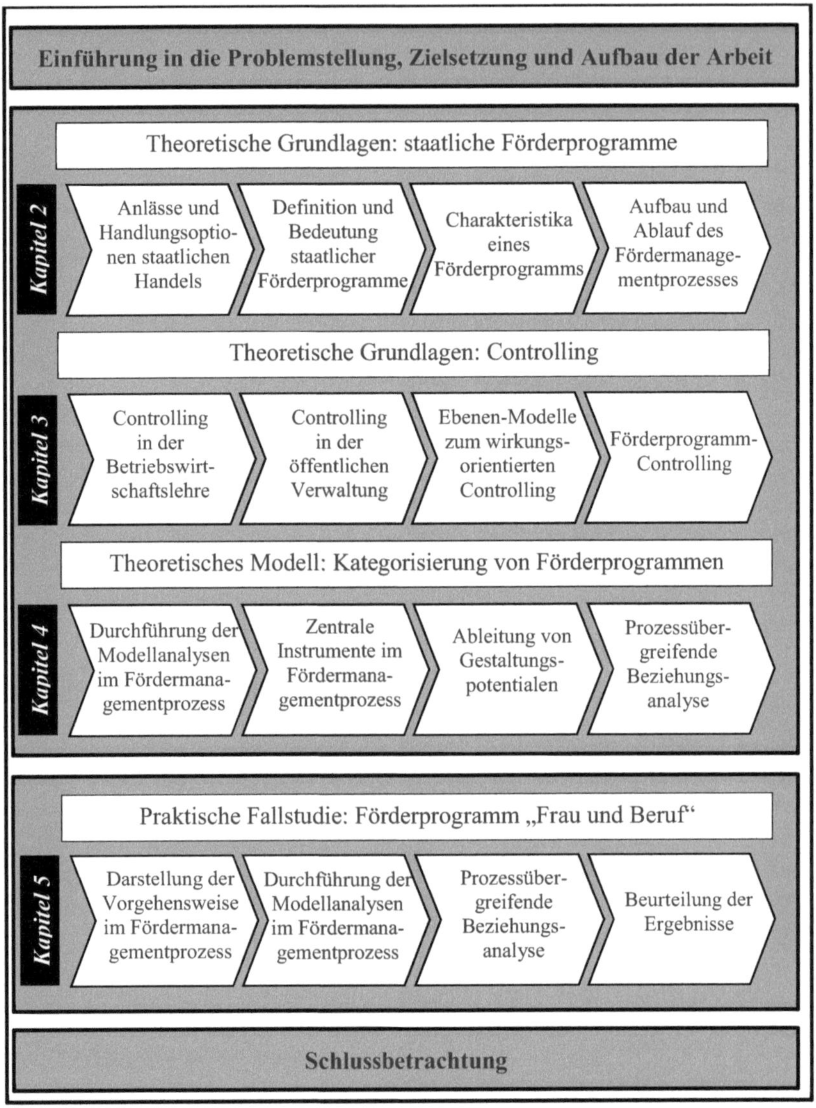

Abbildung 1: Schematischer Aufbau der Arbeit[25]

[25] Eigene Darstellung.

2 Staatliche Förderprogramme

2.1 Begriffliche Einordnung und Bedeutung

2.1.1 Handlungsoptionen des Staates

2.1.1.1 Überblick über die Handlungsoptionen des Staates

Die in dieser Arbeit betrachteten Förderprogramme werden von staatlichen Institutionen aufgelegt. Allerdings bietet sich nicht jede staatliche Handlungsform für ein Förderprogramm an. Bevor Förderprogramme in die Handlungsoptionen des Staates eingeordnet werden und darauf aufbauend der Begriff des Förderprogramms definiert werden kann, sollen zunächst die grundsätzlich möglichen Handlungsformen vorgestellt werden. Als grundsätzliche Handlungsoptionen des Staates kommen die Selbstwahrnehmung der Aufgabe, die Regelung durch Gesetze und Rechtsverordnungen und das Verwaltungshandeln durch Richtlinien in Frage, wenn die Entscheidung über eine Förderung zur Verwirklichung politischer Ziele getroffen werden soll.[26] Der Vollständigkeit halber muss auch die Option, dass keine Handlung durchgeführt werden soll, berücksichtigt werden. Dies soll aber im Rahmen dieser Arbeit ausgeklammert werden, da Handlungen zur Förderung nur dort ansetzen, wo Förderbedarf erkannt wurde und ein Tun in Form der Förderung – sei es auf Grund des öffentlichen oder politischen Interesses – geboten erscheint.

Da die folgenden Handlungsoptionen Vergünstigungen, Leistungsgewährungen oder Förderungen bereitstellen sollen und somit für den Empfänger einen positiven Charakter aufweisen, sind diese Formen in die sogenannte Leistungsverwaltung einer staatlichen Institution einzuordnen.[27]

2.1.1.2 Selbstwahrnehmung der Aufgabe

Eine staatliche Institution kann sich zur Verfolgung bestimmter Ziele entscheiden, eine Aufgabe entweder selbst wahrzunehmen, indem sie direkt ein bestimmtes Angebot bereitstellt, oder aber durch Gesetze oder Verwaltungshandeln die Aufgabenerfüllung zu verlagern versucht.[28] Liegt die Situation der Selbstwahrnehmung einer Aufgabe vor, wird von einer öffentlichen Aufgabe gesprochen.[29] Öffentliche Aufgaben sind demnach Aufgaben bzw. Tätigkeiten, die durch staatliche Institutionen unmittelbar durchgeführt werden, aber auch

---

26 Vgl. Eichhorn (1991), S. 587 und Peine (2008), S. 47.
27 Vgl. Schmidt, R. (2006), S. 221 und Detterbeck (2010), S. 4.
28 Vgl. Eichhorn (1991), S. 587 und Peine (2008), S. 47.
29 Vgl. Eichhorn (1991), S. 587 und Peine (2008), S. 47.

Aufgaben, die unter staatlicher Aufsicht oder Verantwortung stehen. Somit ist der Begriff der öffentlichen Aufgabe weiter zu fassen als der in Artikel 30 des Grundgesetzes verwendete Begriff der staatlichen Aufgabe.

Die Entscheidung, welche Aufgaben als öffentliche Aufgaben wahrzunehmen sind, ist nur selten direkt von der Art der Aufgabe her abzuleiten. Dies ist ausschließlich bei den sogenannten geborenen öffentlichen Aufgaben möglich.[30] Über diese klar zu definierenden öffentlichen Aufgaben hinaus bedarf es für die weitere Bestimmung einer öffentlichen Aufgabe einer politischen Entscheidung und Regelung. Somit liegt es an der Politik selbst, welche Aufgaben zu einer öffentlichen Aufgabe gemacht werden und welche Aufgaben durch Institutionen außerhalb der staatlichen Institutionen erfüllt werden sollen (z.B. durch private Anbieter). So können einerseits Förderungen durch staatliche Institutionen selbst durchgeführt werden oder andererseits z.B. Zuschüsse an nichtstaatliche Institutionen gewährt werden, die dann ihrerseits die Aufgabe wahrnehmen.[31] Wird eine öffentliche Aufgabe umgesetzt, kann dies wie folgt erfolgen: Als Eigenbetrieb durch öffentlich-rechtliche Einheiten (z.B. Behörden oder juristische Personen des öffentlichen Rechts),[32] als juristische Personen des Privatrechts[33] oder auch in Kooperation mit privaten Institutionen in einer sogenannten Public-Private-Partnership[34].

Nimmt eine staatliche Institution eine Aufgabe, mit der erwerbswirtschaftliche Tätigkeiten zusammenhängen, selbst wahr, sind ihr dahingehend Grenzen gesetzt, wenn andernfalls eine wirtschaftliche Machtstellung (z.B. Monopol) missbraucht würde.[35, 36]

Im Kontext dieser Arbeit soll die Selbstwahrnehmung einer Aufgabe durch staatliche Institutionen aber gerade nicht auf die erwerbswirtschaftliche Bedeutung einer solchen Tätigkeit hin thematisiert werden, sondern nur im Hinblick auf eine mögliche Handlungsform zur Erfüllung öffentlicher Interessen durch

---

30 Vgl. Eichhorn (1991), S. 587. Geborene öffentliche Aufgaben sind beispielsweise die. Landesverteidigung oder Polizei.

31 Vgl. bis zur vorangegangenen Fußnote Eichhorn (1991), S. 587.

32 Vgl. Schmidt, R. (2006), S. 367 und Detterbeck (2010), S. 325.

33 Vgl. Schmidt, R. (2006), S. 367f.; Erbguth (2009), S. 329f. und Detterbeck (2010), S. 325f.

34 Vgl. Erbguth (2009), S. 331.

35 Vgl. Erbguth (2009), S. 328.

36 § 110 der Gemeindeordnung NRW regelt beispielsweise das Verbot des Missbrauchs wirtschaftlicher Machtstellung gemeindlicher Unternehmen: „Bei Unternehmen, für die kein Wettbewerb gleichartiger Unternehmen besteht, dürfen der Anschluss und die Belieferung nicht davon abhängig gemacht werden, dass auch andere Leistungen oder Lieferungen abgenommen werden.“

Fördermaßnahmen. Daher wird auf eine detaillierte Würdigung rechtlicher Fragestellungen bei der Beteiligung des Staates als Wettbewerber in einem funktionierenden Markt auf Grund rein finanzieller Interessen verzichtet.[37]

2.1.1.3 Gesetze und Rechtsverordnungen

Die überwiegende Tätigkeit der Verwaltung beruht auf einer gesetzlichen Grundlage.[38] Unter einem Gesetz sind Rechtsnormen zu verstehen, die durch die Gesetzgebungsorgane nach Einhaltung der verlangten verfassungsrechtlichen Vorgehensweise beschlossen werden.[39] Auf Bundesebene werden Gesetze durch den Bundestag und ggf. unter Einbeziehung des Bundesrates beschlossen.[40] Auf Landesebene befasst sich der Landtag mit der Gesetzgebung.[41] Sowohl bei Bundes- als auch bei Landesgesetzen bedarf es einer Veröffentlichung im Gesetzgebungsblatt.[42]

Bei dieser ersten Begriffsbestimmung eines Gesetzes handelt es sich genauer gesagt um ein *formelles Gesetz*. Bei einem solchen wird nicht auf den Inhalt, sondern allein auf die Form des Gesetzgebungsverfahrens abgestellt.[43] Im Rahmen dieser Arbeit ist zur Abgrenzung und Definition von Förderprogrammen das Haushaltsgesetz von besonderer Bedeutung. Es ist ausschließlich ein formelles Gesetz, da daraus keine Außenwirkung folgt und es somit auch keinen Anspruch begründen kann. Im Haushaltsgesetz werden allein die bereitgestellten Mittel und deren Zweck definiert. Auch eine Konkretisierung der Mittelvergabe erfolgt nicht.[44]

Neben dem formellen Gesetz sind auch sogenannte *materielle Gesetze* generell-abstrakte Vorschriften. Sie begründen Rechte, aber auch Pflichten des Bürgers, wobei sich ein Gesetz „generell" an eine unbestimmte Anzahl von Adressaten richtet und „abstrakt" nicht den Einzelfall, sondern eine nicht limitierte Anzahl von Sachverhalten regelt.[45]

---

37 Ebenso differenziert auch Vogel (2000), S. 14.

38 Vgl. Peine (2008), S. 33.

39 Vgl. Peine (2008), S. 33 und Reimer (2008), S. 52.

40 Siehe Artikel 76, 77 und 78 des Grundgesetzes.

41 Siehe für Nordrhein-Westfalen Artikel 65 und 66 der Landesverfassung NRW.

42 Siehe für den Bund Artikel 82 Absatz 1 Satz 1 des Grundgesetzes und für die Landesebene exemplarisch Nordrhein-Westfalen Artikel 71 Absatz 1 Satz 1 der Landesverfassung NRW.

43 Vgl. Erbguth (2009), S. 70 und Detterbeck (2010), 29f.

44 Vgl. Detterbeck (2010), S. 30 und S. 95f.

45 Vgl. Peine (2008), S. 34 und Detterbeck (2010), S. 30.

Die beschriebenen Eigenschaften eines materiellen Gesetzes müssen auch von *Rechtsverordnungen* erfüllt werden. Sie unterscheiden sich allerdings hinsichtlich des formellen Charakters dadurch, dass nicht die Legislative, sondern die Exekutive auf Bundes- oder Landesebene (z.B. Regierung, Minister oder Verwaltung) Rechtverordnungen erlässt. Eine Rechtsverordnung bedarf immer einer gesetzlichen Rechtsgrundlage, die den Zweck und den Inhalt der Rechtsverordnung verallgemeinernd vorgibt.[46] Somit besteht ein direkter Zusammenhang zwischen Rechtsverordnung und Gesetz.

2.1.1.4 Verwaltungshandeln durch Richtlinien

Richtlinien sind eine Ausprägung des Verwaltungshandelns und gehören in die Kategorie der *Verwaltungsvorschriften*. Verwaltungsvorschriften sind wie Gesetze generell-abstrakte Regelungen, deren Geltungsbereich allerdings auf den verwaltungsinternen Bereich beschränkt ist. Richtlinien werden innerhalb einer staatlichen Institution oder von einer übergeordneten Institution für nachgelagerte Institutionen eingesetzt, um Handlungen richtungsweisend zu vereinheitlichen. Eine Außenwirkung besteht bei Richtlinien als Verwaltungsvorschriften nicht, so dass die Verwaltung damit weder Bindungswillen zeigt noch unmittelbar eine Handlungsverpflichtung gegenüber Außenstehenden eingeht.[47] Außenstehende, die auf Grundlage einer Richtlinie begünstigt werden, sind somit nur mittelbar von der Richtlinie betroffen.

Richtlinien bzw. Verwaltungsvorschriften bedürfen im Vergleich zu den Gesetzen keiner öffentlichen Publikation. Ob und in welcher Weise Verwaltungsvorschriften veröffentlicht werden, liegt vielmehr im Ermessen der Verwaltung. Hat diese sich allerdings für eine Publikation entschieden, müssen Veränderungen der einmal veröffentlichten Richtlinie in der gleichen Weise bekannt gemacht werden, da sich sonst Außenstehende auf den Vertrauensschutz hinsichtlich der ihnen bekannten Richtlinie berufen können.[48]

---

[46] Vgl. Peine (2008), S.34f.; Erbguth (2009), S. 71 und Detterbeck (2010), S. 30f.

[47] Vgl. Henke (1979), S. 69; Gusy (1991a), S. 291; Erbguth (2009), S. 71 und Detterbeck (2010), S. 32f.

[48] Vgl. BVerwG (1997), juris Orientierungssatz.

2.1.1.5 Positionierung von Förderprogrammen

Bei Förderprogrammen handelt es sich, wie noch zu zeigen ist, mit dem begünstigenden Verwaltungshandeln um eine Ausprägung der Leistungsverwaltung, nämlich einer direkten Förderung des Förderempfängers.[49] Speziell bei der Fördermittelvergabe als Verwaltungshandeln besteht verbreitet die Meinung, dass die formell gesetzliche Regelung im Haushaltsgesetz ausreichende gesetzliche Grundlage ist und kein weitergehender Gesetzesvorbehalt greift. Die Pflicht einer materiell-gesetzlichen Regelung wird insoweit abgelehnt. Die Vergabe der Förderung kann somit allein auf Grundlage von Richtlinien erfolgen.[50]

Dieser herrschenden Auffassung wird sich im Rahmen dieser Arbeit angeschlossen. Sie bildet die Grundlage der weiteren Ausführungen, so dass unter den Begriff der Förderprogramme nur solche Maßnahmen fallen, die auf keiner materiell-gesetzlichen Grundlage beruhen, sondern durch Richtlinien geregelt werden.

Auf Grundlage von Förderrichtlinien können Verträge geschlossen und Leistungen durch einen Verwaltungsakt bewilligt werden (sogenannter Bewilligungsbescheid).[51]

Der Aufbau von Förderrichtlinien beinhaltet in der Regel neben der allgemeinen Beschreibung und der Nennung der Voraussetzungen und des Zwecks der Förderung auch die Vorgaben hinsichtlich der Abwicklung im Rahmen des Antrags- und Bewilligungsverfahrens. Außerdem ist die Konkretisierung der Förderart, wie noch zu zeigen sein wird, unerlässlich.[52]

Die folgende Abbildung ordnet abschließend das Förderprogramm als Ausprägung einer Handlungsoption in alle beschriebenen Handlungsoptionen des Staates ein und visualisiert die Zusammenhänge. Dabei nimmt das Eigenengagement des Staates von der Selbstwahrnehmung der Aufgabe über die Handlungsoption der staatlichen Regelwerke bis hin zu der Entscheidung, kein staatliches Handeln vorzunehmen, kontinuierlich ab.

---

[49] Vgl. Kapitel 2.3.4.1.1.

[50] Vgl. Oldiges (1984), S. 1928f.; Schmidt, R. (2006), S. 221; Bull/Mehde (2009), S. 81; Ipsen (2009), S. 113 und Detterbeck (2010), S. 93ff.; alle Quellen mit Verweisen auf weiterführende Rechtsprechung.

[51] Vgl. Ipsen (2009), S. 113.

[52] Vgl. Henke (1979), S. 62 und S. 74.

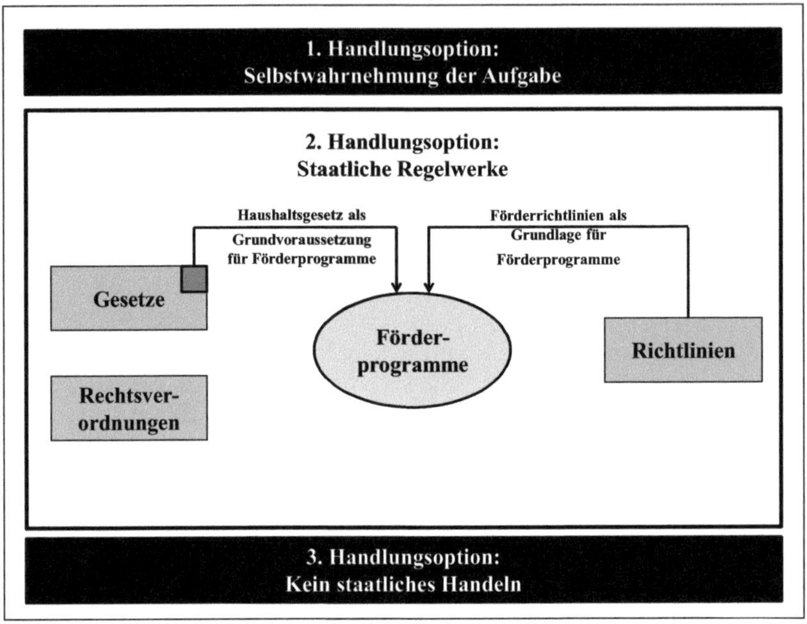

Abbildung 2: Einordnung von Förderprogrammen in mögliche staatliche Handlungsoptionen[53]

2.1.2 Definition „Staatliche Förderprogramme"

Mit dem Begriff des Förderprogramms bzw. einer Förderung sind unterschiedliche Vorstellungen verbunden.[54] So gibt es in der Literatur keine eindeutige und allgemeingültige Definition des Begriffes Förderprogramm. Aus diesem Grund wird sich im Folgenden zunächst durch eine Eingrenzung und Charakterisierung von Förderprogrammen einer Definition genähert.

Anerkannt in der Literatur zu staatlichen Förderprogrammen ist, dass niemandem ein Rechtsanspruch auf Inanspruchnahme einer Unterstützung aus Förderprogrammen zusteht.[55] Das heißt, dass z.B. weder Institutionen oder Organisationen noch Unternehmen oder Privatpersonen Förderprogramme uneingeschränkt beanspruchen können. Staatliche Maßnahmen bzw. Förderungen, die auf materiell-gesetzlicher oder grundgesetzlicher Basis beruhen (z.B. Kinder-

53 Eigene Darstellung.
54 Vgl. Stober (1996), S. 1845.
55 Vgl. BVerwG (1996), juris Rz. 8; Wey (2000), S. 2 und S. 31 und Werner (2006), S. 183.

geld, Hartz IV), werden daher nicht unter den Begriff des Förderprogramms subsumiert. Allerdings bedarf es, wie bereits gezeigt, auch für Förderprogramme einer haushaltsgesetzlichen Grundlage im Sinne eines formellen Gesetzes, wodurch allein die Gelder haushaltsrechtlich als Mittel zum Zweck der Förderung bestimmt werden. Wie bereits erläutert, beinhalten formelle Gesetze keine Ansprüche des Bürgers.[56]

Vor diesem Hintergrund sind Charakteristika von staatlichen Förderprogrammen vielmehr solche Instrumente der Europäischen Union, des Bundes und der einzelnen Bundesländer sowie der nachgelagerten Institutionen, die zur *„selektiven Begünstigung"* eingesetzt werden.[57]
Ein weiteres Merkmal der Förderung ist der Einsatz verschiedenster Maßnahmen (nachfolgend als *Förderarten* bezeichnet). Diese Förderarten werden eingesetzt, um unterschiedliche politische Förderziele erreichen zu können.[58]
Da die Verwaltung an Recht und Gesetz gebunden ist, hat sie bei der Vergabe einer Förderung den Gleichheitsgrundsatz nach Artikel 3 Absatz 1 des Grundgesetzes zu beachten. Dieser bedeutet bei der Anwendung der Förderrichtlinie allerdings nicht, dass jeder potentielle Förderempfänger einen Rechtsanspruch auf eine Förderung hat, sondern vielmehr, dass die Verwaltung bei der Fördermittelvergabe nicht von den Verwaltungsvorschriften in der Richtlinie abweichen kann.[59] Darüber hinaus erlangt die Richtlinie über den Gleichheitsgrundsatz insoweit mittelbare Außenwirkung, als die Verwaltung die Richtlinie gegenüber Außenstehenden nicht unterschiedlich anwenden darf, sondern sich durch die einmalige Anwendung in einer bestimmten Weise selbst bindet (sogenannte *Selbstbindung der Verwaltung*).[60] Dieser Grundsatz steht somit der Möglichkeit der selektiven Begünstigung auf Grundlage von vorher zu definierenden, einschränkenden Kriterien nicht entgegen.

Abschließend besteht die weitere Möglichkeit, Förderprogramme nur dann in Anspruch nehmen bzw. Förderungen beantragen zu können, wenn die vorab definierten Bedingungen erfüllt sind.[61]

Zusammenfassend kann der Begriff des staatlichen Förderprogramms somit wie folgt definiert werden:

---

56 Zur detaillierten Abgrenzung des formellen vom materiellen Gesetz und insbesondere zur Bedeutung des Haushaltsgesetzes vergleiche Kapitel 2.1.1.2.

57 Vgl. Pesch (2005), S. 2; Werner (2006), S. 183; zur selektiven Begünstigung Gabler Verlag (2011).

58 Vgl. Wey (2000), S. 3f. und Betz (2008), S. 13f.

59 Vgl. Götz (1966), S. 37f. und Henke (1979), S. 130.

60 Vgl. Gusy (1991a), S. 290; Maurer (2009), S. 629 und Detterbeck (2010), S. 33.

61 Vgl. Werner (2006), S. 183; Betz (2008), S. 14 und Förderland (2011).

Staatliche Förderprogramme sind Instrumente, mit denen durch Anwendung verschiedenster Förderarten politische Ziele durch eine selektive Fördervergabe erreicht werden sollen.

2.1.3 Bedeutung der Förderprogramme anhand quantitativer Größen

2.1.3.1 Anzahl von Förderprogrammen

Bevor in einem zweiten Schritt die Bedeutung von Förderprogrammen anhand von Volumengrößen konkretisiert wird, soll zunächst die Betrachtung des Mengengerüstes im Vordergrund stehen. Bereits im Jahr 1995 wurde die Anzahl der staatlichen Förderprogramme in Deutschland auf 500 bis 700 geschätzt.[62] Sowohl die Einschätzung der Anzahl als auch die Spanne vervielfachte sich im Laufe der Zeit. Bereits im Jahr 2000 schätzten einige Quellen die Anzahl der staatlichen Förderprogramme auf 1.200 bis 2.500, wobei WEY nur eine Größe von 1.000 als realistisch einstuft.[63] Literaturquellen aus den letzten Jahren sprechen mittlerweile von 1.500 bis 2.000 Förderprogrammen in Deutschland.[64]

Die Ursachen für diese *Unklarheiten bei der Bestimmung der tatsächlichen Anzahl von Förderprogrammen* sind vielschichtig. Einerseits gibt es keine eindeutige und für allgemeingültig erklärte Zusammenstellung staatlicher Förderprogramme, da bereits bei der Publikationspraxis von Förderprogrammen sowohl bei der Frage des „Ob“ als auch des „Wie“ in Abhängigkeit vom Fördergeber ein hoher Grad an Individualismus ausgeprägt ist.[65] Andererseits können bei Förderprogrammen zwei Multiplikatoreffekte auftreten, die bei der Bestimmung einer exakten Anzahl zu Verzerrungen führen. So können erstens Förderprogramme, die z.B. vom Bund und/oder der EU initiiert und in jedem Bundesland abgewickelt werden und somit auf Länderebene konzeptionell vergleichbar sind, mehrfach in die Gesamtmenge der Förderprogramme einfließen.[66] Der zweite Multiplikatoreffekt besteht darin, dass oftmals hinter einer als „Programm“ (z.B. Förderprogramm, Aktionsprogramm, Investitionsprogramm, …) bezeichneten Konstruktion mehrere einzelne Förderprogramme stehen. Um ein solches identifizieren zu können, sollte dieses Programm als Förderrahmenprogramm bezeichnet werde. Dies ist allerdings in der Förderpraxis nicht immer der Fall, wie beispielhaft das „Investitionsprogramm Abwasser NRW“ zeigt, das mehrere

---

62 Vgl. Schoser (1995), S. 6.

63 Vgl. Wey (2000), S. 1. Die von ihr in Bezug genommenen, als zu hoch kritisierten Zahlen lassen sich jedoch mangels näherer Konkretisierung der Quellen nicht näher nachvollziehen.

64 Vgl. Werner (2006), S. 187 und Betz (2008), S. 13.

65 Vgl. Stober (1996), S. 1852.

66 Vgl. Wey (2000), S. 1.

abwassertechnische Aufgaben in verschiedenen Förderbereichen (z.B. Umweltschutz, Energiesparmaßnahmen, öffentliche Kläranlagen) fördert.[67]

Die Anzahl der Förderprogramme unterliegt einer laufenden Dynamik.[68] Nichtdestotrotz und in Kenntnis dieser Tatsache, soll unter Berücksichtigung der geschilderten Restriktionen mit Hilfe einer stichtagsbezogenen Auswertung die Anzahl von Förderprogrammen in Deutschland bestimmt werden. Dazu wurde am 05. Februar 2011 die *Förderdatenbank des Bundesministeriums für Wirtschaft und Technologie*[69] zunächst nach Fördergebern ausgewertet. Diese Auswertung ergab eine Anzahl von 1.567 Förderprogrammen, die von Fördernehmern in Deutschland in Anspruch genommen werden können, wobei in dieser Datenbank nur die Fördergeber Europäische Union, Bund und Bundesländer berücksichtigt werden. Förderprogramme, bei denen z.B. Kommunen oder weitere staatliche Institutionen als Fördergeber auftreten, sind nicht abfragbar und auch anderweitig nicht flächendeckend quantifizierbar. Dies muss trotz Unkenntnis der Fallzahl bei der Beurteilung der quantitativen Bedeutung Berücksichtigung finden. Die Verteilung der ermittelten 1.567 Förderprogramme auf die abfragbaren Fördergeber kann der folgenden Tabelle entnommen werden.

Fördergeber	**Anzahl**
Europäische Union	107
Bund	251
Bundesländer	1.209
Summe	**1.567**

Tabelle 1: Anzahl Förderprogramme[70]

Im Anschluss an die aggregierte Analyse wurde die Abfrage in der Förderdatenbank des Bundesministeriums für Wirtschaft und Technologie ausgeweitet und die 1.209 Förderprogramme der 16 deutschen Bundesländer, die damit für mehr als drei Viertel der Förderprogramme verantwortlich sind, auf die einzelnen Bundesländer aufgeteilt. Diese Auswertung wird in folgender Tabelle dargestellt.

---

67 Vgl. Ministerium für Umwelt und Naturschutz, Landwirtschaft und Verbraucherschutz des Landes Nordrhein-Westfalen (2006), S. 7-52, insbesondere S. 7.

68 Vgl. Pesch (2005), S. 87.

69 Die Förderdatenbank des Bundesministeriums für Wirtschaft und Technologie kann unter www.foerderdatenbank.de abgerufen und nach unterschiedlichen Kriterien abgefragt werden (Stand: 05.02.2011).

70 Eigene Darstellung nach Auswertung der Förderdatenbank des Bundesministeriums für Wirtschaft und Technologie (Stand: 05.02.2011).

Fördergeber	Anzahl	Fördergeber	Anzahl
Baden-Württemberg	90	Niedersachsen	90
Bayern	104	Nordrhein-Westfalen	83
Berlin	48	Rheinland-Pfalz	66
Brandenburg	78	Saarland	53
Bremen	64	Sachsen	106
Hamburg	53	Sachsen-Anhalt	67
Hessen	79	Schleswig-Holstein	92
Mecklenburg-Vorpommern	74	Thüringen	62

Tabelle 2: Anzahl Förderprogramme je Bundesland[71]

Eine weitere Auswertung, die in der anschließenden Abbildung visualisiert wird, verdeutlicht anhand der Förderbereiche die Schwerpunkte der 1.567 Förderprogramme. Dabei muss allerdings angemerkt werden, dass einige Förderprogramme mehreren Förderbereichen zugeordnet wurden. Darüber hinaus ist auch die Definition eines Förderbereiches teilweise nicht eindeutig transparent nachvollziehbar, so dass es sich nicht um eine allgemeingültige Kategorisierung handelt.

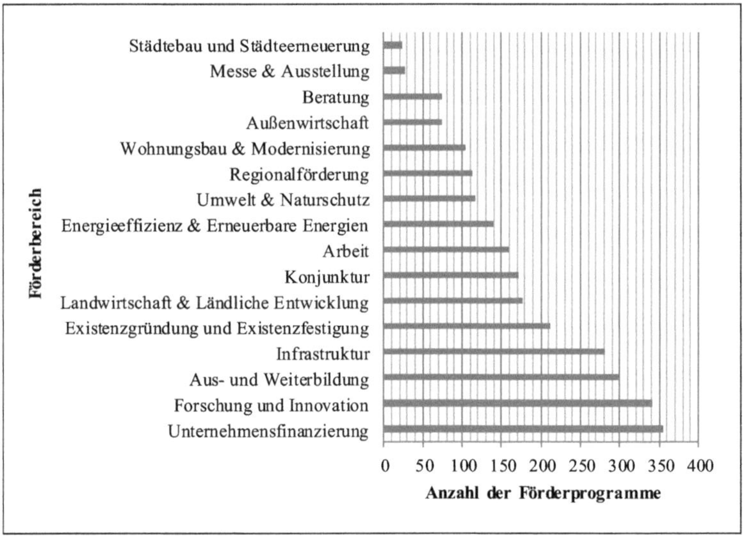

Abbildung 3: Anzahl der Förderprogramme nach Förderbereichen[72]

---

71 Eigene Darstellung nach Auswertung der Förderdatenbank des Bundesministeriums für Wirtschaft und Technologie (Stand: 05.02.2011).

72 Eigene Darstellung nach Auswertung der Förderdatenbank des Bundesministeriums für Wirtschaft und Technologie (Stand: 05.02.2011).

Abschließend ist hinsichtlich der Quantitäten festzuhalten, dass zwar das genaue Mengengerüst auf Grund der beschriebenen Schwierigkeiten beim Datenzugang und bei der Datenauswertung nur näherungsweise bestimmt werden kann, sich hieraus aber gleichwohl ein Ansatz für die Begründung der Bedeutung von staatlichen Förderprogrammen ableiten lässt.

2.1.3.2 Volumen von Förderprogrammen

Die Unschärfen bei der Bestimmung des Mengengerüstes setzen sich konsequenterweise auch darin fort, dass es beim genauen Volumen von Förderprogrammen ebenfalls an Transparenz mangelt. Somit kann auch hier die Vermittlung der Bedeutung von Förderprogrammen nur exemplarisch an publizierten Volumina vorgenommen werden.

Die *Europäische Union* hat für ihren Finanzrahmen 2007 bis 2013 ein Volumen von 975 Milliarden Euro vorgesehen.[73] Über 94 Prozent der 975 Milliarden Euro, nämlich rund 919 Milliarden Euro, stehen für Förderprogramme bereit, die sich in eine der in der Abbildung 4 dargestellten sechs Rubriken einsortieren lassen. Die restlichen knapp 6 Prozent verteilen sich auf Verwaltungsausgaben und Ausgleichszahlungen.[74]

Das Volumen in Höhe von nahezu 919 Milliarden Euro, das die EU in den sieben Jahren für Förderprogramme vorgesehen hat, entspricht ca. dem dreifachen des deutschen Bundeshaushaltes des Jahres 2011, der sich auf über 300 Milliarden Euro beläuft.[75] Sowohl die absolute als auch die relative Größe bringen die enorme Bedeutung von Förderprogrammen für die gesamte Europäische Union zum Ausdruck.

Von den Fördermitteln der Europäischen Union fließen nahezu 80 Prozent zur weiteren Vermittlung an die jeweiligen Mitgliedsstaaten der EU und nur die restlichen 20 Prozent werden zentral durch die Europäische Kommission verwaltet.[76]

Das gesamte Fördervolumen der EU lässt sich nachfolgender Abbildung entnehmen:

[73] Vgl. Europäische Kommission (2008), S. 2.
[74] Vgl. Europäische Kommission (2011).
[75] Vgl. Bundesministerium der Finanzen (2011).
[76] Vgl. Europäische Kommission (2008), S. 2-4.

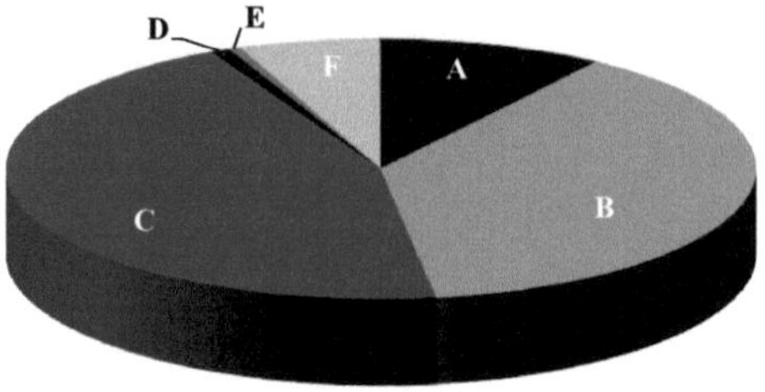

A	Rubrik 1A - Wettbewerbsfähigkeit für Wachstum und Beschäftigung	89.363 M€
B	Rubrik 1B - Kohäsion für Wachstum und Beschäftigung	348.415 M€
C	Rubrik 2 - Bewahrung und Bewirtschaftung der natürlichen Ressourcen	413.061 M€
D	Rubrik 3A - Freiheit, Sicherheit und Recht	7.549 M€
E	Rubrik 3B - Unionsbürgerschaft	4.667 M€
F	Rubrik 4 - Die EU als Globaler Partner	55.935 M€
Summe		**918.990 M€**

Abbildung 4: Fördervolumen der EU in Milliarden Euro[77]

Für die *Bundesrepublik Deutschland* sind vergleichsweise weniger Anhaltspunkte für zugunsten von Förderprogrammen bereitgestellte Bundesmittel vorhanden. Einige Hinweise ergeben sich jedoch aus dem Haushalt der Bundesrepublik Deutschland. Bei der Recherche innerhalb der Einzelpläne des Haushaltes lassen sich im Vergleich zur Transparenz des Finanzrahmens der EU nur an wenigen Stellen die für Förderprogramme bereitgestellten Mittel strukturiert identifizieren.

Exemplarisch hierfür sei der Einzelplan des Bundesministeriums für Familien, Senioren und Jugend aus dem Haushaltsjahr 2009 genannt, bei dem ein Titelansatz nach Förderprogrammen systematisch dargestellt wurde.[78] Diese Aufteilung kann der nachfolgenden Tabelle 3 entnommen werden.

[77] Vgl. Europäische Kommission (2011).
[78] Vgl. Bundesministerium der Finanzen (2009), S. 17.

Bundesministerium für Familien, Senioren und Jugend (Bundeshaushaltsplan 2009: Titelgruppe 01 – Titel 684 11)		
11.1	Poltische Bildung	10.700 T€
11.2	Kulturelle Bildung	7.641 T€
11.3	Jugend und Sport	600 T€
11.4	Integration junger Menschen mit Migrationshintergrund	53.200 T€
11.5	Soziale und berufliche Integration von Jugendlichen	10.430 T€
11.6	Gleichstellung von Mädchen und Jungen	45 T€
11.7	Hilfen für junge Menschen und Familien	3.640 T€
11.8	Kindheit, Tageseinrichtungen und Tagespflege	5.520 T€
11.9	Schutz von Kindern und Jugendlichen	3.535 T€
11.10	Jugendverbandsarbeit	14.920 T€
11.11	Kinder- und Jugendhilfe der freien Wohlfahrtspflege	2.318 T€
11.12	Zentrale Einrichtungen der Fortbildung	1.890 T€
11.13	Neue Wege der Kinder- und Jugendhilfe	2.001 T€
11.14	Internationale Jugendarbeit	19.521 T€
11.15	Internationales Studienprogramm für Fachkräfte der Kinder-, Jugend- und Sozialarbeit	460 T€
11.16	Sonstige Fördermaßnahmen	2.815 T€
11.17	Aktionsprogramme	1.400 T€
11.18	Forschung	370 T€
Summe		**141.006 T€**

Tabelle 3: Volumen der Förderprogramme des Bundesministeriums für Familien, Senioren und Jugend (Haushaltsjahr 2009) in Tausend Euro (T€)[79]

Jede staatliche Institution bildet das Volumen für Förderprogramme in Haushaltspositionen ab. Allerdings wäre es ein Trugschluss anzunehmen, dass sowohl hinter jeder Haushaltsposition des Bundes (vgl. exemplarisch die einzelnen Haushaltspositionen in der obigen Tabelle 3), der Länder und Kommunen als auch hinter dem in Einzelpositionen aufgeschlüsselten Finanzrahmen der EU verschiedene Förderprogramme stehen.

Speziell bei der föderalen Struktur der Bundesrepublik Deutschland sind für viele Förderprogramme (z.B. Strukturpolitik) letztendlich die einzelnen Länder zuständig.[80] Somit können Förderprogramme der einzelnen Bundesländer neben Fördermitteln des Landes auch Fördermittel des Bundes und/oder der EU enthalten. Dies soll abschließend an zwei Förderprogrammen des Landes Nordrhein-Westfalen verdeutlicht werden:

[79] Vgl. Bundesministerium der Finanzen (2009), S. 17.
[80] Vgl. Stober (1996), S. 1846-1850.

- Bei dem „Investitionsprogramm Kinderbetreuungsfinanzierung 2008 bis 2013“ steht ein Fördervolumen von insgesamt 510 Millionen Euro zur Schaffung neuer U3-Plätze in Kindertagesstätten bereit, welches sich aus Mitteln des Bundes und des Landes zusammensetzt.[81]
- 292 Millionen von den insgesamt zur Verfügung stehenden rund 800 Millionen Euro des Förderprogramms „Ländlicher Raum 2007 bis 2013“ sind Mittel der EU (Rubrik 2 – Bewahrung und Bewirtschaftung der natürlichen Ressourcen).[82] Die restlichen Fördermittel werden vom Bund, dem Land Nordrhein-Westfalen und von kommunalen Gebietskörperschaften aufgebracht.[83]

2.1.3.3 Transparenz der quantitativen Größen

Sowohl beim Mengengerüst als auch bei dem Betragsvolumen von Förderprogrammen kann keine Grundgesamtheit bestimmt werden, auf deren Basis zu 100 Prozent verlässliche Aussagen bezüglich dieser Größen möglich sind. Dies liegt insbesondere an der oftmals *fehlenden eindeutigen Publikation* von Förderprogrammen bzw. an der *nicht einheitlichen Form der Veröffentlichung* der förderprogrammbezogenen, relevanten Daten. Diese Tatsache ist allerdings zur Beurteilung der Bedeutung von Förderprogrammen und somit der Notwendigkeit einer tiefergehenden wissenschaftlichen Betrachtung von nachgelagerter Bedeutung, da sowohl das annähernd bis auf Länderebene zu bestimmende Mengengerüst aus der Förderdatenbank des Bundesministeriums für Wirtschaft und Technologie als auch insbesondere das exemplarisch aufgezeigte Volumen bereits die Bedeutung von Förderprogrammen unterstreichen.[84]

Wenn es gelingen würde, z.B. die Anzahl und die Volumen aller Förderprogramme in Deutschland, die bis auf Landesebene initiiert werden, trennscharf zusammenzutragen, würde die Bedeutung von staatlichen Förderprogrammen eindeutig ersichtlich werden und vermutlich einen höheren Stellenwert in der wissenschaftlichen Literatur erlangen. Aus diesem Grund und für weitere wissenschaftliche, insbesondere empirische und statistische Analysen, wäre eine größere Transparenz wünschenswert.

Losgelöst vom wissenschaftlich basierten Wunsch nach mehr Informationen sollte die Forderung nach Transparenz über eine klar strukturierte Veröffentli-

---

81 Vgl. Ministerium für Generationen, Familien, Frauen und Integration des Landes Nordrhein-Westfalen (2010a), S. 1.

82 Vgl. Abbildung 4.

83 Vgl. Ministerium für Umwelt und Naturschutz, Landwirtschaft und Verbraucherschutz des Landes Nordrhein-Westfalen (2007), S. 7-14.

84 Vgl. Kapitel 2.1.3.1 und Kapitel 2.1.3.2.

chungspraxis insbesondere vor dem Hintergrund des *Servicegedankens* für die potentiellen Förderempfänger gesehen werden. Die potentiellen Förderempfänger würden dann zum einen zur Wahrung der Chancengleichheit die gleichen Möglichkeiten des Informationszugangs zu allen Förderprogrammen besitzen. Zum anderen ist nur durch Transparenz sichergestellt, dass auch alle vom Fördergeber intendierten Adressaten sich auf Mittel eines Förderprogramms bewerben.[85, 86] Dies ist bislang nicht umfänglich der Fall und kann u.a. durch diese Intransparenz begründet werden. Als Beispiel sei hier nur aufgezeigt, dass das Fördervolumen, das von der EU, vom Bund und von den Bundesländern zur Förderung von mittelständischen Unternehmen zur Verfügung gestellt wird, nur in Höhe von ca. 60 Prozent ausgeschöpft ist, obwohl die von den mittelständischen Unternehmen durchgeführten Investitionen zu ca. 90 Prozent förderungsfähig wären.[87] Die fehlende übergreifende Transparenz führt ebenfalls dazu, dass Förderprogramme aufgelegt werden, die in Konkurrenz zueinander stehen. So gibt es beispielsweise im Ruhrgebiet Förderprogramme von Städten und Landkreisen, bei denen jeder dieser Fördergeber mit dem anderen Fördergeber in Konkurrenz tritt. Hier kann eine abgestimmte, transparente und übergeordnete Organisation und Publikation von Förderprogrammen zu einem einheitlichen Auftritt aller Fördergeber beitragen.[88]

2.2 Anlass und Gründe staatlichen Handelns

Wie im vorangegangenen Kapitel aufgezeigt, haben Förderprogramme sowohl auf Ebene der EU als auch des Bundes und der Bundesländer auf Grund ihrer Anzahl, aber vor allem der finanziellen Volumina eine hohe Bedeutung erlangt. Bevor im weiteren Verlauf dieser Arbeit die Struktur von Förderprogrammen detaillierter analysiert wird sowie Kriterien zur Systematisierung und eine Controlling-Konzeption entwickelt werden, soll zunächst die Existenzberechtigung von Förderprogrammen insgesamt dargelegt werden. Im Folgenden zeigt eine Analyse die Anlässe für staatliches Handeln anhand drei verschiedener Gründe auf.

---

85 Vgl. Stober (1996), S. 1853.

86 In Sachsen wird die notwendige Transparenz der Förderprogramme des Landes Sachsen bereits durch Veröffentlichung der Förderprogramme auf einer Internetseite der Sächsischen Staatskanzlei geschaffen. Dort kann thematisch nach Förderkategorien gesucht und die passende Förderprogrammrichtlinie angezeigt werden. Die betreffende Internetseite ist abrufbar unter URL: http://www.revosax.sachsen.de/Foerder.do;jsessionid=CBF59CA B6353B3E4D2DED063801941CE vom 15.07.2011.

87 Vgl. Werner (2006), S. 187.

88 Vgl. Murphy (2012), S. 23.

2.2.1 Marktversagen

Marktversagen ist einer der häufigsten Gründe für staatliche Handlungen.[89]

Durch den Einsatz staatlicher Förderprogramme findet ein *Eingriff* in den marktwirtschaftlichen Mechanismus statt.[90] Dieser Eingriff staatlicherseits bedarf daher der *Rechtfertigung*, insbesondere im Hinblick auf diejenigen Unternehmen, die als Wettbewerber des Geförderten gelten. Durch staatliche Förderprogramme soll eine optimale gesamtwirtschaftliche Allokation erzielt werden, die gleichzeitig geringere Transaktionskosten als die privatwirtschaftliche Angebotsbereitstellung ermöglicht. Dadurch ist aber auch sowohl die notwendige als auch die hinreichende Bedingung eines staatlichen Eingriffs auf Grund des Marktversagens erfüllt.[91] Somit begründet das Marktversagen die Notwendigkeit des staatlichen Handelns durch Einsatz von Förderprogrammen, wenn die damit erzielte gesellschaftliche bzw. volkswirtschaftliche Wirkung größer als die Kosten zur Erzielung dieser Wirkung ist.[92] Der staatliche Eingriff wird folglich dadurch gerechtfertigt, dass der Markt anscheinend nicht im Stande ist, für die staatlich geförderten Bereiche ein optimales Ergebnis zu erreichen bzw. das erforderliche Angebot nicht von privater Seite bereitgestellt wird.[93]

2.2.1.1 Relevante Ursachen des Marktversagens

Die generellen Ursachen, die zu Versagen bzw. Einschränkung der Funktionsfähigkeit des Marktes führen, sind: Unteilbarkeiten der Marktmacht, externe Effekte, Informationsmängel und Anpassungsmängel.[94] Die Ursachen des Marktversagens, die speziell den Einsatz von staatlichen Förderprogrammen rechtfertigen, liegen in den drei letztgenannten, auf die im Folgenden näher eingegangen wird.

2.2.1.1.1 Externe Effekte

Externe Effekte führen zu Marktversagen, wenn Marktteilnehmer erstens nicht für ihre verursachten Kosten aufkommen oder zweitens nicht für entsprechendes Handeln am Markt entlohnt werden bzw. entlohnt werden können.[95] Dies ist bei-

89 Vgl. Ruschhaupt (2007), S. 616.
90 Vgl. Röhl (2005), S. 23f.
91 Vgl. Fritsch (2010), S. 68f.
92 Vgl. Pesch (2005), S. 44f.; Haunschild/Clemens (2006), S. 3f. und Spengel (2010).
93 Vgl. Röhl (2005), S. 23f.; Haunschild/Clemens (2006), S. 4 und Gabler Verlag (2011).
94 Vgl. Fritsch (2010), S. 72f.
95 Vgl. Fritsch (2010), S. 80.

spielsweise im Rahmen der Grundlagenforschung der Fall, deren Erkenntnisse nicht patentrechtlich schützbar sind und somit von andern Unternehmen kostenlos genutzt werden können. Somit wird weder das forschende Unternehmen für seine Mühen entlohnt noch muss das Unternehmen, das die Innovation kostenlos nutzt, sich an dem entstandenen Forschungsaufwand beteiligen.[96] An dieser Stelle setzen staatliche Förderprogramme an, die Anreize zur Forschung schaffen wollen und die forschende Unternehmen und anderen Institutionen fördern.

Als ein allgemeines Beispiel sei das 7. Forschungsrahmenprogramm der EU genannt, wodurch in dem Zeitraum 2007 bis 2013 seitens der EU ca. 54 Milliarden Euro für Förderprogramme zur Forschung bereitgestellt werden.[97] Im speziellen kann das Förderprogramm PROINNO II des Bundes genannt werden. Mit Hilfe dieses Programmes möchte der Bund insbesondere kleine und mittelständische Unternehmen fördern, wodurch die oben genannten monetären Risiken bei Forschungs- und Entwicklungsaktivitäten gemildert werden.[98]

2.2.1.1.2 Informationsmängel

Eine weitere Ursache des Marktversagens stellen Informationsmängel dar. Diese liegen dann vor, wenn nicht sämtlichen Marktteilnehmern alle relevanten Informationen, die für eine Entscheidung benötigt werden, vollständig, rechtzeitig und kostenlos zur Verfügung stehen.[99] Da Informationsdefizite bei Marktteilnehmern häufig vorkommen, können staatliche Förderprogramme dazu beitragen, Akteure am Markt mit den notwendigen Informationen zu versorgen sowie Aufgaben zu übernehmen, die kein Marktteilnehmer zu übernehmen bereit ist.

Informationsmängel treten vor allem bei der Gründung von Unternehmen auf. Durch staatliche Gründungsförderung kann hierbei das Marktversagen teilweise aufgelöst werden. Einerseits können staatliche Beratungsstellen gründungswillige potentielle Unternehmer mit Informationen oder Schulungsmaßnahmen versorgen, die der Markt weder gezielt noch in diesem Umfang bereitstellt.[100] Das Land Nordrhein-Westfalen versucht die Gründungsinteressenten zum Beispiel mit dem „Beratungsprogramm Wirtschaft NRW" mit Informationen zu versorgen. [101] Andererseits übernimmt auch der Bund durch Gründungsfinanzierungsförderprogramme (z.B. Darlehen oder Bürgschaften) das Finanzierungsrisiko

96 Vgl. Fritsch (2010). S. 82.
97 Vgl. Bundesministerium für Bildung und Forschung (2007), S. 2.
98 Vgl. Betz (2008), S. 168-171.
99 Vgl. Fritsch (2010), S. 247.
100 Vgl. Pesch (2005), S. 45.
101 Vgl. Ministerium für Wirtschaft, Mittelstand und Energie des Landes Nordrhein-Westfalen (2008a).

von Unternehmensgründungen, das private Finanzierungsinstitutionen auf Grund von asymmetrisch verteilten Informationen hinsichtlich des Erfolgs und des Risikos nicht bereit sind einzugehen.[102] In Deutschland übernimmt die KfW-Bankengruppe diese Aufgabe und stellt Gründungsfinanzierungsinstrumente bereit.[103]

2.2.1.1.3 Anpassungsmängel

Neben Informationsmängeln führen aber auch Anpassungsmängel zu Marktversagen. Dies ist dann der Fall, wenn am Markt kein Gleichgewicht von Angebot und Nachfrage existiert. Es liegt also kein Schnittpunkt von Angebots- und Nachfragekurve vor. Insbesondere dort, wo die Nachfrage größer als das privatwirtschaftliche Angebot ist und eine Gleichgewichtssituation seitens des Staates (z.B. aus sozialen Erwägungen) erwünscht ist, sollte der Staat Maßnahmen ergreifen, um dieses Gleichgewicht herzustellen.[104] Eine Maßnahme zur Erzeugung eines Gleichgewichts ist der Einsatz von staatlichen Förderprogrammen.

Exemplarisch seien an dieser Stelle die Förderprogramme zur Förderung des Ausbaus der Breitbandversorgung genannt. Gerade bei der Nachfrage nach einer Breitbandversorgung weichen am Markt Angebot und Nachfrage voneinander ab. In der Regel ist der Ausbau der Breitbandversorgung eine rein privatwirtschaftliche Aufgabe der Telekommunikationsunternehmen. Diese haben allerdings bei den Investitionsentscheidungen aus Gründen der Wirtschaftlichkeit Regionen mit einer höheren Bevölkerungsdichte den ländlichen Regionen vorgezogen. So sollten sich die getätigten Investitionen auf Grund der potenziell höheren Nutzerzahlen für die Telekommunikationsunternehmen schneller als lohnend erweisen.[105] Auf Grund des Marktversagens in den ländlichen Regionen können Förderungen zum Ausbau der Breitbandversorgung für diese Regionen beantragt werden. Bei der Beantragung von Fördermitteln zum Ausbau der Breitbandversorgung ist explizit das Vorliegen von nachgewiesenem Marktversagen eine Antragsvoraussetzung.[106] Mit Hilfe dieser Förderprogramme soll vor allem in ländlichen und unterversorgten Gebieten ein Gleichgewicht von Angebot und Nachfrage hergestellt werden, so dass das bereitgestellte Angebot auch für die dort lebenden Menschen bezahlbar ist.[107]

---

102 Vgl. Pesch (2005), S. 45.

103 Eine Übersicht über das Förderangebot der KfW-Bankengruppe bietet die Internetseite http://www.kfw.de (abgerufen am 06.03.2011).

104 Vgl. Fritsch (2010), S. 288.

105 Vgl. Bundesministerium für Wirtschaft und Technologie (2010), S. 4.

106 Vgl. Fehres (2009), S. 9 und Bundesministerium für Wirtschaft und Technologie (2010), S. 7.

107 Vgl. Fehres (2009), S. 3.

Auch mit dem bereits in vorangegangenen Abschnitten erwähnten Förderprogramm über die „Gewährung von Zuwendungen für Investitionen in Kindertageseinrichtungen und Kinderpflege zum Ausbau von Plätzen für Kinder unter drei Jahren des Landes Nordrhein-Westfalen“ soll ein Ausgleich von Angebot und Nachfrage an Betreuungsplätzen für Kinder unter drei Jahren erreicht werden. So soll bis 2013 der Bedarf an Betreuungsplätzen für 35 Prozent aller U3-Kinder sichergestellt werden.[108] Dieses Gleichgewicht zur Befriedigung der Nachfrage ist auf Grund des Umfanges der benötigten Investitionen nicht allein durch eine Marktlösung zu erreichen, so dass der Einsatz eines Förderprogramms gerechtfertigt ist.

2.2.2 Hilfe zur Selbsthilfe

Nicht nur zur Auflösung von Marktversagen können staatliche Förderprogramme eingesetzt werden, sondern auch nach dem Prinzip der Hilfe zur Selbsthilfe. So sollen mit diesen Maßnahmen insbesondere größenbedingte Nachteile des Förderempfängers gegenüber anderen beseitigt werden.[109] Dieser Nachteilsausgleich findet vor allem bei der Förderung von kleinen und mittelständischen Unternehmen statt. Diese Unternehmen können auf Grund ihrer Größe nicht für jede Unternehmenssituation (z.B. Existenzgründung oder Krisenmanagement) eigenes Know-how vorhalten. An den Stellen, an denen Erfahrungen mit speziellen Situationen im Lebenszyklus eines Unternehmens fehlen und somit Probleme im Umgang damit entstehen, setzen Beratungsförderprogramme zur Initiierung der Hilfe zur Selbsthilfe an. Ziel dieser Förderprogramme ist, dass der einmal Geförderte bei vergleichbaren wiederkehrenden Problemen zukünftig selbst in der Lage ist, die Problemstellung zu lösen.[110]

2.2.3 Interessen der Parteien und Politiker

Das Vorliegen von Marktversagen und das Prinzip der Hilfe zur Selbsthilfe zeigen eine Notwendigkeit und Begründetheit auf, in welchem Kontext beim staatlichen Handeln Förderprogramme eingesetzt werden. Neben diesen beiden notwendigen Gründen stehen die Interessen der Politik und der Politiker, die ggf. losgelöst davon Entscheidungen zum staatlichen Handeln unter anderem durch Förderprogramme treffen. Dies kann vor allem durch entsprechende Einflussnahme bei der Auflegung von Richtlinien erfolgen.

---

[108] Vgl. Ministerium für Generationen, Familie, Frauen und Integration des Landes Nordrhein-Westfalen (2008).

[109] Vgl. BVerwG (1996), juris Rz. 14 und Haunschild/Clemens (2006), S. 3.

[110] Vgl. Haunschild/Clemens (2006), S. 8-12.

In Deutschland gibt es eine parlamentarische Demokratie. In diesem System und unter der Annahmen, dass Politiker bestrebt sind, Wahlen zu gewinnen (sogenannte Stimmenmaximierung), folgen diese teilweise ihren eigenen Interessen bzw. Interessen ihrer Partei sowie den Interessen großer Wählergruppen (z.B. Verbände oder Gewerkschaften) und setzen Maßnahmen um, die zum Erhalt oder Erlangung einer Machtposition bzw. eines öffentlichen Amtes beitragen.[111] So können z.B. Förderprogramme aufgelegt werden, die allein der Maximierung bzw. dem Erhalt der Wählerstimmen dienen und sich weder am Marktversagen noch an dem Prinzip der Hilfe zur Selbsthilfe orientieren. Werden dabei Förderprogramme nur aus dem Grund eingeführt, dass die Maßnahme insbesondere den Interessen einer Wählergruppe entspricht, werden diese privatwirtschaftlichen Ziele in staatliche Ziele umgewandelt.[112]

Die Tatsache, dass Förderprogramme teilweise rein politisch motiviert sind, steht allerdings nicht der Notwendigkeit einer wissenschaftlichen Betrachtung von Förderprogrammen und deren Controlling entgegen. Ob das beabsichtigte Ziel und/oder die Wirkung auf Grund reiner politischer Interessen oder auf Grund eines wirtschaftlichen oder gesellschaftlichen Erfordernisses erfolgt, ist für den Grundsatz der Notwendigkeit eines Controllings nicht von Bedeutung. Auch in diesen Fällen kann und sollte analysiert werden, ob das Ziel, das rein auf den Interessen der Politik(ern) beruht, durch das Förderprogramm erfolgreich erreicht wird und somit den Aufwand für das Förderprogramm rechtfertigt.

2.3 Charakterisierung und Ausgestaltung von Förderprogrammen

So vielfältig die Ursachen für den Einsatz von Förderprogrammen sind, so facettenreich lässt sich die jeweilige Förderung ausgestalten. Neben der Herkunft der Fördermittel und den beteiligten Akteuren kann dabei insbesondere die Förderart im Hinblick auf Ziel und Zweck der Förderung variieren.

2.3.1 Herkunft der Fördermittel

Wie bereits bei der Bestimmung der Anzahl von Förderprogrammen aufgezeigt, werden Förderprogramme von unterschiedlichen staatlichen Institutionen initiiert, so dass auch teilweise mehrere Ebenen der Verwaltung gleichzeitig Mittel für ein Förderprogramm bereitstellen.[113] Wenn ein Förderprogramm vorsieht, dass sich z.B. sowohl Bund, Land und Kommune an einem Förderprogramm beteiligen, kann das Förderprogramm mitunter über ein großes Fördervolumen

[111] Vgl. Götz (1966), S. 265; Ehlers (1993), S. 862 und Fritsch (2010), S. 349.
[112] Vgl. Ehlers (1993), S. 862.
[113] Vgl. Kapitel 2.1.3.1 und 2.1.3.2.

verfügen.[114] Die nachfolgende Abbildung visualisiert losgelöst von den tatsächlichen Größen die Vielschichtigkeit des Zusammenspiels bei der Herkunft von Fördermittel für staatliche Förderprogramme in Deutschland und verdeutlicht, dass sowohl EU, Bund, Land aber auch nachgelagerte Institutionen Fördermittel sowohl allein als auch in allen Möglichkeiten der Zusammensetzung bereitstellen.[115]

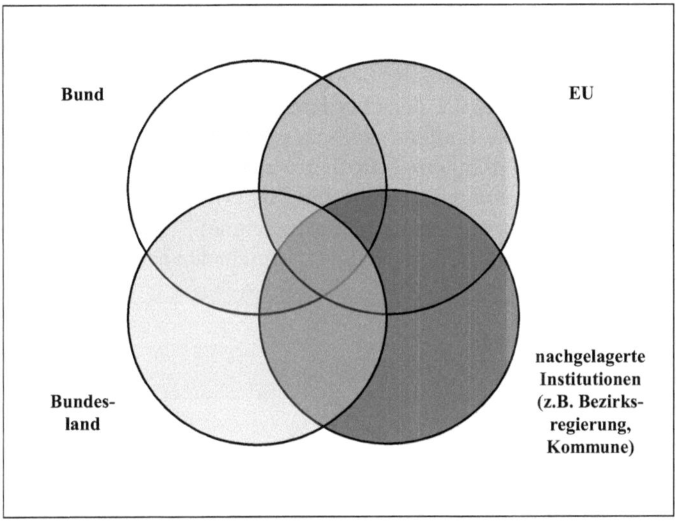

Abbildung 5: Herkunft der Fördermittel[116]

Diese Abbildung zeigt über die Schnittmengen der Kreise abstrakt, dass Mittel für staatliche Förderprogramme je nach Art des Förderprogramms nur aus einem oder aber auch aus mehreren Fördertöpfen stammen können.

Als Beispiel für Förderprogramme, bei denen Mittel aus mehreren Förderebenen stammen, sei wieder auf die beiden Förderprogramme „Investitionsprogramm Kinderbetreuungsfinanzierung 2008 bis 2013" und „Ländlicher Raum 2007 bis 2013" des Landes Nordrhein-Westfalen verwiesen.[117] So fließen bei dem ersten Förderprogramm Bundes- und Landesmittel zusammen, die beim zweiten noch

114 Vgl. Spiller (2010), S. 822.
115 Vgl. Betz (2008), S. 15f.
116 Vgl. Pesch (2005), S. 53-59 und Straub/Waschbusch (2008), S. 32.
117 Vgl. Ministerium für Umwelt und Naturschutz, Landwirtschaft und Verbraucherschutz des Landes Nordrhein-Westfalen (2007), S. 7-14 und Ministerium für Generationen, Familien, Frauen und Integration des Landes Nordrhein-Westfalen (2010a), S. 1.

um Mittel der EU ergänzt werden.[118] Nachgelagerte Institutionen wie Kommunen / Kreise steuern insbesondere bei Gründungsförderprogrammen eigene monetäre Mittel neben Geldern des Bundes und des jeweiligen Bundeslandes bei.[119]

2.3.2 Förderarten

2.3.2.1 Überblick über mögliche Förderarten

Die Förderart eines Förderprogramms ist eines der wesentlichen Merkmale, welches die Struktur der Förderung bestimmt. Unter einer Förderart ist abstrakt die Leistung zu verstehen, die dem Förderempfänger gegenüber sichtbar wird. Die Entscheidung für eine Förderart sollte nie losgelöst vom Förderzweck / Förderziel sowie Förderempfängern getroffen werden, da nur unter Berücksichtigung aller Einflussfaktoren das gewünschte Ziel erreicht werden kann. Auch ist ggf. für bestimmte Ziele nur eine Förderart geeignet.[120] Die anschließende Abbildung stellt die im Folgenden im Detail beschriebenen Förderarten dar.

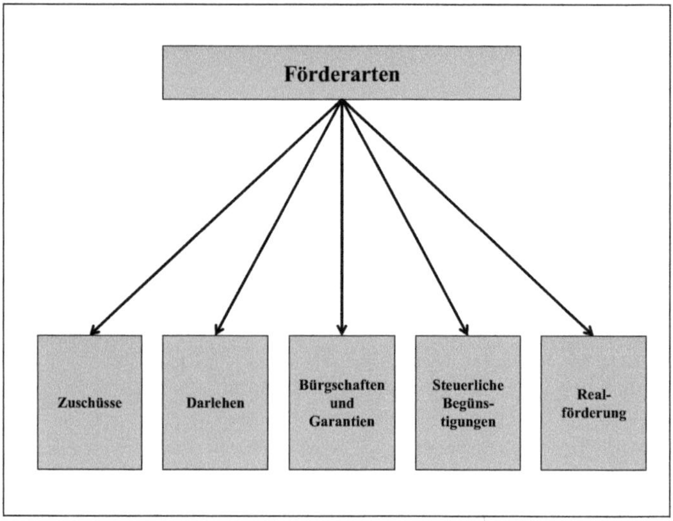

Abbildung 6: Förderarten[121]

118 Vgl. Ministerium für Umwelt und Naturschutz, Landwirtschaft und Verbraucherschutz des Landes Nordrhein-Westfalen (2007), S. 7-14 und Ministerium für Generationen, Familien, Frauen und Integration des Landes Nordrhein-Westfalen (2010a), S. 1.

119 Vgl. Pesch (2005), S. 59.

120 Vgl. Wey (2000), S. 1-3.

121 Eigene Darstellung.

Über diese Förderarten hinaus gibt es durchaus die Möglichkeit, die Förderung in speziellen Sonderformen auszugestalten (z.B. Spezialfonds des Bundes).[122] Da diese Formen keiner wiederkehrenden Systematik entsprechen und somit einzelfallabhängig ausgestaltet werden, sollen sie im weiteren Verlauf nicht mehr berücksichtigt werden.

2.3.2.2 Zuschüsse

Zuschüsse sind eine vielfach gewählte Form der Förderung. Dabei handelt es sich um Geldleistungen[123] bzw. Finanztransfers[124] aus öffentlichen Mitteln staatlicher Institutionen, durch deren Vergabe im Rahmen von Förderprogrammen unterschiedlichste politische Ziele erreicht werden sollen, die ohne staatliche Unterstützung nicht zu erreichen wären.[125] Der Empfänger dieser Zuschüsse ist verpflichtet diese Mittel ausschließlich für einen bestimmten Zweck einzusetzen, so dass Zuschüsse immer zweckgebundene Geldleistungen sind.[126] Die Bedingung der Zweckgebundenheit und das Interesse an einer Erreichung von Zielen, die ohne den Zuschuss nicht zu erreichen wären, konkretisiert der Bund in der Bundeshaushaltsordnung. § 23 BHO besagt, dass Zuschüsse „zur Erfüllung bestimmter Zwecke (Zuwendungen) [...] nur veranschlagt werden, wenn der Bund an der Erfüllung durch solche Stellen ein erhebliches Interesse hat, das ohne die Zuwendungen nicht oder nicht im notwendigen Umfang befriedigt werden kann“. Diese Bestimmung des § 23 BHO stimmt wortwörtlich mit allen 16 Landeshaushaltsordnungen überein, wobei in den entsprechenden Landeshaushaltsordnungen das Wort „Bund“ durch „Land“ ersetzt wurde.[127] Auf Grund der erforderlichen Zweckgebundenheit wird in der Beschreibung des jeweiligen Förderprogramms bzw. seiner Förderprogrammrichtlinie der Förderzweck näher definiert.[128] Die Formulierung des Förderzweckes im Speziellen soll an folgenden zwei Bespielen exemplarisch verdeutlicht werden:

- „Das Land gewährt nach Maßgabe dieser Richtlinien [...] Zuwendungen im Rahmen des Investitionsprogrammes „Kinderbetreuungsfinanzierung“ des Bundes und des Ausbauprogramms U3 des Landes Nordrhein-Westfalen für Investitionen zum Auf- und Ausbau von zusätzlichen Betreuungsplätzen für

122 Vgl. Wey (2000), S. 1.
123 Vgl. Ipsen (1956), S. 55 und Schmidt, R. (2006), S. 227.
124 Vgl. Pesch (2005), S. 52-54.
125 Vgl. Wey (2000), S. 27.
126 Vgl. Schetting (1973), S. 110; Henke (1979), S. 225; Eichhorn (1991), S. 981 und Wey (2000), S. 27.
127 Siehe § 23 der entsprechenden Landeshaushaltsordnungen aller 16 deutschen Bundesländer.
128 Vgl. Wey (2000), S. 27.

Kinder unter drei Jahren in Kindertageseinrichtungen und Kindertagespflege."[129]

- „Das Land gewährt den Handwerksmeistern und -meisterinnen nach Maßgabe dieser Richtlinien [...] eine einmalige Zuwendung (Meistergründungsprämie), um ihnen die Gründung einer selbständigen Vollexistenz zu erleichtern."[130]

Bei der Betrachtung des Zahlungsstroms der Zuschüsse wird deutlich, warum dafür auch der Begriff „verlorener Zuschuss" synonym verwendet wird: Die an den Förderempfänger ausgezahlten Zuschüsse müssen grundsätzlich nicht zurückgezahlt werden, so dass die ausgezahlten Mittel für den Fördergeber verloren sind. Einen Rückzahlungsanspruch können die staatlichen Institutionen nur für den Fall geltend machen, dass gegen die im Förderprogramm definierten Bedingungen bzw. Auflagen und somit gegen den Förderzweck verstoßen wird.[131] Auf Grund der fehlenden Rückzahlungsverpflichtung bei Zuschüssen sind diese bei Förderempfängern von besonderem Interesse.[132] Dies bedeutet aber umgekehrt im Hinblick auf staatliche Wirtschaftlichkeitserwägungen, dass die Förderart des verlorenen Zuschusses nur zum Einsatz gelangen darf, wenn der mit dem Förderprogramm gewünschte Zweck nicht anderweitig erreicht werden kann.[133]

Die nachfolgende Abbildung zeigt die Abwicklung eines Zuschusses. Der vom Förderempfänger beantragte Zuschuss wird durch eine staatliche Institution (z.B. Ministerium, Behörde) durch eine öffentlich-rechtliche Handlung, i.d.R. ein Verwaltungsakt in Form eines Bewilligungsbescheides, gewährt und ausbezahlt. Da die Auszahlung die Zuschussgewährung nur umsetzt, sind alle Handlungen bei der Zuschussvergabe rein öffentlich-rechtlicher Natur.[134]

---

[129] Ministerium für Generationen, Familien, Frauen und Integration des Landes Nordrhein-Westfalen (2008).

[130] Ministerium für Wirtschaft und Arbeit des Landes Nordrhein-Westfalen (2006).

[131] Vgl. Henke (1979), S. 217; Eichhorn (1991), S. 981; Schmidt, R. (2006), S. 227; Betz (2008), S. 13 und Erbguth (2009), S. 325.

[132] Vgl. Betz (2008), S. 13.

[133] Vgl. Wey (2000), S. 27.

[134] Vgl. Schmidt, R. (2006), S. 227; Erbguth (2009), S. 325; Maurer (2009), S. 454 und Detterbeck (2010), S. 20.

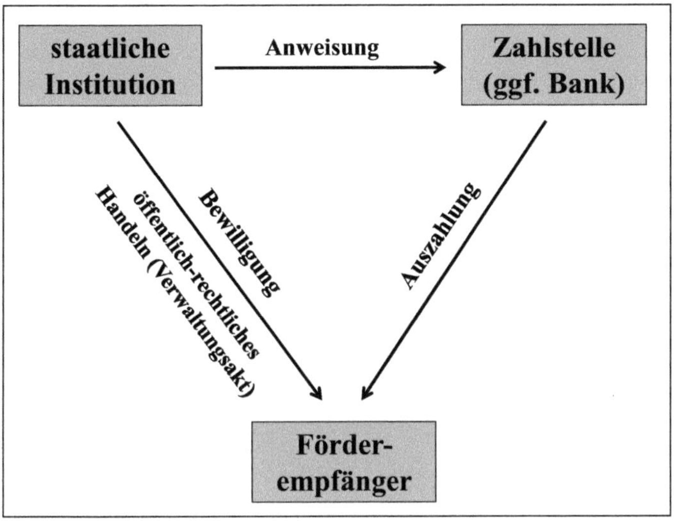

Abbildung 7: Zuschussabwicklung[135]

Ein Zuschuss als Förderart wird in der Regel nur gewährt, wenn der vergebene Betrag zur Erreichung des Förderzweckes bei dem Förderempfänger nur eine Teilfinanzierung darstellt, die als Anteilsfinanzierung, Festbetragsfinanzierung oder Fehlbetragsfinanzierung ausgestaltet sein kann. Nur in Ausnahmefällen entspricht der Zuschuss einer Vollfinanzierung.[136]

2.3.2.2.1 Anteilsfinanzierung

Die Ausprägung als Anteilsfinanzierung ist die häufigste Form des Zuschusses. Dabei wird der Anteil der Förderung am Gesamtfinanzierungsbetrag als *prozentuale Förderquote* in der Förderprogrammrichtlinie definiert, so dass sich jeder Förderempfänger von vornherein über seinen zu erbringenden Eigenanteil im Klaren ist.[137] In Ausnahmefällen ist allerdings auch ein Förderanteil von 100 Prozent möglich, so dass sich der erforderliche Eigenanteil beim Förderempfänger auf null reduziert.[138] In diesen Fällen sollte dann allerdings nicht mehr von einer Anteils- sondern von einer Vollfinanzierung gesprochen werden.

135 Vgl. Schmidt, R. (2006), S. 227 und Detterbeck (2010), S. 21.
136 Vgl. Wey (2000), S. 27-29.
137 Vgl. Wey (2000), S. 28; Henke (1979), S. 226 und Landratsamt Starnberg (2010).
138 Vgl. Wey (2000), S. 28.

Bei einer speziellen Form der Anteilsfinanzierung und unter Eintritt vorab definierter Förderbedingungen wird bestimmten Zielgruppen eine erhöhte Förderquote in Form eines Bonus gewährt, so dass der *geförderte Anteil variieren kann.*[139] Ebenso kann der prozentuale Anteil deshalb variieren, weil er sich durch bloße Festlegung einer Unter- oder Obergrenze des zu fördernden Betrages in der Richtlinie von vornherein in einer bestimmten Bandbreite bewegt.[140]

2.3.2.2.2 Festbetragsfinanzierung

Bei einer Festbetragsfinanzierung wird dem Förderempfänger ein *vorab fest definierter Betrag* gewährt. Dieser Betrag kann zum einen in der Höhe für jeden Förderempfänger identisch sein. Zum anderen ist auch eine Ausgestaltung des festen Zuschusses in Abhängigkeit von einer quantitativen Größe möglich, so dass beispielsweise pro durchgeführter Veranstaltung, Tagung, Schulung etc. ein Zuschuss gezahlt wird.[141]

2.3.2.2.3 Fehlbetragsfinanzierung

Bei einer Fehlbetragsfinanzierung trägt der Fördergeber die *Differenz zwischen* den jeweils *vorhandenen Eigenmitteln und dem aufzuwendenden Gesamtbedarf* für die Erreichung des definierten Förderzwecks. Diese Form des Zuschusses ist insbesondere für Förderprogramme geeignet, bei denen absehbar ist, dass die möglichen Förderempfänger nur über geringe Eigenmittel verfügen und nur mit einem bestimmten Förderanteil oder Festbetrag der Förderzweck nicht erreicht werden kann. Typischerweise kommen Fehlbetragsfinanzierungen bei Förderprogrammen aus den Bereichen Sozial-, Bildungs-, Wissenschafts- und Kulturpolitik zum Einsatz.[142] Um den geförderten Fehlbetrag ermitteln zu können, ist der Förderempfänger gezwungen, seine Vermögenverhältnisse offenzulegen.[143]

2.3.2.3 Darlehen

Neben der Finanzierung durch Zuschüsse ist auch die Förderung in Form von Darlehen bedeutend. Anders als die grundsätzlich rein öffentlich-rechtlich abgewickelten Zuschüsse richten sich Darlehen, die im Rahmen von Förderprogrammen vergeben werden, im Grundsatz nach den allgemeinen zivilrechtlichen Vorschriften.

---

139 Vgl. Wey (2000), S. 28.
140 Vgl. Henke (1979), S. 227, auch für weiterführende Erläuterungen.
141 Vgl. Henke (1979), S. 226; Wey (2000), S. 29 und Landratsamt Starnberg (2010).
142 Vgl. Wey (2000), S. 28f.
143 Vgl. Landratsamt Starnberg (2010).

§ 488 Absatz 1 BGB charakterisiert ein Darlehen wie folgt: „Durch den Darlehensvertrag wird der Darlehensgeber verpflichtet, dem Darlehensnehmer einen Geldbetrag in der vereinbarten Höhe zur Verfügung zu stellen. Der Darlehensnehmer ist verpflichtet, einen geschuldeten Zins zu zahlen und bei Fälligkeit das zur Verfügung gestellte Darlehen zurückzuzahlen.“[144]

Wird also bei einem Förderprogramm die Förderart des Darlehens[145] gewählt, ist somit nicht die Förderart selbst, sondern die besondere *Ausgestaltung* des Vertrages bzw. dessen Konditionen charakteristisch für die Förderung. Bei der Ausgestaltung der Förderdarlehen sind alle im Kreditverkehr gebräuchlichen Varianten denkbar. So können beispielsweise sowohl Annuitäten-, Ratendarlehen oder endfällige Darlehen vergeben werden als auch bei der Ausgestaltung der Zins- und Tilgungsmodalitäten die gesamte Bandbreite der Möglichkeiten Anwendung finden.[146] Darlehen, die im Rahmen von Förderprogrammen vergeben werden, sind oftmals mit Vorzugskonditionen insbesondere beim Zinssatz, aber auch hinsichtlich der Laufzeit oder den Rückzahlungsbedingungen ausgestaltet.[147, 148]

Ergänzend können im Falle eines Kreditausfalls zwischen der staatlichen Institution und dem von dieser zur Durchführung und Abwicklung beauftragten Kreditinstitut Besonderheiten bei der Haftungsübernahme bestehen. So kann zwischen diesen beiden Parteien eine Haftungsfreistellung vereinbart werden, die beim Ausfall eines Fördernehmers greift, so dass die staatliche Institution den Schaden bei der privatwirtschaftlich tätigen Geschäftsbank übernimmt. Somit findet unter Umständen eine Verschiebung des Ausfallrisikos hin zur staatlichen Institution statt. Diese lässt sich allerdings für solche Fälle im Rahmen der Förderbedingungen einen Durchgriff auf das Privatvermögen des Fördernehmers einräumen.[149]

Neben den Fällen, in denen der Förderempfänger den Darlehensvertrag direkt mit der durch den Fördergeber zur Abwicklung beauftragten Bank abschließt,

---

144 §§ 488 ff. BGB beschreiben die rechtlichen Voraussetzungen zum Darlehensvertrag.

145 Im Folgenden wird der Begriff Darlehen in Anlehnung an die gesetzliche Formulierung synonym für den Begriff Kredit verwendet.

146 Vgl. zu weiteren und tiefergehenden Ausführungen: Dichtl/Issing (1993), Buchstabe D; Hein (1993), S. 53-55; von Hagen/von Stein (2000), S. 764-772; Priewasser (2001), S. 418; Zantow (2004), S. 128-138; Büschgen (2006), S. 203 und Tolkmitt (2007), S. 184f.

147 Vgl. o.V. (2009), S. 72ff. zu folgendem Beispiel: Die Landwirtschaftliche Rentenbank hat für ein Förderdarlehen einen Zinssatz angeboten, der 0,2 bis 0,3 % unterhalb eines normalen Bankkredites lag.

148 Vgl. Püttner (1989), S. 103; Schmidt, R. (2006), S. 224; Betz (2008), S. 13; Maurer (2009), S. 444 und Novak (2011), S. 13.

149 Vgl. Betz (2008), S. 13f.

muss er bei anderen Förderprogrammen das Förderdarlehen über seine Hausbank beantragen. Dies kann je nach Hausbank unterschiedlich lange dauern bzw. mit einem erhöhten Dokumentationsaufwand verbunden sein.[150]

Von *besonderer Bedeutung* ist die Förderart des Darlehens für Unternehmen zur Unterstützung der Existenzgründung, -festigung oder für den Bereich der Forschung und Entwicklung sowie als Investitionsdarlehen für den Bereich Umweltschutz. Als Förderquelle von besonderer Bedeutung seien das ERP-Sondervermögen des Bundes und die Fördermöglichkeiten der KfW genannt.[151] Diese Förderdarlehen sind insbesondere für kleinere und mittelständische Unternehmen von Bedeutung, da diesen andernfalls in der Gründungsphase auf Grund der häufig restriktiven Kreditvergabe privatwirtschaftlicher Banken der Zugang zum Kreditmarkt verwehrt bliebe.[152]

Aber auch für die Förderung von Spezialthemen sind Darlehen durchaus geeignet. Beispielsweise werden über die NRW.BANK mit Hilfe dieser Förderart Produktionsunternehmen zur Finanzierung von erfolgversprechenden Film- und TV-Projekten zur Stärkung des Kino- und TV-Standortes Nordrhein-Westfalen gefördert.[153] Somit stellt die Förderart des Darlehens eine Förderart dar, die in der gesamten Breite der Förderung Anwendung findet bzw. finden kann.

Betrachtet man die Abwicklung eines Darlehens auf Grund eines staatlichen Förderprogramms im Vergleich zu der Abwicklung eines Zuschusses, sind nicht alle Handlungen öffentlich-rechtlicher Natur, wie die nachfolgende Abbildung verdeutlicht.

---

150 Vgl. Novak (2011), S. 13.
151 Vgl. Wey (2000), S. 6-10, auch mit detaillierter Erläuterung zum ERP-Sondervermögen.
152 Vgl. Müller/Brackschulze/Mayer-Fiedrich/Ordemann, S. 1-3 und Grunow (2010), S. 9-12.
153 Vgl. NRW.BANK (2009a) und NRW.BANK (2009b).

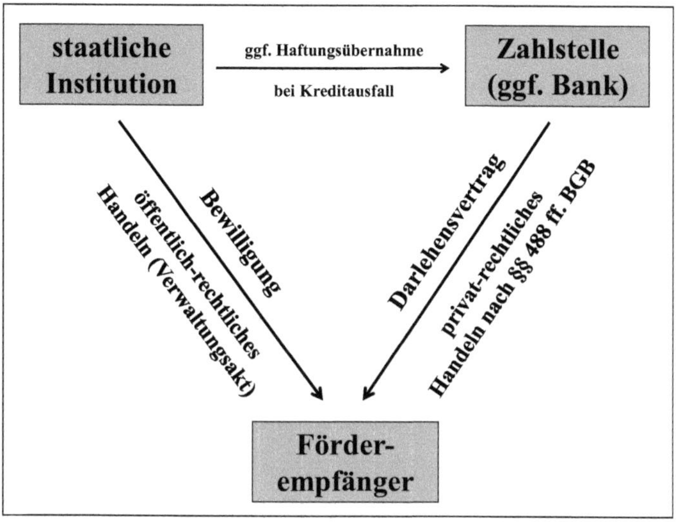

Abbildung 8: Darlehensabwicklung[154]

Das öffentlich-rechtliche Handeln ist beschränkt auf die Prüfung, ob ein Antrag auf Förderung bewilligt werden kann oder nicht. Diese Handlung wird im Ergebnis durch einen Verwaltungsakt (Bewilligungs- oder Ablehnungsbescheid) zum Ausdruck gebracht. Hingegen liegt dem Abschluss des Darlehensvertrages des Förderempfängers mit der kreditgebenden Institution als Vollzug des Bewilligungsbescheides rein privat-rechtliches Handeln nach §§ 488 ff. BGB zu Grunde. Der *theoretischen Trennung in öffentlich-rechtliches und privatrechtliches Handeln* steht oftmals die Umsetzung in der Verwaltungspraxis entgegen, da im Bewilligungsbescheid bereits häufig die einzelnen Darlehensmodalitäten bestimmt werden und somit beide Handlungsstränge miteinander verschmelzen. Um diese Problematik zu lösen, finden sich in der juristischen Literatur drei Ansätze, wie sich die Abwicklung der Förderung mit einem Darlehen rein öffentlich- oder privatrechtlich gestalten kann.[155] Die Trennung in öffentlich- und privat-rechtliches Handeln ist jedoch allein bei der Wahl der zuständigen Gerichtsbarkeit von Bedeutung, falls auf Grund des Bescheides bzw. des Darlehensvertrages eine beteiligte Partei den Klageweg beschreiten möchte. Für die Ausgestaltung eines Förderprogramms bedarf es jedoch keiner näheren Auseinandersetzung mit dieser juristischen Problematik.

---

[154] Vgl. Henke (1979), S. 218; Schmidt, R. (2006), S. 226 und Detterbeck (2010), S. 22.

[155] Vgl. Maurer (2009), S. 447-451 und Detterbeck (2010), S. 21-23, auch mit weiterführenden Verweisen zur Diskussion der juristischen Problematik und Lösungsmöglichkeiten.

2.3.2.4 Bürgschaften und Garantien

Auch Bürgschaften und Garantien werden zur Förderung regelmäßig eingesetzt.

Nach § 765 BGB ist vertragstypisch für eine *Bürgschaft*, dass sich der Bürge gegenüber dem Gläubiger eines Dritten verpflichtet, für die Erfüllung der Verbindlichkeit des Dritten einzustehen.[156, 157] Übernimmt also der Fördergeber im Rahmen eines Förderprogramms die Funktion des Bürgen und kann für die Verpflichtungen des Fördernehmers gegenüber dessen Gläubiger von diesem in Anspruch genommen werden (z.B. Verpflichtung aus einem Kreditvertrag mit einer Bank), handelt es sich um die Förderart der Bürgschaft.[158]

Diesen Zusammenhang stellt folgende Abbildung grafisch dar.

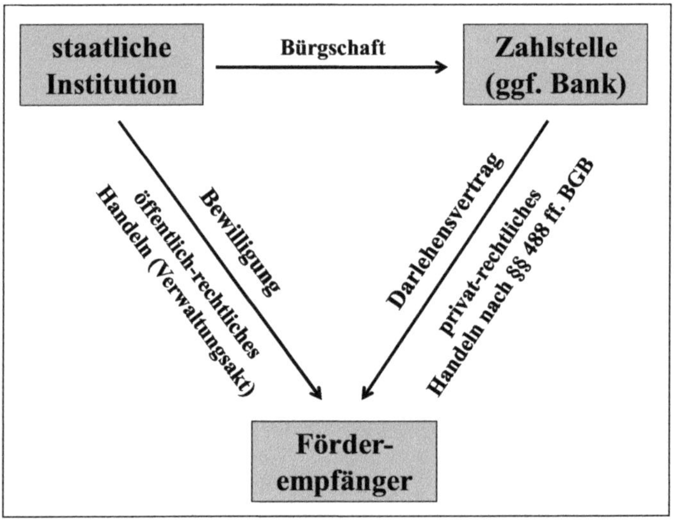

Abbildung 9: Bürgschaftsabwicklung[159]

[156] §§ 765 ff. BGB beschreiben die rechtlichen Vorgaben zum Bürgschaftsvertrag.

[157] Vgl. zu weiteren und tiefergehenden Ausführungen: Büschgen (1993), S. 808; Thiemann (1999), S. 1703-1705; Priewasser (2001), S. 413; Zantow (2004), S. 143f.; Tolkmitt (2007), S. 211-214; Becker/Peppmeier (2008), S. 125f. und 356 und Hartmann-Wendels/Pfingsten/Weber, S. 187.

[158] Vgl. Henke (1979), S. 218.

[159] Vgl. Schmidt, R. (2006), S. 243 und Maurer (2009), S. 455.

Vor Abschluss des Darlehensvertrages erlässt die staatliche Institution als Grundlage der Förderung einen öffentlich-rechtlichen Verwaltungsakt an den Förderempfänger, in dem sie dem Fördernehmer die Bürgschaft als Kreditsicherheit zusichert und schließt dann einen privatrechtlichen Bürgschaftsvertrag mit der Bank ab.[160]

Der *Vorteil* der Förderart Bürgschaft im Vergleich zu einem Darlehen oder Zuschuss liegt für die staatliche Institution darin, dass diese zunächst keine direkten monetären Mittel aufzubringen braucht und die Summe der letztlich aufzubringenden Mittel im Vergleich zu den Alternativen regelmäßig deutlich geringer ausfällt. Es wird zwar ein Teil der Bürgschaften in Anspruch genommen, so dass es zu einer monetären Belastung kommt. Allerdings ist zu erwarten, dass dies immer nur ein Anteil der insgesamt begebenen Bürgschaften ist, so dass mit reduzierteren Mitteln möglicherweise ein größerer Erfolg erreicht wird. Die direkte Bereitstellung des Kapitals in einem ersten Schritt wird mit dieser Förderart dem Kapitalmarkt überlassen, indem die Bank einen Darlehensvertrag direkt mit dem Förderempfänger abschließt. Die Bürgschaft der staatlichen Institution dient dabei lediglich als Sicherheit für die Bank. Diese Förderart kommt im Vergleich zu einem Förderdarlehen auch dem privaten Kreditgewerbe entgegen, da der Staat hier nicht unmittelbar als Anbieter von Darlehen am Markt auftritt, sondern nur die notwendige Bereitstellung der Sicherheiten stärkt.[161]

Eine *besondere Bedeutung* der Förderart Bürgschaft kommt bei Existenzgründungen und Investitionsvorhaben von Unternehmen zum Tragen.[162] Diese Unternehmen können oftmals nicht die von der Bank geforderten Sicherheiten zur Darlehensvergabe aufbringen. Liegt ein grundsätzlich betriebswirtschaftlich sinnvolles Vorhaben vor, kann der Staat mit der Bürgschaft die fehlende Sicherheit stellen. In der Regel übernimmt der Fördergeber allerdings nur eine Bürgschaft bis zu einer Maximalhöhe von 80 Prozent der Darlehenssumme. Das Risiko für den Restbetrag liegt bei der kreditgebenden Geschäftsbank, die sich natürlich weitere banküblich Sicherheiten[163] einräumen lassen kann.[164]

Zur operativen Abwicklung des Bürgschaftsvertrages mit der privaten Geschäftsbank haben der Bund bzw. die Bundesländer eigene Bürgschaftsbanken gegründet. Der potentielle Fördernehmer beantragt in der Regel über seine Bank, mit der der Kredit abgeschlossen werden soll, die Bürgschaft bei der zu-

160 Vgl. Ehlers (1983), S. 119; Schmidt, R. (2006), S. 243 und Maurer (2009), S. 454f.
161 Vgl. Henke (1979), S. 218.
162 Vgl. Püttner (1989), S. 103 und Wey (2000), S. 23.
163 Für eine kurze Übersicht über bankübliche Sicherheiten sei stellvertretend auf Wey (2000), S. 25 verwiesen.
164 Vgl. Seifert (1997), S. 86; Wey (2000), S. 23f. und Betz (2008), S. 14.

ständigen Bürgschaftsbank. Diese wiederum prüft das Vorhaben des Antragstellers und sagt bei positiver Beurteilung die Bürgschaft zu.[165]

Bürgschaften und Garantien sind in ihren Strukturen und der Eignung ähnlich und vergleichbar. Dennoch lassen sich an der Eignung als Förderart Abgrenzungen vornehmen. Bei der Bürgschaft übernimmt der Bürge das Risiko eines monetären Schadens bei einem Dritten (Bank) und nicht beim Fördernehmer.

Bei der *Garantie* hingegen übernimmt der Garantiegeber dieses Risiko direkt beim Fördernehmer und verspricht somit, für einen bestimmten Erfolg einzustehen. Diese Förderart ist dann geeignet, wenn eine staatliche Institution Anreize für Vorhaben schaffen möchte, die nicht an fehlenden monetären Mitteln des Fördernehmers direkt scheitern würden, sondern an dessen Risikobereitschaft zur Erreichung eines möglichen Erfolges.[166] Anwendung finden Garantien überwiegend bei der Förderung von Exportgeschäften bei Unternehmen.[167, 168] Aber auch zur gezielten Förderung einer Branche können Garantien eingesetzt werden. So fördert das Land Nordrhein-Westfalen Filmproduktionsunternehmen, indem Garantien für Zwischen- und Avalkredite bereitgestellt werden, die diese Unternehmen als Sicherheit bei ihrer kreditgebenden Bank einreichen können.[169]

Da die Übernahme von Bürgschaften bzw. Garantien oftmals mehrere Jahre betrifft, erfordert die Ermächtigung zur Vergabe dieser Förderart ein förmliches Gesetz.[170] Diese Pflicht wird z.B. durch § 39 BHO vorgegeben, wonach die Übernahme von Bürgschaften, Garantien oder sonstigen Gewährleistungen, die zu Ausgaben in künftigen Haushaltsjahren führen können, einer Ermächtigung durch Bundesgesetz bedarf, die der Höhe nach bestimmt ist.[171] Da bei der gesetzlich erforderlichen Grundlage nur die Konkretisierung der Höhe nach erforderlich ist und gerade nicht bestimmte Förderkriterien normiert werden müssen, die einen direkten Anspruch einer Zielgruppe auf die Förderung gewähren würden, steht die Förderart der Bürgschaft und der Garantie der Definition des Förderprogramms nicht grundsätzlich entgegen.[172] Solange die für das Förderpro-

---

165 Vgl. Seifert (1997), S. 86 und Wey (2000), S. 23-25.
166 Vgl. Henke (1979), S. 218f.
167 Vgl. Püttner (1989), S. 103 und Betz (2008), S. 14.
168 Vgl. Euler Hermes Deutschland (2012) als Beispiel für Exportgarantien der Bundesrepublik Deutschland.
169 Vgl. NRW.BANK (2009c).
170 Vgl. Schmidt, R. (2006), S. 243.
171 Identische oder vergleichbare Normen finden sich wiederum in den entsprechenden Landeshaushaltsordnungen der einzelnen Bundesländer.
172 Vgl. Kapitel 2.1.2.

gramm notwendigen Vergabekriterien weiterhin in Verwaltungsvorschriften (Richtlinien) konkretisiert werden, an denen der Prüfprozess bei der Beantragung einer Bürgschaft bzw. Garantie ansetzt, handelt es sich auch um ein Förderprogramm im oben definierten Sinn.[173]

2.3.2.5 Steuerliche Begünstigungen

Auch mit Hilfe steuerlicher Begünstigungen sollen Unternehmen gefördert werden, vor allem kleinere und mittlere Unternehmen. Diesen wird es beispielsweise gestattet, Sonderabschreibungen zu tätigen oder steuerfreie Rücklagen zu bilden.[174] Somit findet bei dieser Förderweise keine fiskalische Transaktion statt. Bei dem Begünstigten wird in dem Fall der Steuerzahlung vielmehr die Erhebung der Abgaben reduziert.[175] Im Vergleich zu der Förderart des Zuschusses oder des Darlehens ist die Auswirkung einer Steuererleichterung auf Grund der vorhandenen Steuerprogression von Begünstigtem zu Begünstigtem sehr unterschiedlich.[176] Die verwaltungsrechtliche Literatur spricht in den Fällen der Reduzierung oder Befreiung von der Abgabeverpflichtung von sogenannten Verschonungssubventionen.[177] Da dies eine Befreiung von der gesetzlichen Abgabenpflicht darstellt, bedarf dieser Eingriff und seine konkrete Ausgestaltung in jedem Fall einer weiteren gesetzlichen Grundlage.[178] Aus diesem Grund sind steuerliche Begünstigungen zwar eine Art der Förderung, aber nicht als eine Förderart von Förderprogrammen in der genannten Definition zu klassifizieren und finden deshalb im weiteren Verlauf der Arbeit keine Berücksichtigung.

2.3.2.6 Realförderung

Unter einer Realförderung als Förderart sind weder direkte Geldleistungen (wie bei Zuschüssen[179], Darlehen[180]) noch eine mögliche Haftungsübernahme (wie bei Bürgschaften und Garantien[181]) zu verstehen.[182] Vielmehr handelt es sich um eine Förderung durch Sachleistungen sowie eine Begünstigung bei der Vergabe von öffentlichen Aufträgen bzw. einen mit Vorzugskonditionen ausgestatteten Vertrag. Unter letztere Variante fallen beispielsweise der verbilligte Verkauf

---

[173] Vgl. Kapitel 2.1.2.
[174] Vgl. Wey (2000), S. 5f.
[175] Vgl. Gusy (1991a), S.288 und Bartling (1993), S. 209.
[176] Vgl. Maurer (2009), S. 443.
[177] Vgl. Püttner (1989), S. 101f. und Maurer (2009), S. 443.
[178] Vgl. Oldiges (1984), S. 1927; Gusy (1991a), S. 288 und Maurer (2009), S. 443.
[179] Vgl. Kapitel 2.3.2.2.
[180] Vgl. Kapitel 2.3.2.3.
[181] Vgl. Kapitel 2.3.2.4.
[182] Vgl. Henke (1979), S. 3.

von Grundstücken zur Förderung von Industrieansiedlung oder eine Ausgestaltung eines Mietvertrages mit Konditionen unterhalb der marktüblichen.[183]

Die Vorgehensweise bei der vertraglichen Gestaltung einer Realförderung unterscheidet sich deutlich von Zuschüssen, Darlehen, Bürgschaften und Garantien. Bei jenen Förderarten wird allein auf Grund einer bewilligten Förderung eine vertragliche Beziehung zwischen Fördergeber und Förderempfänger eingegangen. Bei der Realförderung hingegen ist der Hauptbestandteil der Beziehung zwischen den Vertragspartnern nicht die Förderung selbst, sondern vielmehr die eigentliche Umsetzung des vereinbarten Vertragsgegenstands (z.B. Kauf, Miete, Sachleistung). Die Förderung lässt sich nur durch eine spezielle Ausprägung eines Vertragsmerkmals (z.B. Kaufpreis oder Mietpreis) identifizieren und wird anlässlich einer anderen Beziehung eingegangen.[184]

Wird der Begriff der Realförderung breiter gefasst als bisher in der Literatur diskutiert und greift man den Ansatz auf, dass Kern der Realförderung nicht die monetäre Leistung an sich sein muss, lassen sich auch Dienstleistungen mit Fördercharakter als Realförderung einstufen. Darunter fallen Maßnahmen wie die Bereitstellung von Informationsmaterialien für eine bestimmte Zielgruppe oder die Durchführung von gezielten Beratungsleistungen. Wird die Dienstleistung auf eigene Initiative einer staatlichen Institution zur Förderung einer Zielgruppe durchgeführt, sollten diese Tätigkeiten auch als eine Ausprägung der Realförderung verstanden werden, da zwischen vergünstigten Konditionen und einer vergünstigten oder kostenlosen Dienstleistung Ähnlichkeiten bestehen. Werden diese Maßnahmen allerdings mit Fördermitteln (z.B. Zuschüssen) durch eine vom Anbieter dieser Dienstleistung abweichende staatliche Institution unterstützt (z.B. EU-Mittel), handelt es sich nicht um die Förderart der Realförderung.

2.3.3 Abgrenzung Förderprogramm – Subvention

Oftmals werden im Sprachgebrauch die Begriffe Förderprogramm und Subvention synonym verwendet. Diese Gleichsetzung hingegen wäre nicht korrekt.[185] Daher bedarf es einer näheren Abgrenzung. Obwohl in Praxis und Wissenschaft auch der Subventionsbegriff keiner eindeutigen und allgemeingültigen Definition unterliegt, wird unter dem rechtswissenschaftlichen Begriff *Subvention* im weitesten Sinne eine staatliche Leistung ohne Gegenleistung des Empfängers verstanden, die unter vorher definierten Bedingungen gewährt wird. Die Leis-

---

183 Vgl. Ipsen (1956), S. 55; Henke (1979), S. 3; Püttner (1989), S. 103f. und Schmidt, R. (2006), S. 244.

184 Vgl. Henke (1979), S. 3.

185 Vgl. Gusy (1991a), S. 287.

tungen können allen oben genannten Förderarten entsprechen, wobei dabei auch steuerliche Vergünstigungen in Fragen kommen, die als Förderart bei Förderprogrammen per Definition ausgeschlossen sind. Das Begriffsverständnis der Subvention im engeren Sinne knüpft allein an die direkte monetäre Leistung an.[186] Streitig ist, ob Realförderungen tatsächlich als eine Art der Subvention einzuordnen sind.[187]

Das *entscheidende Abgrenzungsmerkmal* zwischen Förderprogrammen und Subventionen ist die *Rechtsgrundlage.* Werden Förderprogramme laut Definition allein auf Grundlage von Richtlinien bzw. anderen Verwaltungsvorschriften durchgeführt, gibt es bei Subventionen oftmals gesetzliche Grundlagen in Form von Spezialgesetzen (z.B. Investitionszulagengesetz).[188]

Abschließend kann somit festgehalten werden, dass sich eine klare Abgrenzung auf Grund fehlender Definitionen durchaus als schwierig erweist.

2.3.4 Beteiligte an Förderprogrammen

Weiteres, maßgebliches Charakteristikum von Förderungen sind die an der Durchführung des Förderprogramms Beteiligten. Dies sind in der Regel Fördergeber, Fördernehmer und Zielgruppe. Unabhängig davon, ob hinter diesen drei Beteiligten verschiedene Personen (z.B. natürliche und juristische Personen) stehen, handelt es sich abstrakt betrachtet jeweils nur um einen Akteur. Somit können maximal drei Akteure an Förderprogrammen beteiligt sein.

2.3.4.1 Fördergeber

Als Fördergeber für staatliche Förderprogramme kommen *alle staatlichen Institutionen als Träger der öffentlichen Verwaltung* in Frage. Träger der öffentlichen Verwaltung sind nach deutschem Recht juristische Personen des öffentlichen Rechts, wie Bund, Länder, Kommunen sowie sonstige öffentlich-rechtliche Körperschaften und Anstalten.[189] Neben diesen nationalen Fördergebern sind auch internationale Organisationen als Fördergeber zu berücksichtigen.[190] Der bedeutendste darunter ist, wie unter der Beschreibung des Wert- und Mengenge-

---

186 Vgl. Eichhorn (1991), S. 807; Ehlers (1993), S. 861; Schmidt, R. (2006), S. 219f. und Stober (2007), S. 305f.

187 Vgl. Ehlers (1983), S. 113.

188 Vgl. Stober (2007), S. 303 und Bull/Mehde (2009), S. 381.

189 Vgl. Götz (1966), S. 29 und Henke (1979), S. 1.

190 Vgl. Schetting (1973), S. 66 und Gusy (1991a), S. 286.

rüstes hervorgehoben, die Europäische Union.[191] Diese allerdings hat nur wenige Verwaltungsbehörden und ist in Deutschland nur durch wenige Außenstellen vertreten.[192] Wie ebenfalls bei dem Wert- und Mengengerüst beschrieben, soll an dieser Stelle nochmals hervorgehoben werden, dass ein Förderprogramm durchaus mehrere Fördergeber von den unterschiedlichsten Ebenen der staatlichen Institutionen haben kann.[193]

Die Träger der öffentlichen Verwaltung sind wegen der unmittelbaren Belastung als unmittelbare Fördergeber einzuordnen.[194] Denn sie müssen die unter den Förderarten beschriebenen monetären Mittel bei Inanspruchnahme bereitstellen. Den *unmittelbar Belasteten* stehen die mittelbar Belasteten gegenüber, die allerdings nicht als Fördergeber einzustufen sind. Dies sind vielmehr Akteure, die auf Grund der Förderung anderer zum Beispiel im Wettbewerb benachteiligt werden oder über höhere Abgaben die Bereitstellung der Fördermittel für die staatlichen Förderprogramme erst ermöglichen.[195]

Lediglich die unmittelbar Belasteten, also die Träger der öffentlichen Verwaltung als Fördergeber sind die direkte Zielgruppe der in Kapitel 4 zu entwickelnden Controlling-Konzeption. Somit wird in einem ersten Schritt der Begriff der öffentlichen Verwaltung erläutert, bevor die einzelnen Fördergeber in den Aufbau der Verwaltung in Deutschland eingeordnet werden. Die Europäische Union als Fördergeber ist als nicht nationaler Fördergeber wie eine gesonderte Institution zu betrachten.

2.3.4.1.1 Einordnung des Verwaltungsbegriffs

Auf eine allgemeingültige Definition des Begriffs öffentliche Verwaltung konnte sich die Literatur der Verwaltungsrechtswissenschaften bisher nicht festlegen. So konstatiert FORSTHOFF in den 1970er Jahren öffentlich, dass „es in der Eigenart der Verwaltung liegt, dass sie sich zwar beschreiben, aber nicht definieren lässt."[196] In der aktuelleren Verwaltungsrechtsliteratur wird hingegen eine Einordnung und Abgrenzung des Begriffs öffentliche Verwaltung anhand des Prinzips der Gewaltenteilung nach Artikel 20 Absatz 2 Satz 2 und Absatz 3 des

191 Vgl. Kapitel 2.1.3.1 und Kapitel 2.1.3.2.
192 Vgl. Bull/Mehde (2009), S. 56.
193 Vgl. Kapitel 2.1.3.1 und Kapitel 2.1.3.2.
194 Vgl. Götz (1966), S. 29.
195 Vgl. Götz (1966), S. 30.
196 Forsthoff (1973), S. 1.

Grundgesetzes vorgenommen.[197, 198] Diese Einordung visualisiert folgende Abbildung.

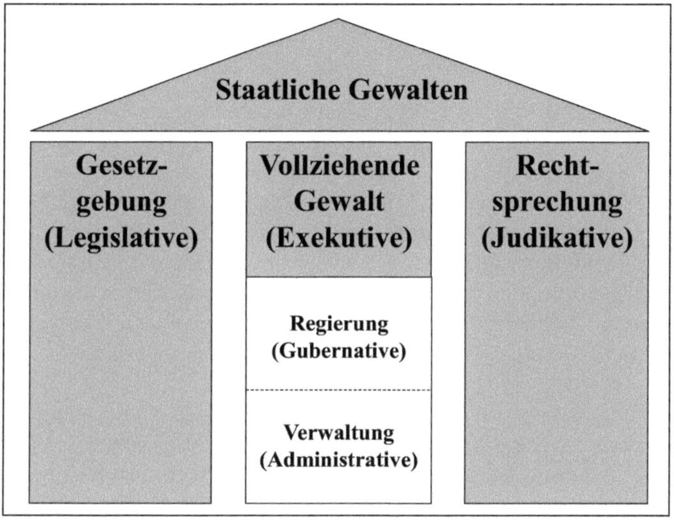

Abbildung 10: Einordnung in das Prinzip der Gewaltenteilung[199]

Nach dieser Kategorisierung ist die Verwaltung eindeutiger Bestandteil der Exekutive und klar zu trennen von Regierung, Rechtsprechung und Gesetzgebung. Dass aber hier keine scharfe Trennlinie besteht, sondern auch die anderen Gewalten verwaltend tätig werden können, zeigen folgende Beispiele:

- die Justizverwaltung (eigentlich Rechtsprechung) gewährt Akteneinsicht;
- der Bundestagspräsident (eigentlich Gesetzgebung) verwaltet monetäre staatliche Mittel, die an politische Parteien ausgezahlt werden;
- eine juristische Person des öffentlichen Rechts (eigentlich Verwaltung) wird nach Auflösung durch die Landesregierung abgewickelt.[200]

---

197 Vgl. Eichhorn (2003), S.763; Peine (2008), S. 7; Maurer (2009), S. 1 und Detterbeck (2010), S. 2.

198 Artikel 20 Absatz 2 und 3 lauten wie folgt: „Alle Staatsgewalt geht vom Volke aus. Sie wird vom Volke in Wahlen und Abstimmungen und durch besondere Organe der Gesetzgebung, der vollziehenden Gewalt und der Rechtsprechung ausgeübt.
Die Gesetzgebung ist an die verfassungsmäßige Ordnung, die vollziehende Gewalt und die Rechtsprechung sind an Gesetz und Recht gebunden."

199 In Anlehnung an Detterbeck (2010), S. 1.

200 Vgl. Detterbeck (2010), S. 2f.

Diese Überschneidungsmöglichkeiten berücksichtigt auch EICHHORN mit seinem Verständnis von öffentlicher Verwaltung und beschreibt sie „als Veranstaltung zur Wahrnehmung von Angelegenheiten von Gemeinwesen durch Sachwalter. In diesem weiten Sinn umfasst der Begriff öffentliche Verwaltung nicht nur die Exekutive als eine Gewalt neben Legislative und Judikative, sondern [...] auch Parlamente und Gerichte.“[201]

Diesem Verständnis folgend wird der Begriff öffentliche Verwaltung durch Unterscheidung in Verwaltung im organisatorischen, formellen und materiellen Sinn greifbarer beschrieben.[202] Unter *Verwaltung im organisatorischen Sinn* werden alle Verwaltungsträger, Verwaltungsorgane und Verwaltungseinrichtungen organisatorisch zusammengefasst.[203] Im *formellen Sinn* wird die gesamte wahrgenommene Verwaltungstätigkeit hierunter subsumiert, ohne zu differenzieren, ob diese Tätigkeit materieller Art ist oder nicht.[204] *Verwaltung im materiellen Sinn* ist wiederum die im Schema der Gewaltenteilung eingeordnete Teilgewalt der Exekutive.[205]

Diese Differenzierung ist zwar für die Grundstruktur und Abgrenzung der Staatsaufgaben der Bundesrepublik Deutschland wichtig, aber in erster Linie nur eine Würdigung der grundgesetzlichen und organisatorischen Rahmenbedingungen. Zielführender muss an der Aussage von FORSTHOFF angesetzt und die öffentliche Verwaltung anhand von Merkmalen, Tätigkeiten und Aufgaben beschrieben und dadurch (positiv) charakterisiert werden. Dies kann mit Hilfe der folgenden Aufzählung von möglichen Verwaltungskennzeichen vorgenommen werden:

- aktive Gestaltung der Zukunft durch Umsetzung der Gesetze;
- Einzelfallregelung durch konkrete Maßnahmen;
- Verfolgung öffentlicher Interessen;
- Sozialgestaltung, Orientierung am Gemeinwesen (Bereitstellung öffentlicher Einrichtungen und Leistungen);
- Aufrechterhaltung der öffentlichen Sicherheit und Ordnung;
- Gewährleistungsübernahme für auf den privaten Sektor übertragene Leistungen (z.B. Energieversorgung und Telekommunikation);
- Verwaltung der für die Aufgabenerfüllung notwendigen Geldmittel (Steuern, Gebühren, Abgaben);

---

201 Eichhorn (2003), S. 760.
202 Vgl. Detterbeck (2010), S. 3f.
203 Vgl. Peine (2008), S. 7f. und Maurer (2009), S. 1.
204 Vgl. Maurer (2009), S. 2 und Detterbeck (2010), S. 3.
205 Vgl. Detterbeck (2010), S. 4.

- Bereitstellung ausreichender Personalkapazitäten zur Bewältigung der Aufgaben im Hinblick auf die Bedarfsverwaltung.[206]

Eine weitere Kategorisierung der öffentlichen Verwaltung kann anhand der Wirkung ihrer Tätigkeit vorgenommen werden. Hierbei wird zwischen der *Eingriffs- und Leistungsverwaltung* unterschieden. Erstere greift durch Ge- oder Verbote in das Eigentum oder die Freiheit eines Bürgers ein, wohingegen mit letzterer die Bürger durch Bereitstellung von öffentlichen Einrichtungen oder durch Gewährung von Sach- oder Finanzleistungen unterstützt werden, was positive Auswirkungen auf die Lebensbedingungen der Bürger hat.[207] Da die Auflegung und Durchführung von Förderprogrammen bei den Zielgruppen ausschließlich positive Wirkungen zeigen sollen, sind Förderprogramme diesem Unterscheidungskriterium folgend eindeutig der Leistungsverwaltung zuzuordnen.[208]

Unabhängig von den diskutierten Begriffseinordnungsmöglichkeiten erfordern die beschriebenen Tätigkeiten und Aufgaben einer öffentlichen Verwaltung zur Umsetzung zunächst immer handelnde Personen. Diese wiederum benötigen zur Durchführung der Verwaltungstätigkeit *Hilfsmittel*, wie Gebäude und Büromaterialien. Diese beiden Voraussetzungen werden von sogenannten Verwaltungsträgern bereitgestellt, die überwiegend in der Rechtsform einer juristischen Person organisiert sind.[209]

Die bei einer juristischen Person *handelnden Menschen* sind von besonderer Bedeutung, da ohne sie Handlungsfähigkeit nicht besteht und die Vornahme von rechtserheblichen Handlungen (z.B. Abgabe und Entgegennahme von Willenserklärungen) nicht möglich ist. Bei juristischen Personen wird dies rechtstechnisch durch sogenannte Organe und deren Organwalter vorgenommen. Als Organwalter werden die Personen bezeichnet, die die den Organen zugeteilten Tätigkeiten wahrnehmen. Organe wiederum sind die Einrichtungen, die für festgelegte Aufgaben bzw. Handlungen zuständig und verantwortlich sind.[210]

In der staatlichen Verwaltungshierarchie organisatorisch eingeordnete Organe werden als *Behörden* bezeichnet.[211] Behörden sind somit Organe des Staates bzw. der Verwaltungsträger.[212] Dies ist aber nur eine mögliche Begriffsabgren-

---

206 Vgl. Maurer (2009), S. 4-9.
207 Vgl. Peine (2008), S. 9f.
208 Vgl. auch Erläuterungen in Kapitel 2.1.1 und 2.1.1.5.
209 Vgl. Peine (2008), S. 11f.
210 Vgl. Maurer (2009), S. 534.
211 Vgl. Eichhorn (2003), S. 104.
212 Vgl. Maurer (2009), S. 532.

zung für eine Behörde. Eine andere setzt am funktionalen Sinn an und charakterisiert eine Behörde als jede Stelle, die in einer öffentlichen Verwaltung Aufgaben übernimmt.[213] Letztere Auffassung wird auch durch die gesetzliche Begriffsabgrenzung in § 1 Absatz 4 VwVfG gestützt.[214]

2.3.4.1.2 Aufbau der Verwaltung in Deutschland

Bevor in nachfolgenden Kapiteln eine Controlling-Konzeption für Förderprogramme entwickelt wird, bei dem je nach Förderprogramm unterschiedliche Verwaltungsebenen mit einbezogen werden, sei zunächst einmal der Fokus auf den institutionellen Verwaltungsaufbau gelegt.

Die Verwaltung auf nationaler Ebene ist analog zum Aufbau des Staates organisiert, und zwar auf den Ebenen Bund, Länder, Kreise bzw. kreisfreie Städte und Gemeinden.[215] Da als Fördergeber auf nationaler Ebene aber nur die Struktur der Bundes- und Landesverwaltung von besonderer Bedeutung ist, wird an dieser Stelle auf eine detaillierte Ausführung zum Aufbau nachgelagerter Verwaltungseinheiten verzichtet.

Sowohl die Bundes- als auch die Landesverwaltung unterteilen sich in eine mittelbare und *unmittelbare Verwaltung*.[216] Die unmittelbare Bundes- und Landesverwaltung besitzt zugeordnete Behörden, die vom Bund bzw. von dem jeweiligen Bundesland finanziert werden, die somit wiederum auch als Verwaltungsträger dieser Behörden zu charakterisieren sind.[217] Der Aufbau der unmittelbaren Landesverwaltung ist bei allen deutschen Flächenbundesländern mehrstufig. So sind die Bundesländer überwiegend dreistufig organisiert, wobei einige auch einen zweistufigen (z.B. Brandenburg, Mecklenburg-Vorpommern, Schleswig-Holstein) Aufbau aufweisen. Die Stadtstaaten Berlin, Bremen und Hamburg weisen Besonderheiten auf, die an dieser Stelle keine Berücksichtigung finden können.[218] Nachfolgend soll exemplarisch der dreistufige Aufbau eines Bundeslandes vorgestellt werden. Dieser dreistufige Aufbau gliedert sich in Oberstufe, Mittelstufe und Unterstufe.[219]

Auf der Oberstufe befindet sich als oberste Landesbehörde neben der Landesregierung und den Ministerien auch der unabhängige Landesrechnungshof. Lan-

---

213 Vgl. Detterbeck (2010), S. 64.
214 Vgl. Ipsen (2009), S. 59.
215 Vgl. Eichhorn (2001), S. 411f. und Peine (2008), S. 14f.
216 Vgl. Erbguth (2009), S. 61-63.
217 Vgl. Ipsen (2009), S. 67.
218 Vgl. Maurer (2009), S. 555f. und Detterbeck (2010), S. 68f.
219 Vgl. Peine (2008), S. 17f. und Maurer (2009), S. 555.

desoberbehörden (z.B. Landeskriminalamt, statistisches Landesamt) hingegen sind den Ministerien zwar nachgelagert und unterliegen deren Fachaufsicht, sind aber trotzdem noch nicht der Mittelstufe zuzuordnen.[220] Dies liegt daran, dass die Landesoberbehörden als eine Organisationseinheit für das gesamte Bundesland zuständig sind und das Ministerium in einem Fachgebiet entlasten sollen.[221] Somit ist das zentrale Abgrenzungskriterium, ob eine Behörde in die Ober- oder Mittelstufe einzuordnen ist, der Zuständigkeitsbezirk. Im Gegensatz zu den Oberbehörden, die landesweit zuständig sind, sind die Behörden auf der Mittelstufe nur für einzelne Regionen eines Bundeslandes zuständig.[222] Darüber hinaus sind Mittelbehörden ebenfalls den Ministerien fachlich nachgeordnet und dienen als vermittelnde und koordinierende Instanz zwischen Behörden der Ober- und Unterstufe.[223] Beispielhaft sind hierfür die fünf Bezirksregierungen Arnsberg, Detmold, Düsseldorf, Köln und Münster des Landes Nordrhein-Westfalen genannt.[224]

Behörden der unteren Verwaltungsstufe sind Landratsämter, Kreisverwaltungen, kreisfreie Städte oder Städte mittlerer Größe. Dabei haben die jeweiligen Leitungsorgane dieser Behörden oftmals eine Doppelstellung inne. Durch die Wahrnehmung der übertragenen Verwaltungsaufgaben des Bundeslandes einerseits und der kommunalen Selbstverwaltung andererseits können diese beiden Ebenen in der Leitungsebene der Unterstufe verknüpft und ein Interessenausgleich herbeigeführt werden. Darüber hinaus gibt es auf der Unterstufe verschiedene Sonderbehörden (z.B. Finanzämter, Gewerbeaufsichtsämter).[225]

Ebenso wie bei der unmittelbaren Landesverwaltung bestehen auch bei der *mittelbaren Landesverwaltung* Parallelen zur mittelbaren Bundesverwaltung, so dass die Erläuterungen auf Landesebene denen für die Bundesebene entsprechen. Die mittelbare Landesverwaltung wird durch juristische Personen des öffentlichen Rechts wahrgenommen. Dabei handelt es sich um Körperschaften, Anstalten und Stiftungen sowie der Sonderform des Beliehenen.[226] Alle Vorgenannten übernehmen Aufgaben der Landesverwaltung und unterliegen deswegen auch der Landesaufsicht.[227]

220 Vgl. Peine (2008), S. 17f. und Maurer (2009), S. 556.
221 Vgl. Ipsen (2009), S. 65f. und Maurer (2009), S. 557.
222 Vgl. Ipsen (2009), S. 67f.
223 Vgl. Maurer (2009), S. 557.
224 Vgl. Peine (2008), S. 18.
225 Vgl. Maurer (2009), S. 558-560.
226 Vgl. Erbguth (2009), S. 63.
227 Vgl. Detterbeck (2010), S.70.

Körperschaften des öffentlichen Rechts entstehen auf Grundlage eines Gesetzes und befinden sich unter der Aufsicht des jeweiligen Gesetzgebers. Sie übernehmen die ihnen zugewiesenen öffentlichen Verwaltungsaufgaben. Eine Mitgliedschaft kann auf gesetzlicher Verpflichtung oder freiwilliger Basis beruhen. Körperschaften des öffentlichen Rechts unterteilen sich nach dem Grund der möglichen Mitgliedschaft nochmals. In Realkörperschaften ist die Mitgliedschaft an ein Eigentum, eine wirtschaftliche Betätigung oder eine sonstige Berechtigung geknüpft (z.B. Industrie- und Handelskammer), bei Personalkörperschaften ist die Mitgliedschaft abhängig von bestimmten Eigenschaften wie dem Beruf (z.B. Anwaltskammer, Ärztekammer). Verbandskörperschaften hingegen stellen einen Zusammenschluss mehrerer einzelner Körperschaften des öffentlichen Rechts dar. Und bei Gebietskörperschaften wird die Mitgliedschaft örtlich bestimmt (z.B. Gemeinde).[228]

Die Art der Umsetzung und Erledigung der zugewiesenen Aufgaben kann jede Körperschaft des öffentlichen Rechts selbst organisieren, wobei der Rahmen der Gesetzgebung und Verordnungen und der eigens auferlegten Ordnungsrahmen zu berücksichtigen sind. Körperschaften des öffentlichen Rechts, die ihre Aufgaben selbst organisieren und verwalten, werden als Selbstverwaltungskörperschaften bezeichnet. Selbstverwaltungskörperschaften der besonderen Art sind Gemeinden und Kreise, die die kommunale Selbstverwaltung per Verfassung garantiert bekommen haben.[229]

Anstalten hingegen sind Einrichtungen, die von einem Träger, in der Regel einem Verwaltungsträger, für einen besonderen öffentlichen Zweck errichtet und organisiert werden. Der Träger besitzt ein Aufsichtsrecht. Anstalten weisen im Gegensatz zu Körperschaften des öffentlichen Rechts keine Mitglieder, sondern ausschließlich Nutzer auf. Diese können allerdings sowohl freiwilliger (z.B. bei öffentlichen Badeanstalten) als auch zwingender (z.B. bei Strafvollzugsanstalten) Natur sein.[230] Die Nutzung einer Anstalt kann öffentlich-rechtlich durch eine Satzung oder privatrechtlich durch einen Vertrag bzw. Allgemeine Geschäftsbedingungen geregelt sein.[231]

Der Staat bzw. das Land kann ferner eine Stiftung des öffentlichen Rechts gründen oder eine Stiftung als solche anerkennen. Dieser wird ein Vermögen übertragen oder es fließen ihr laufend Beträge aus einer festen Quelle zu. Die Erträge

---

[228] Vgl. Peine (2008), S. 19f. und Erbguth (2009), S. 63f.
[229] Vgl. Erbguth (2009), S. 63-65.
[230] Vgl. Erbguth (2009), S. 65.
[231] Vgl. Peine (2008), S. 22.

dieses Vermögens sind für öffentliche Zwecke zu verwenden.[232] Die Stiftungen des öffentlichen Rechts unterliegen ebenfalls der staatlichen Aufsicht.[233]

Bei der Sonderform des Beliehenen handelt es sich um privatrechtliche Unternehmen oder Privatpersonen, die von der Verwaltung hoheitliche Aufgaben auf Grundlage eines Gesetzes für einen längeren Zeitraum übertragen bekommen haben. Der Beliehene ist auf Grund dieser Verwaltungskompetenz Teil des Verwaltungsapparates. Beispielhaft sind hierfür Bezirksschornsteinfeger, öffentlich bestellte Sachverständige oder auch Notare zu nennen.[234]

2.3.4.2 Förderempfänger

Dem in den Staatsaufbau eingegliederten Fördergeber steht der Förderempfänger oder Fördernehmer eines Förderprogramms gegenüber. Dieser erhält vom Fördergeber eine Förderung durch Einsatz einer bestimmten Förderart.[235] Der Förderempfänger verpflichtet sich mit Erhalt einer Förderung aus einem Förderprogramm, den im Förderprogramm vorgegebenen Zweck zu erfüllen und die Förderart bzw. Fördermittel nur in dieser festgelegten Art und Weise einzusetzen.[236]

Förderempfänger können einerseits je nach Ausgestaltung des Förderprogramms alle natürlichen und juristischen Personen des Privatrechts sein.[237] Andererseits kann aber auch eine staatliche Institution als Träger der öffentlichen Verwaltung Förderempfänger sein. Dabei kommen in erster Linie Kommunen, öffentliche Körperschaften oder Anstalten des öffentlichen Rechts in Frage.[238] Diese Besonderheit ist nicht so zu verstehen, dass in einem Förderprogramm Fördergeber und Fördernehmer in einer Person zusammenfallen. Vielmehr handelt es sich um verschiedene Förderprogramme. Es gibt also auch Förderprogramme, bei denen eine übergeordnete staatliche Institution Fördergeber ist und das Förderprogramm eine nachgeordnete staatliche Institution (in der Regel Kommunen) als Förderempfänger vorsieht. Diesen Zusammenhang visualisiert exemplarisch die nachfolgende Abbildung.

---

232 Vgl. Peine (2008), S. 22.
233 Vgl. Erbguth (2009), S. 66.
234 Vgl. Detterbeck (2005), S. 61f.
235 Vgl. Kapitel 2.3.2.
236 Vgl. Henke (1979), S. 239.
237 Vgl. Schetting (1973), S. 88.
238 Vgl. Kapitel 2.3.4.1.

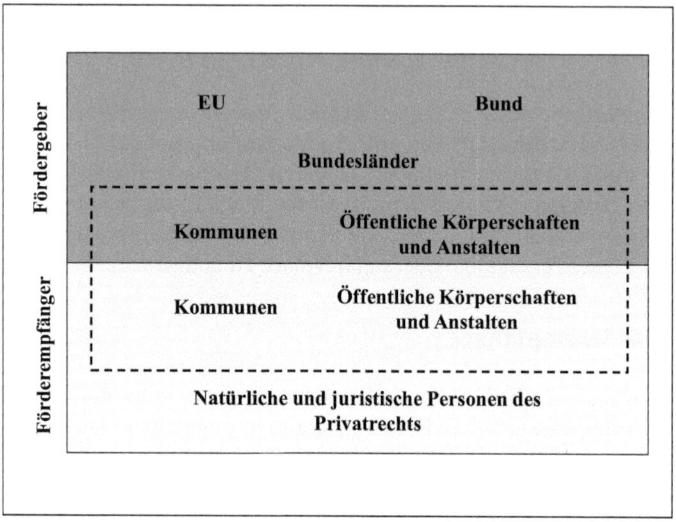

Abbildung 11: Mögliche Fördergeber und Förderempfänger[239]

Aus den bisherigen Erläuterungen bzgl. des Förderempfängers darf jedoch nicht der Schluss gezogen werden, dass pro Förderprogramm nur ein bestimmter Förderempfänger (z.B. private Unternehmen einer bestimmten Branche) existiert. Dies kann sein, muss aber nicht. Es wird bei jedem Förderprogramm individuell entschieden, welche Förderempfängergruppe für die Förderung in Frage kommt. Diese Auswahl der möglichen Förderempfänger richtet sich nach dem Zweck, der mit dem Förderprogramm erreicht werden soll. Es wird also die Gruppe pro Förderprogramm als potentielle Förderempfänger definiert, von der der Fördergeber überzeugt ist, dass diese den Zweck des Förderprogramms am besten erreichen kann.[240]

Hauptleistungspflicht des Förderempfängers ist es, die erhaltene Förderung – wie bereits beschrieben – zur Erfüllung des im Förderprogramm vorgegebenen Zwecks durch Einsatz in einer bestimmten Art und Weise zu verwenden.[241] So muss der Förderempfänger etwa die durch einen Zuschuss erhaltenen Mittel komplett für den Förderzweck einsetzen.

239 Eigene Darstellung.
240 Vgl. Schetting (1973), S. 97.
241 Vgl. Henke (1979), S. 239.

Auch bei einem Förderdarlehen dürfen die Fördernehmer den Darlehensbetrag nur für den vorab definierten Förderzweck einsetzen. Neben dieser zweckbezogenen Pflicht besteht für den Förderempfänger die weitere Hauptleistungspflicht, dass er das Darlehen fristgerecht in der vereinbarten Weise tilgt und die anfallenden Zinsen zahlt.[242] Betrachtet man die Bürgschaft als Förderart, ist der Förderempfänger nicht verpflichtet, in jedem Fall ein Darlehen aufzunehmen, um die Bürgschaft aus dem Förderprogramm der staatlichen Institution als Sicherheit einsetzen zu müssen. Eine automatische Pflicht, die Bürgschaft aus der Förderung einzusetzen, besteht somit nicht. Bei der Verwendung der Bürgschaft ist der Fördernehmer vielmehr verpflichtet, die Bürgschaft nur als Sicherheit für ein bestimmtes Darlehen einzusetzen. Dieses Darlehen darf auch nur für einen der Fördermaßnahme dienenden Zweck aufgenommen werden. Ist dies nicht der Fall, kann die Bürgschaft aus der Förderung nicht als Sicherheit dienen.[243]

In einer *Nebenpflicht* kann dem Förderempfänger weiter auferlegt werden, die zweckentsprechende Verwendung des Zuschusses nachzuweisen[244] bzw. Auskunft und Aufklärung über den Mitteleinsatz zu geben. In diesen Fällen muss der Förderempfänger beispielsweise in Form von Belegen oder Aufzeichnungen aus dem Rechnungswesen nachweisen können, wofür er die kompletten Fördermittel verwendet hat.
Eine weitere mögliche Nebenpflicht für den Förderempfänger ist, dass das Förderprogramm eine Eigenbeteiligung des Fördernehmers vorsieht. Dies wurde bereits als eine Ausprägung des Zuschusses erläutert.[245] Durch diese Eigenbeteiligung möchte der Fördergeber sicherstellen, dass der Förderempfänger ebenfalls am Risiko beteiligt ist, wodurch er zur erfolgreichen Erfüllung des Förderzweckes motiviert werden soll.

Allgemeingültig für jede Förderart ist weiter auch die Pflicht der wirtschaftlichen und sparsamen Verwendung der Fördermittel.[246] Oftmals werden spezielle Nebenpflichten allerdings nur auf den Einzelfall des Förderprogramms hin definiert. Somit ist an dieser Stelle die Aufzählung der Nebenpflichten für den Förderempfänger nicht als abschließend zu betrachten. Es wurden vielmehr die Nebenpflichten vorgestellt, die verbreitet zum Einsatz gelangen.

---

242 Vgl. Henke (1979), S. 246f.
243 Vgl. Henke (1979), S. 248f.
244 Vgl. Henke (1979), S. 241.
245 Vgl. Kapitel 2.3.2.2.1.
246 Vgl. Henke (1979), S. 257-262.

2.3.4.3 Zielgruppe

Wie bereits einleitend im Kapitel 2.3.2 erläutert, gibt es eine Reihe von Aspekten, die zur Erfüllung des Förderzwecks bzw. Erreichung des Förderziels beachtet werden müssen. Da Kern eines Förderprogramms die Erfüllung des Förderzwecks bzw. des Förderziels ist, sollte neben der geeigneten Definition des potentiellen Förderempfängers oder einer Förderempfängergruppe auch die Zielgruppe des Förderprogramms im Gesamtkontext berücksichtigt werden.[247] Denn dort soll es dann vor allem zu Auswirkungen durch das Förderprogramm kommen. Letztlich ist die Zielgruppe also der grundsätzlich beabsichtigte Profiteur eines Förderprogramms und ist der Akteur, auf den die Ziel- und Zweckformulierung des Förderprogramms abgestellt ist.

Entspricht die Zielgruppe laut Förderprogramm bzw. Förderprogrammrichtlinie den Förderempfängern, sind bei der Förderung nur *zwei Beteiligte* involviert, nämlich Fördergeber und Fördernehmer. Letzterer übernimmt als Akteur eine Doppelrolle, ist also gleichzeitig Fördernehmer und Zielgruppe. Somit wird mit der Förderung des Fördernehmers auch unmittelbar die gewünschte Zielgruppe gefördert. Diesen Zusammenhang visualisiert folgende Abbildung.

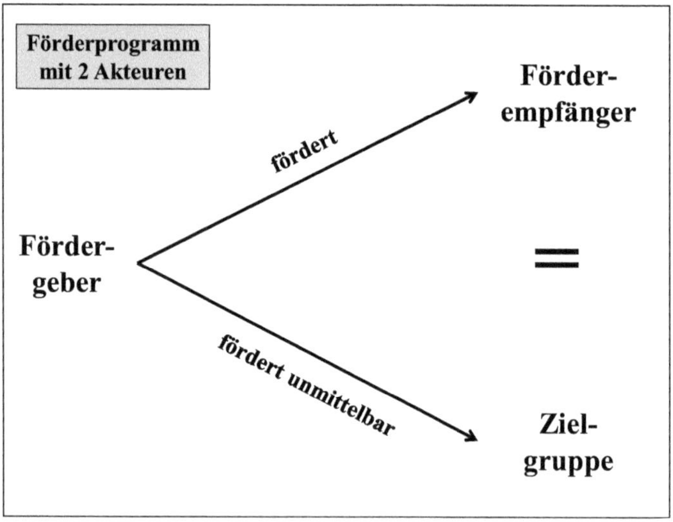

Abbildung 12: Förderprogramm mit 2 Akteuren[248]

247 Vgl. Schetting (1973), S. 8.
248 Eigene Darstellung.

Dass Fördernehmer und Zielgruppe in einer Person zusammenfallen, ist allerdings nur eine Möglichkeit zur Identifikation der Zielgruppe als Akteure des Förderprogramms. Oftmals werden Förderzwecke und -ziele definiert, die nicht direkt beim Förderempfänger erreicht werden sollen und somit außerhalb des Verhältnisses zwischen Fördergeber und Förderempfänger liegen. Die Zielgruppe ist dann als *dritter bzw. außenstehender Akteur* im Förderprogrammprozess zu verstehen.

In dieser Konstellation ist die Beziehung von Fördergeber zu Förderempfänger nur der erste Schritt im Zweck- und Zielerreichungsprozess.[249] Erst über die Förderung des Fördernehmers soll dieser in die Lage versetzt werden, Maßnahmen und Aktivitäten durchzuführen, so dass bei der Zielgruppe der gewünschte Förderzweck und das Förderziel erreicht werden kann. Somit wird in dieser Ausprägung die Zielgruppe nicht unmittelbar, sondern nur mittelbar gefördert. Diese Beziehung wird in folgender Abbildung zum Ausdruck gebracht.

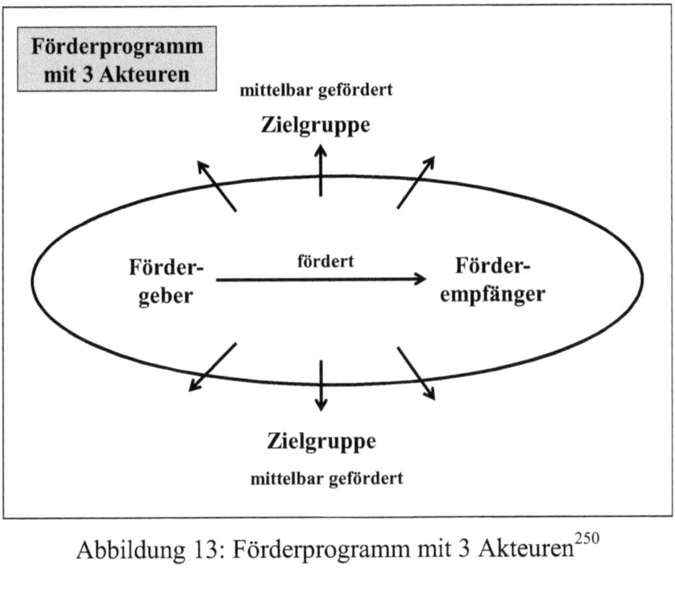

Abbildung 13: Förderprogramm mit 3 Akteuren[250]

Zusammengefasst lässt sich festhalten, dass es je nach Förderprogramm und Formulierung des Förderzwecks und -ziels Programme mit zwei Akteuren [Fördergeber und Fördernehmer (= Zielgruppe)] und Programme mit drei Akteuren

[249] Vgl. Schetting (1973), S. 8.
[250] Eigene Darstellung.

[Fördergeber, Fördernehmer und Zielgruppe] gibt. Diese Erkenntnis ist für die in Kapitel 4 vorzustellende Controlling-Konzeption für Förderprogramme bedeutsam, insbesondere für die Beziehungsanalyse[251], anhand derer die Komplexität der Beziehungen dieser zwei bzw. drei Akteure zum Ausdruck gebracht wird. Diese Komplexität ist als Einflussfaktor hinsichtlich des Aufwands für ein Förderprogramm-Controlling bzw. bei der Umsetzung möglicher Gestaltungspotentiale zur Optimierung eines Förderprogramm-Controllings zu berücksichtigen.

2.4 Der Fördermanagementprozess

Die im Folgenden vorgenommene Aufteilung des Fördermanagementprozesses in einzelne Phasen bzw. Abschnitte ist für den weiteren Verlauf dieser Arbeit von besonderer Relevanz, da hierdurch Förderprogramme in vielerlei Hinsicht beurteilt werden können. Hierzu sollen in der jeweiligen Phase geeignete Instrumente zur Ermöglichung und/oder Optimierung eines Förderprogramm-Controllings empfohlen werden.

Im Kern lässt sich aber bereits festhalten, dass sich der Fördermanagementprozess ebenso wie die Grundtätigkeiten des Verwaltungshandelns in die drei Phasen der Planung, Durchführung und Kontrolle unterteilen lässt.[252]

2.4.1 Planung und Auflegung des Förderprogramms

Der Staat fördert mit Hilfe von Förderprogrammen ausgewählte Förderempfänger zur Erreichung politischer Ziele.[253] Dabei wird allerdings oftmals eine operationalisierte Zielsetzung vermieden und allein der Gegenstand der Förderung beschrieben. Da die reine Beschreibung des Fördergegenstandes bzw. des Förderzwecks eine notwendige Erfolgskontrolle erschwert, sollten neben der Nennung des Förderzwecks auch *Ziele konkretisiert und operationalisiert* werden.[254]

Desweiteren müssen die Förderempfänger, um eine Förderung erhalten zu können, vorab definierte Kriterien, sogenannte *Förderbedingungen*, erfüllen.[255] Diese Bedingungen gilt es bereits bei der Auflage des Förderprogramms festzulegen.

[251] Vgl. Kapitel 4.4.
[252] Vgl. Schmidt (2006), S. 53.
[253] Vgl. Henke (1979), S. 73; Betz (2008), S. 13 und Definition in Kapitel 2.1.2.
[254] Vgl. Ehlers (1993), S. 865.
[255] Vgl. Betz (2008), S. 13.

Ein weiterer Eckpunkt bei der Auflegung eines Förderprogramms ist die *Festlegung der* bereits oben näher erläuterten *Förderart.*[256] Hier sollte sich für die Förderart entschieden werden, mit der die gesteckten Ziele möglichst effektiv erreicht werden können. Bei dieser Festlegung spielt insbesondere das im Haushalt für dieses Förderprogramm vorgesehene Volumen eine entscheidende Rolle, da auf Grund dieser Restriktion bereits in der Richtlinie die maximal mögliche Förderung des Einzelnen beschrieben wird.[257]

Ergänzend zu der beschriebenen Konkretisierung des Förderprogramms geben Haushaltsordnungen der Verwaltung bei der Umsetzung der Aufgaben vor, wirtschaftlich zu handeln.[258] So müssen nach § 7 Absatz 1 BHO insbesondere bei der Aufstellung aber auch bei der Ausführung des Haushaltsplans die *Grundsätze der Wirtschaftlichkeit und Sparsamkeit* beachtet werden.[259] Dies verpflichtet auch zur Prüfung, ob die eigentlich staatliche Aufgabe durch z.B. nichtstaatliche Institutionen besser erfüllt werden kann.[260] Übertragen und integriert in die Phase der Planung und Auflegung des Förderprogramms bedeutet dies, dass vor dem Start eines jeden Förderprogramms überprüft werden muss, ob die gewünschten Förderzwecke bzw. die Ziele der Förderung unter den Förderbedingungen mit einer beabsichtigten Förderart durch eine Übertragung der Aufgabe an den Förderempfänger überhaupt erfüllt werden können, oder ob das Ziel nur durch Selbstwahrnehmung der Aufgabe durch den Staat zu erreichen ist.

Neben dieser Grundsatzprüfung sind nach § 7 Absatz 2 BHO zur Sicherstellung der Wirtschaftlichkeit und Sparsamkeit für alle finanziellen Maßnahmen angemessene *Wirtschaftlichkeitsuntersuchungen* durchzuführen.[261] Da die Durchführung von Förderprogrammen auf Grund der eingesetzten Förderart auf finanzielle Mittel der staatlichen Institution angewiesen ist, fallen Förderprogramme unter den Tatbestand der finanziellen Maßnahmen. Aus diesem Grund müssen

---

[256] Vgl. Kapitel 2.3.2.

[257] Vgl. Henke (1979), S. 74f.

[258] Vgl. Seyfried (2003), S. 174.

[259] Die Allgemeinen Verwaltungsvorschriften zu § 7 BHO besagen, dass nach dem Grundsatz der Wirtschaftlichkeit die günstigste Relation zwischen dem verfolgten Zweck und den einzusetzenden Mitteln (Ressourcen) anzustreben ist. Dabei verlangt das Sparsamkeitsprinzip, ein bestimmtes Ergebnis mit möglichst geringem Mitteleinsatz zu erzielen.

[260] Auch alle Landeshaushaltsordnungen der 16 deutschen Bundesländer enthalten in dem jeweiligen § 7 LHO den identischen Absatz oder eine vergleichbare Regelung zu § 7 Absatz 1 BHO.

[261] Auch alle Landeshaushaltsordnungen der 16 deutschen Bundesländer enthalten in dem jeweiligen § 7 LHO den identischen Absatz oder eine vergleichbare Regelung zu § 7 Absatz 2 BHO. In allen Landeshaushaltsordnungen ist die Vorgabe enthalten, eine angemessene Wirtschaftlichkeitsuntersuchung bei finanziellen Maßnahmen durchzuführen.

nach der gesetzlichen Vorstellung innerhalb der Planung und Auflegung des Förderprogramms Wirtschaftlichkeitsuntersuchungen durchgeführt werden.

Nach den Allgemeinen Verwaltungsvorschriften zu § 7 BHO sind Wirtschaftlichkeitsuntersuchungen sowohl bei der Planung als auch während der Durchführung sowie nach Ende einer Maßnahme durchzuführen. Dabei sollte bei dieser Untersuchung mindestens zu jedem der folgenden Punkte Stellung genommen werden:[262]

- „Analyse der Ausgangslage und des Handlungsbedarfs,
- Ziele, Prioritätsvorstellungen und mögliche Zielkonflikte,
- relevante Lösungsmöglichkeiten und deren Nutzen und Kosten (einschl. Folgekosten), auch soweit sie nicht in Geld auszudrücken sind,
- finanzielle Auswirkungen auf den Haushalt,
- Eignung der einzelnen Lösungsmöglichkeiten zur Erreichung der Ziele unter Einbeziehung der rechtlichen, organisatorischen und personellen Rahmenbedingungen,
- Zeitplan für die Durchführung der Maßnahme,
- Kriterien und Verfahren für Erfolgskontrolle (...).“

Zusammengefasst müssen somit bei der Planung und Auflegung von Förderprogrammen sowie der Verfassung der Richtlinie folgende Punkte bedacht werden:

- Festlegung eines Förderzwecks,
- Definition eines operationalisierbaren Ziels,
- Eingrenzung des Kreises der Förderempfänger,
- Festlegung der Förderbedingungen,
- Konkretisierung des Fördervolumens und der Förderart,
- Durchführung einer Wirtschaftlichkeitsuntersuchung,
- Entscheidung über die Durchführung der Bekanntgabe.

Diese Punkte charakterisieren gleichzeitig auch den Aufbau der Förderrichtlinie. In der nachfolgenden Abbildung wird ein gängiger Musteraufbau einer Förderrichtlinie visualisiert. Dieser Aufbau ist nicht verpflichtend bzw. allgemeingültig, wurde aber im Rahmen der Recherchetätigkeiten zu dieser Arbeit bei der überwiegenden Anzahl von Richtlinien zu Förderprogrammen festgestellt.

---

[262] Nachfolgende Aufzählung wörtlich übernommen aus den Allgemeinen Verwaltungsvorschriften zu § 7 BHO.

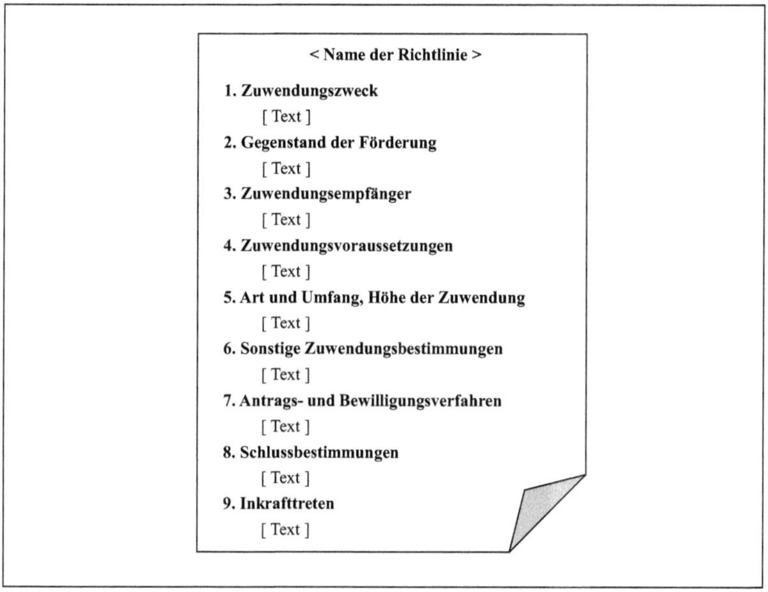

Abbildung 14: Musteraufbau einer Förderrichtlinie[263]

Sind alle Rahmenbedingungen geklärt und die Richtlinie verfasst, bedarf es einer *Bekanntmachung* in geeigneter Form. Es besteht allerdings keine Verpflichtung die Richtlinie auf einem bestimmten Weg zu veröffentlichen, vielmehr liegt die Art und Weise der Bekanntgabe im Ermessen des Fördergebers und muss geeignet sein, die potentiellen Fördernehmer zu erreichen. Dies ist wichtig, um im Ergebnis auch den Zweck der Förderung erfüllen zu können.[264]

263 Eigene Darstellung in exemplarischer Anlehnung an Ministerium für Umwelt und Naturschutz, Landwirtschaft und Verbraucherschutz des Landes Nordrhein-Westfalen (2001); Ministerium für Umwelt und Naturschutz, Landwirtschaft und Verbraucherschutz des Landes Nordrhein-Westfalen/Ministerium für Städtebau und Wohnen, Kultur und Sport (2003); Ministerium für Generationen, Familie, Frauen und Integration (2007); Ministerium für Wirtschaft, Mittelstand und Energie des Landes Nordrhein-Westfalen (2008a und 2008b); Ministerium für Innovation, Wissenschaft, Forschung und Technologie des Landes Nordrhein-Westfalen/Staatskanzlei des Landes Nordrhein-Westfalen/Ministerium für Wirtschaft, Mittelstand und Energie des Landes Nordrhein-Westfalen (2008); Ministerium für Umwelt und Naturschutz, Landwirtschaft und Verbraucherschutz des Landes Nordrhein-Westfalen (2009a, 2009b und 2009c); Ministerium für Wirtschaft, Mittelstand und Energie des Landes Nordrhein-Westfalen (2010).

264 Vgl. Henke (1979), S. 78f.

2.4.2 Antragstellung und Bewilligung

Im Rahmen der Abwicklung der Förderung im Fördermanagementprozess gibt es zwei zentrale Willenserklärungen der Beteiligten. Zunächst wird durch die Antragstellung seitens des Fördernehmers der Wille erklärt, eine Förderung aus dem Förderprogramm beziehen zu wollen. Anschließend äußert sich die staatliche Institution oder beauftragte Bewilligungsstelle zu diesem Antrag. Dies kann sowohl in Form einer Bewilligung als auch in der Ablehnung des Antrags geschehen.[265]

2.4.2.1 Antragstellung

Festzuhalten bleibt, dass die Antragstellung eine notwendige Voraussetzung für eine Förderung der Interessenten (potentielle Fördernehmer) ist und die Bewilligungsstelle nicht auf eigene Initiative Förderungen bewilligen kann.[266] Ob potentielle Fördernehmer diese direkt beim Fördergeber oder bei einer vom Fördergeber zur Abwicklung beauftragten Stelle beantragen, kann von Förderprogramm zu Förderprogramm unterschiedlich geregelt sein.[267] So kann es sein, dass Anträge auf Förderung z.B. direkt durch die zuständigen Ministerien bearbeitet werden. Oftmals haben diese allerdings Gesellschaften gegründet oder beauftragt, die diese Aufgaben übernehmen (z.B. Forschungszentrum Jülich als Projektträger). Eine weitere Variante ist die Übertragung der Antragsbearbeitung auf eine nachgelagerte regionale Behörde (z.B. Bezirksregierung) oder Behörden, die über den fachlich notwendigen Hintergrund verfügen, um die Anträge beurteilen zu können (z.B. Agentur für Arbeit, Deutsches Luft- und Raumfahrtzentrum).[268] Auch Adressat für die Beantragung der Förderarten Darlehen, Bürgschaft oder Garantie ist oftmals nicht das Ministerium als Initiator des Förderprogramms, sondern vielmehr staatseigene Kreditinstitute (z.B. NRW. BANK).

Es gibt somit auf Länder- oder Bundesebene *keine allgemein zuständige Stelle* oder Ansprechpartner für die Beantragung einer Förderung aus Förderprogrammen.[269] Auch ist es bei vielen Förderarten (Darlehen, Bürgschaft, Garantie) möglich, dass der Antragsteller nicht mit dem Förderempfänger identisch ist.

---

[265] Vgl. Gusy (1991b), S. 328.
[266] Vgl. nur Schetting (1973), S. 295 und Stober (2007), S. 321.
[267] Vgl. Betz (2008), S. 16.
[268] Beispiele entnommen aus Betz (2008), S. 16.
[269] Vgl. Betz (2008), S. 16.

Denn in dem Antragsverfahren muss oftmals das Kreditinstitut des Förderempfängers den eigentlichen Antrag bei der Bewilligungsstelle einreichen.[270]

Allerdings ist auch nicht jedermann bei jedem Förderprogramm *antragsberechtigt*. So gelten Förderprogramme oftmals nur für eine bestimmte ausgewählte Gruppe (z.B. natürliche Personen, Existenzgründer, Kommunen, Unternehmen, Branchen oder Regionen).[271] Teilweise müssen Antragsteller aus diesen Gruppen sogar noch weitergehende Merkmale erfüllen, um einen Antrag stellen zu können, so etwa natürliche Personen in einer bestimmten Altersgruppe oder eines bestimmten Geschlechts oder Unternehmen mit einer bestimmten Mitarbeiterzahl.[272]

Zwar ist eine *Ausschlussfrist* für die Antragstellung nicht bei allen Förderprogrammen zu beachten und für manche Förderarten auch nicht zielführend. Dennoch ist bei einigen Förderprogrammen die Antragstellung nur innerhalb einer vorab definierten Frist möglich. Der Vorteil einer Fristsetzung liegt zum einen darin, dass der Fördergeber zu einem bestimmten Stichtag alle Interessenten für die Förderung kennt und dies mit in die Beurteilung einfließen lassen kann. Zum anderen kann oftmals nach Fristende genauer abgeschätzt werden, wie viele Fördermittel tatsächlich benötigt werden und im Haushalt eingeplant werden müssen.[273]

In der Regel müssen die Antragsteller zur Beantragung einer Förderung ein vorab für dieses Förderprogramm definiertes und *standardisiertes Antragsformular* verwenden. Ein solches Formular erleichtert im Bewilligungsprozess die Prüfschritte. So kann die Vollständigkeit umgehend geprüft werden. Ferner sichert ein einheitliches Antragsformular die Gleichförmigkeit der Antragstellung über alle Antragsteller hinweg. Schreiben die Förderprogrammrichtlinien vor, dass zur Antragstellung weitere Unterlagen (z.B. Erklärungen und Nachweise) eingereicht werden müssen, kann dies mit der Übermittlung des Antragsformulars einhergehen.[274, 275]

---

270 Vgl. Schetting (1973), S. 305.

271 Vgl. die Definition des Begriffs Förderprogramm in Kapitel 2.1.2 in Bezug auf die „selektive Begünstigung".

272 Vgl. Betz (2008), S. 17.

273 Vgl. Schetting (1973), S. 299-301.

274 Vgl. Henke (1979), S. 171.

275 Zur Würdigung der rechtlichen Fragestellung, ob ein Formularzwang vorgeschrieben werden darf und wie mit formlosen Anträgen, auch hinsichtlich des Endes einer Antragsfrist, zu verfahren ist, siehe Henke (1979), S. 172-175.

2.4.2.2 Bewilligung

Liegen der Bewilligungsstelle Anträge auf Förderung aus einem Förderprogramm vor, entscheidet diese, ob eine Förderung genehmigt wird oder nicht.

Bevor die Bewilligungsbehörde über eine Bewilligung der Förderung entscheiden kann, muss sie vorab den *Antrag prüfen*. Dabei durchläuft der Antrag mehrere Prüfschritte. Zunächst wird er nach Eingang auf Vollständigkeit der geforderten Unterlagen hin kontrolliert, bevor die Richtigkeit der gemachten Angaben überprüft wird. Die Hauptprüfung konzentriert sich allerdings darauf, ob der Antragsteller mit seinem Antrag alle für das Förderprogramm erforderlichen und in den Förderprogrammrichtlinien festgesetzten Fördervoraussetzungen erfüllt hat. Die Bewilligungsbehörde darf keine situativen Änderungen der Voraussetzungen vornehmen, um einen bestimmten Antrag ablehnen bzw. einem unberechtigten Antrag stattgeben zu können.[276] Insoweit sei nochmals an den Gleichheitsgrundsatz und das Prinzip der Selbstbindung der Verwaltung erinnert.[277] Zwar kann die Bewilligungsbehörde bei der Bewilligung die in den Förderprogrammrichtlinien zu Grunde gelegten Kriterien heranziehen, dennoch darf sie den Gleichheitsgrundsatz nach Artikel 3 des Grundgesetzes nicht verletzen. Wenn unter Beachtung aller Bewilligungskriterien Anträge tatsächlich als „gleich“ eingestuft werden, darf keine willkürliche Ablehnung bzw. Bewilligung eines Antrages erfolgen.[278] Es ist allerdings dabei zu beachten, dass neben der Prüfung der Erfüllung der Antragsvoraussetzungen laut Förderbedingungen und -richtlinie als weitere Voraussetzung bewertet wird, ob dem möglichen Förderempfänger dahingehend vertraut werden kann, dass er geeignet ist, zu dem gewünschten Förderzweck bzw. -ziel mit Hilfe der Förderung seinen Beitrag leisten zu können.[279]

Grundsätzlich ist die Bewilligungsbehörde verpflichtet eine Antragsprüfung durchzuführen, da auch die Antragsteller im Falle einer *Ablehnung* einen Anspruch auf die Übermittlung der Ablehnungsgründe haben, um ggf. eine gerichtliche Überprüfung des Ablehnungsbescheides einleiten zu können.[280] Sowohl der Ablehnungs- als auch der im Folgenden beschriebene positive Bewilligungsbescheid bedürfen grundsätzlich der Schriftform.[281]

---

276 Vgl. Henke (1979), S. 206f.
277 Vgl. Kapital 2.1.2.
278 Vgl. Gusy (1991a), S. 290 und Ausführungen in Kapitel 2.1.2.
279 Vgl. Schetting (1973), S. 103f.
280 Vgl. Henke (1979), S. 206f. und zum Ablehnungsbescheid auch S. 214f.
281 Vgl. Henke (1979), S. 215.

Die Phase der *Bewilligung* eines Antrags auf Förderung kann in zwei Abschnitte unterteilt werden. In einem ersten Schritt entscheidet die für die Bewilligung zuständige Behörde, ob sie den Antrag überhaupt bewilligen kann. Wenn dies der Fall ist, wird in einem zweiten Schritt die Bereitstellung der Förderart geklärt.[282] Dies kann im Falle von Darlehen, Bürgschaft oder Garantie durch Abschluss eines Vertrages mit dem Förderempfänger erfolgen.[283] Bei der Auszahlung eines Zuschusses muss diese Zahlung angewiesen oder ggf. vorab noch eine Vereinbarung über die Auszahlungsmodalitäten getroffen werden. Diese vertraglichen Regelungen und die Auszahlung werden insbesondere bei einem Förderdarlehen, wie beschrieben, nicht durch die Bewilligungsbehörde durchgeführt, sondern auf ein Kreditinstitut übertragen.[284]

Die positive Entscheidung über eine Bewilligung ist grundsätzlich als Verwaltungsakt, genauer gesagt als begünstigender Verwaltungsakt einzustufen.[285] Teilweise wird bei einer Antragspflicht des Förderempfängers auch von einem mitwirkungsbedürftigen Verwaltungsakt gesprochen.[286] Sollte die Entscheidung dahingehend ausfallen, einen Antrag bewilligen zu wollen, geschieht dies in Form eines sogenannten Bewilligungsbescheides, Zuwendungsbescheides[287] bzw. Leistungsbescheides[288], der dem Antragsteller zugeht.[289] Diese Bewilligung geht in aller Regel mit Bewilligungsbedingungen einher, die insbesondere nochmals konkretisieren, für welchen Zweck der Förderempfänger die Förderung einsetzen darf. Aber auch die Verpflichtung, nach Ende der Förderung einen Verwendungsnachweis abzugeben, ist zumindest bei den Förderarten, bei denen monetäre Mittel fließen, eine gängige Bewilligungsbedingung.[290]

2.4.3 Auswertung, Kontrolle und Beurteilung

Um der Gefahr vorzubeugen, dass mit Förderprogrammen nicht die erwünschten Entwicklungen bzw. Gegenteiliges zum Geplanten eintritt, bedarf es grundsätzlich einer Beurteilung und Kontrolle, ob der gewünschte Förderzweck bzw. das Förderziel mit dem Förderprogramm erreicht wird bzw. wurde. Bei dieser Analyse bedarf es insbesondere der Beachtung der Rahmenbedingungen des Förder-

282 Vgl. Gusy (1991b), S. 328; Stober (2007), S. 321 und Erbguth (2009), S. 325.
283 Vgl. Erbguth (2009), S. 325.
284 Vgl. Gusy (1991b), S. 328 und die obigen Ausführungen in Kapitel 2.3.2.3.
285 Vgl. Götz (1966), S. 41.
286 Vgl. Stober (2007), S. 321.
287 Vgl. Bull/Mehde (2009), S. 382.
288 Vgl. Schmidt, R. (2006), S. 251.
289 Vgl. Peine (2008), S. 217 und Ipsen (2009), S. 113.
290 Vgl. Peine (2008), S. 217; Bull/Mehde (2009), S. 382 und Landratsamt Starnberg (2010).

programms, wie zum Beispiel Förderart, Fördervolumen und Förderbedingungen.[291]

Eine positive Beurteilung der Förderzweckerreichung ist eng damit verbunden, ob die Förderung beim Förderempfänger bzw. bei der Zielgruppe einen spürbaren Nutzen gestiftet und somit die Förderung einen Mehrwert dargestellt hat. Da diese Beurteilung bei jeder einzelnen Förderung nicht zielführend ist, sondern nur im Gesamtkontext aller bzw. mehrerer Förderungen aussagekräftig ist, bedarf es zu geeigneten Zeitpunkten einer Berichterstattung über die förderrelevanten Informationen, wie den Förderaktivitäten, aufgewendeten Mittel, Informationen zum Plan-Ist-Vergleich und ggf. bei mehreren Förderperioden einen Vergleich über Zeitreihen.[292]

2.4.4 Das Prozessmodell des Fördermanagementprozesses

Der Fördermanagementprozess für die drei in den vorangegangenen Kapiteln beschriebenen Phasen wird in der folgenden Abbildung zunächst als ein Modell visualisiert, in der eine Phase der anderen folgt. Diese Aufeinanderfolge gilt auch beim Start eines Förderprogramms, da zunächst ein Förderprogramm geplant, aufgelegt und dann durchgeführt werden muss, bevor mit den Auswertungen, Kontrollen und Beurteilungen begonnen werden kann. Die Phasen können jedoch durchaus ineinander greifen und deswegen nicht immer trennscharf voneinander abgegrenzt werden. Dies ist beispielsweise der Fall, wenn die bisherige Durchführung des Förderprogrammes ausgewertet wird und dabei Änderungen bei der weiteren Durchführung vorgenommen werden. Es sei vorweggenommen, dass dieses Ineinandergreifen der Phasen auf Controlling-Aktivitäten beruhen kann.

---

[291] Vgl. Ehlers (1993), S. 863.
[292] Vgl. Beuthien (2008), S. 84.

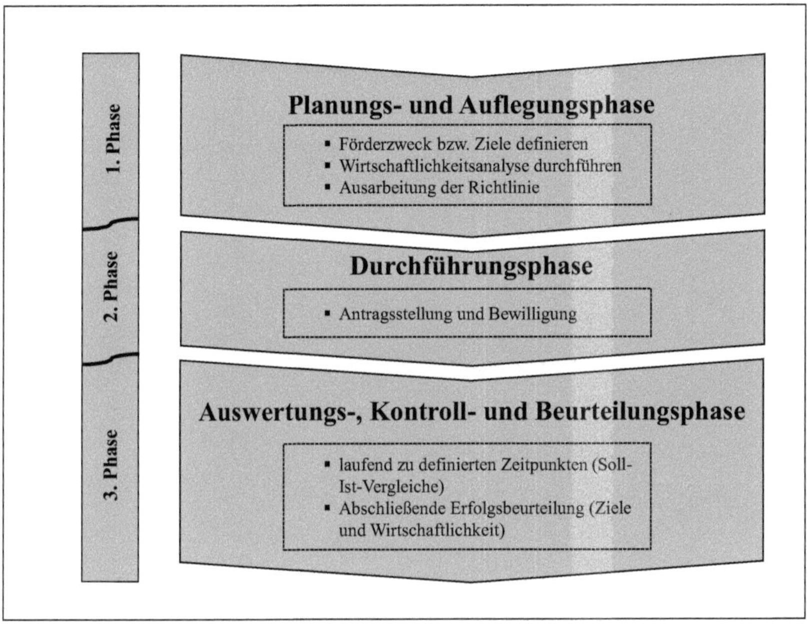

Abbildung 15: Der Fördermanagementprozess[293]

Es soll aber nun zunächst das für die Arbeit notwendige Grundverständnis von Controlling vermittelt werden, bevor die Phasen des Controllings mit den Prozessphasen des Fördermanagementprozesses verknüpft werden.

293 Eigene Darstellung.

3 Grundlagen des Controllings

In diesem Abschnitt sollen die Grundlagen des Controllings dargestellt werden. Dabei wird zu Beginn ein Verständnis von Controlling in der Betriebswirtschaftslehre anhand von verschiedenen Definitionsansätzen herausgearbeitet. Diesem Verständnis soll in der Arbeit gefolgt werden. Darauf aufbauend wird ein spezielles Einsatzgebiet, nämlich das Controlling in der öffentlichen Verwaltung, näher beleuchtet. Insbesondere wird auch Bezug genommen auf das für diese Arbeit maßgebliche Controlling-Verständnis bei Förderprogrammen, die – wie schon gezeigt – einen eigenen Tätigkeitsbereich der öffentlichen Verwaltung darstellen. Da bei staatlichen Aktivitäten speziell nach deren Wirkung gefragt wird, werden darüber hinaus auch theoretische Modelle vorgestellt, die sich mit der grundsätzlichen Konzeption eines wirkungsorientierten Controllings beschäftigen.

3.1 Controlling in der Betriebswirtschaftslehre

3.1.1 Notwendigkeit des Controllings

Im privatwirtschaftlichen Bereich hat sich Controlling in den letzten Jahrzehnten etabliert.[294, 295] Grundsätzlich ist ein Controlling immer dort sinnvoll und notwendig, wo wichtige und komplexe Entscheidungen getroffen werden müssen.[296] Dabei kann das Controlling den Entscheidungsprozess begleiten, indem durch die Controller eine Koordinationsfunktion zur Unterstützung der Führungsebene wahrgenommen wird.[297, 298]

3.1.2 Verständnis und Grundbegriffe des Controllings

Analysiert man einerseits die wissenschaftliche Literatur der Betriebswirtschaftslehre und andererseits das Verständnis in der Praxis hinsichtlich der Auffassung des Controlling-Begriffs, ist festzustellen, dass es an einer einheitlichen Definition fehlt. Vielmehr wird Controlling im Kontext des jeweiligen Einsatzfeldes definiert. Dies hat den Vorteil, dass dadurch die Vielfalt der Fragestellungen in der Praxis durch ein individuelles Controlling-Verständnis besser gelöst werden können.

---

294 Vgl. Weber/Hamprecht (1995), S. 124.
295 Vgl. zur Entwicklung und den Ursprüngen des Controllings Horváth (2011), S. 18-21.
296 Vgl. Eichhorn (2002), S. 213 und Buschor (2007), S. 19.
297 Vgl. Eichhorn (2002), S. 213.
298 Nähere Ausführungen zur Koordinationsfunktion zur Unterstützung der Führungsebene können dem Kapitel 3.1.2 entnommen werden.

Der Grund für die Heterogenität der Definitionen liegt in der Entstehung des Controllings. Bevor das Controlling an wissenschaftlicher Bedeutung gewann, wurde es in der Unternehmenspraxis bereits eingesetzt, wodurch sich die verschiedensten individuellen Auffassungen bereits entwickelt haben. Die Unternehmen, die ein Controlling implementiert hatten, definierten somit Controlling durch ihren speziellen Einsatz und mit Unternehmensbezug.

Nichtdestotrotz muss sich jede wissenschaftliche Arbeit mit Bezug zum Controlling zunächst mit der allgemeinen Definitionsvielfalt auseinandersetzen und die vorherrschenden Begriffsauffassungen voneinander abgrenzen, um daraus das spezielle Verständnis des Controllings abzuleiten, das für die wissenschaftliche Ausarbeitung von Bedeutung ist.[299] Dieser Vorgehensweise soll auch in dieser Arbeit gefolgt werden. In den nachfolgenden Abschnitten wird das Verständnis des Controllings von der allgemeinen betriebswirtschaftlichen Auffassung, über das Verständnis des Verwaltungscontrollings bis hin zur speziellen Definition des Förderprogramm-Controllings Schritt für Schritt konkretisiert.

Bevor auf die einzelnen Definitionen des Begriffs Controlling eingegangen wird, soll zunächst der aus der englischen Sprache stammende Terminus in die deutsche Sprache transferiert werden. Dies ist wichtig, da oftmals das Controlling mit Kontrolle in Form einer reinen Dokumentationsaufgabe (als abschließende Begriffsauffassung) gleichgesetzt wird.[300] Ein solch enges Verständnis würde dem Controlling hingegen nicht gerecht werden.[301]

Controlling stammt von dem englischen Verb „to control“. Dieses Verb ist mit lenken, steuern, überwachen oder beaufsichtigen zu übersetzen.[302] Der Fokus liegt somit vielmehr auf einer *entscheidungsvorbereitenden Analyse* als auf einer ex-post-bezogenen Vergangenheitsbetrachtung. Letztere dennoch wichtige Tätigkeit, die durchaus als Form der Kontrolle zu bezeichnen ist, gehört auch zu einem Controlling-Verständnis, aber vielmehr, um daraus wieder zukunftsbezogene Entscheidungen vorzubereiten.[303] Daher sind das Controlling und die damit zusammenhängenden Aktivitäten zwar stark in den Prozess der Kontrolle eingebunden, aber vor allem, um aus den vorgenommenen Analysen Impulse zur Verbesserung zu liefern.[304]

299 Vgl. Homann (2005), S. 1.
300 Vgl. Reichmann (2011), S. 2.
301 Vgl. Küpper (2008), S. 222.
302 Vgl. Bachmann (2004), S. 129; Eichhorn (2007), S. 338 und Horváth (2011), S. 17.
303 Vgl. Bachmann (2004), S. 129 und Eichhorn (2007), S. 338.
304 Vgl. Küpper (2008), S. 222.

In der nachfolgenden Tabelle werden nun einige zentrale wissenschaftliche Controlling-Definitionen zusammengestellt.[305]

BERENS ET AL./MOSIEK *(1995, 1996 und 2002)*[306]
„Controlling ist die Beschaffung, Aufbereitung, Analyse und Kommunikation von Daten zur Vorbereitung zielsetzungsgerechter Entscheidungen.“
COENENBERG/BAUM *(1987)*[307]
„Zum Gegenstandsbereich von Controlling-Konzeptionen zählen die Aufgaben Steuerung und Kontrolle der Planziele (Überwachung des internen und externen Unternehmensgeschehens), Bewahrung der Flexibilität sowie die Bewältigung der Komplexität. Die Lösungsmöglichkeiten konkretisieren sich in der Sicherung einer Handlungsfähigkeit, der Sicherung einer Adaptions- und Antizipationsfähigkeit und der Sicherung einer Koordinationsfähigkeit.“
HORVÁTH *(1996)*[308]
„Controlling ist – funktional gesehen – ein Subsystem der Führung, das Planung und Kontrolle sowie Informationsversorgung systembildend und systemkoppelnd koordiniert und somit die Adaption und Koordination des Gesamtsystems unterstützt. Controlling stellt damit eine Unterstützung der Führung dar: Es ermöglicht ihr, das Gesamtsystem ergebniszielorientiert an Umweltänderungen anzupassen und die Koordinationsaufgaben hinsichtlich des operativen Systems wahrzunehmen. Die wesentlichen Probleme der Controlling-Arbeit liegen an den Systemschnittstellen.“
REICHMANN *(1995)*[309]
„In einer formalen Betrachtung sind die wesentlichen Ziele des Controlling die Unterstützung der Planung, die Koordination einzelner Teilbereiche sowie die Kontrolle der wirtschaftlichen Ergebnisse.“

305 Das Jahr in der Tabelle neben dem Namen des Autors verweist auf das Jahr der Quelle, in der die Controlling-Definition vertreten wurde. Mögliche spätere Modifikationen werden nicht berücksichtigt. Dies spielt für den weiteren Verlauf dieser Arbeit keine Rolle, da an dieser Stelle nur auf die Vielfalt der Begriffsauffassungen hingewiesen werden soll. Das Controlling-Verständnis für den weiteren Verlauf dieser Arbeit wird insgesamt aus diesen Definitionen heraus abgeleitet.

306 Mosiek (2002), S. 18 erweitert so die Definition von BERENS, vgl. Berens/Hoffjan/Strack (1995), S. 144; Rieper/Witte/Berens (1996), S.V.; Berens/Bertelsmann (2002), Sp. 281.

307 Coenenberg/Baum (1987).

308 Horváth (1996).

309 Reichmann (1995), S. 3.

WEBER *(1995)*[310]
„Controlling bezeichnet eine bestimmte Funktion innerhalb des Führungssystems von solchen Unternehmen, deren Ausführungssystem primär durch Pläne koordiniert wird. Die vom Controlling wahrgenommene Funktion ist Koordination. Sie umfasst die Strukturgestaltung aller Führungsteilsysteme, die zwischen diesen bestehende Abstimmungen sowie die führungsteilsysteminterne Koordination. [...] Das Ziel des Controlling besteht darin, Effizienz und Effektivität der Führung zu erhöhen und die Anpassungsfähigkeit an Veränderung in der Um- und Innenwelt des Unternehmens zu steigern."

Tabelle 4: Zentrale Controlling-Definitionen[311]

Diese Auffassungen stellen heraus, dass es sich bei Controlling um ein Instrument mit unterschiedlichen Funktionen handelt.[312] Dabei kommt der *Koordinationsfunktion* als Teil des Führungssystems indessen eine zentrale Bedeutung zu.[313]

Das Controlling nach diesem Funktionsverständnis hat somit die Aufgabe der *Führungsunterstützung*, und zwar indem zunächst die Führungsebene bei der Planung der operativen und strategischen Unternehmensziele unterstützt wird und bei Alternativen verschiedene Entscheidungswege aufgezeigt werden. Darüber hinaus müssen als Aufgabe zur *Erfolgskontrolle* zielorientierte Berichte (z.B. Abweichungsanalysen) erstellt und die Ergebnisse ausgewertet werden, die der Führungsebene als Entscheidungsgrundlage dienen sollen. Aus diesen Aktivitäten heraus erkennt der Controller die Notwendigkeit von Zielkorrekturen. Auch diese sind für die Führungsebene aufzubereiten und ihr vorzuschlagen.[314] Die Koordinationsfunktion des Controllings als Teil des Führungssystems fußt somit auf der Koordination von Planungs-, Kontroll- und Korrekturaktivitäten, die als Entscheidungsgrundlage der Führungsebene dienen, wobei letztere dadurch mit den entscheidungsrelevanten Informationen versorgt wird.[315] Hierdurch werden die Steuerungsmöglichkeiten eines Unternehmens optimiert.[316] Die wichtigsten Quellen zur Beschaffung der notwendigen Informationen für die Controllingaktivitäten sind Daten der Kosten- und Leistungsrechnung, dem Berichtswesen sowie öffentliche Datenbanken und Statistiken.[317]

310 Weber (1995), S. 50.
311 Eigene Darstellung.
312 Vgl. Bachmann (2004), S. 129.
313 Vgl. Homann (2005), S. 2.
314 Vgl. Bachmann (2004), S. 129 und Schmidt, J. (2006), S. 77.
315 Vgl. Reichmann (2004), S. 86f. und Homann (2005), S. 2.
316 Vgl. Budäus (1988), S. 107.
317 Vgl. Schmidt (2006), S. 78; Eichhorn (2007), S. 338 und Weber/Schäffer (2008), S. 37.

Das hier hervorgehobene Controlling-Verständnis in Form der Koordinationsfunktion als Teil des Führungssystems wird für die weiteren Ausführungen im Rahmen dieser Arbeit zu Grunde gelegt.

Wie bereits dem Begriffs- und Funktionsverständnis entnommen werden kann, wird zwischen operativen und strategischen Controlling-Aktivitäten unterschieden. Daher soll zum Abschluss dieses Abschnittes zum Grundlagenverständnis des Controlling-Begriffs das strategische dem operativen Controlling allgemein gegenübergestellt und voneinander abgegrenzt werden, aber auch bereits die Übertragung auf das Thema dieser Arbeit vollzogen werden.

Im Rahmen der Unterstützungsfunktion der Führungsebene werden in erster Linie Vorschläge bzw. Alternativen zur bisherigen Vorgehensweise entwickelt sowie bewertet (Potentiale, Stärken, Schwächen, Chancen und Risiken) und Maßnahmen empfohlen.[318] Diese Empfehlungen betreffen oftmals umfangreiche und weichenstellende Änderungen. Controlling-Aktivitäten dieser Art sind unter den Begriff des *strategischen Controllings* zu subsumieren.[319] Dabei liegt der Fokus auf der Erreichung des übergeordneten und langfristigen strategischen Ziels.[320]

Zur Erfüllung dieser Aufgabe muss der strategische Controller über vielfältige Kompetenzen verfügen. Er muss systematisch, kritisch und analytisch vorgehen, ein Gefühl für Entwicklungstendenzen haben und seine Ergebnisse klar kommunizieren und präsentieren können.[321]

Beim *operativen Controlling* werden hingegen Analysen zur Entscheidungsvorbereitung getätigt, wie eine strategisch getroffene Vorgehensweise bzw. das strategisch festgelegte Ziel mit operativen Maßnahmen umgesetzt bzw. erreicht werden kann.[322] Jede einzelne operative Maßnahme trägt mit einem Teilaspekt zur Realisierung der strategischen Entscheidung bei.[323] Die Frage des „Wie“ steht somit im Mittelpunkt. Zu beachten ist, dass es oftmals keine trennscharfe Abgrenzung zum strategischen Controlling gibt, da einzelne Fragen zur operativen Ausgestaltung von Maßnahmen mit strategischen Entscheidungen zusammenhängen und somit strategisches und operatives Controlling verknüpfen.[324]

318 Vgl. Budäus (1988), S. 108 und Homann (2005), S. 5.
319 Vgl. Eichhorn (2002), S. 216.
320 Vgl. Hill (1996), S. 234.
321 Vgl. Hill (1996), S. 235.
322 Vgl. Eichhorn (2002), S. 216 und Homann (2005), S. 5f.
323 Vgl. Budäus (1988), S. 108.
324 Vgl. Hill (1996), S. 233.

Eine der zentralen Fragestellungen der allgemeinen Betriebswirtschaftslehre im Rahmen des operativen Controllings ist die Make or Buy-Entscheidung.[325] In dem Kontext der Eigenfertigung oder des Fremdbezuges bezogen auf ein produzierendes Industrieunternehmen hat z.B. ein operativer Controller Entscheidungsvorlagen zu liefern, ob gewisse Komponenten des zu erstellenden Produktes selbst in einem eigenen Prozess erzeugt werden, oder am Markt als fertige Vorprodukte eingekauft werden.[326] Aber auch Entscheidungen über die Durchführung von Reinigungs- und Wartungsarbeiten sowie die Installation eines Sicherheitsdienstes mit eigenen angestellten Mitarbeitern oder die Beauftragung einer Fremdfirma ist eine klassische Make or Buy-Fragestellung.[327]

Abgesehen von dem bisher geschilderten operativen Controlling zu Beginn einer Aktivität als Beitrag zur Entscheidungsfindung in der Planungsphase, kommt dem operativen Controlling in Form von Abweichungsanalysen im laufenden Prozess ebenfalls eine entscheidende Bedeutung zu. Diese werden für abgeschlossene Zeitperioden durchgeführt. Der klare Zeitbezug ist ein zentrales Abgrenzungskriterium zum strategischen Controlling. Der Schwerpunkt dieser Abweichungsanalysen liegt sowohl in privatwirtschaftlichen Unternehmen als auch in der öffentlichen Verwaltung auf der Beobachtung von Kostenentwicklungen. Werden Abweichungen identifiziert, bedarf es einer Analyse und Kommunikation der möglichen Handlungsalternativen, um die Erreichung der kurz- und mittelfristigen Ziele sicherzustellen und somit das langfristige strategische Ziel nicht zu gefährden.[328]

3.1.3 Anforderungen an eine Controlling-Konzeption

Damit eine Controlling-Konzeption als eigenständiger Bereich der Betriebswirtschaft wahrgenommen und akzeptiert wird, müssen die drei folgenden Anforderungen erfüllt werden:

- Eigenständige Problemstellung,
- Theoretische Fundierung,
- Bewährung in der Praxis.[329]

[325] Vgl. Eichhorn (2002), S. 216.
[326] Vgl. Klenger (2000), S. 857.
[327] Vgl. Eichhorn (2002), S. 216; zur ausführlichen Diskussion der Make or Buy-Entscheidung in der öffentlichen Verwaltung: Picot/Wolff (1994) S. 76-80.
[328] Vgl. Bähr (2002), S. 47-49.
[329] Vgl. Küpper (2008), S. 6f.

Im Rahmen dieser Arbeit soll eine Controlling-Konzeption für Förderprogramme entwickelt werden. Mit einer Controlling-Konzeption werden Rahmenbedingungen und Vorgehensweisen aufgezeigt, die für eine spezielle Ausgestaltung des Controllings für den beschriebenen Bereich Gültigkeit haben.[330] Daher stellt eine Controlling-Konzeption keine allgemeingültige Vorgehensweise des Controllings an sich dar. Vielmehr handelt es sich nur um einen engen Ausschnitt (z.B. Branche), für den die in der Controlling-Konzeption dargestellte Vorgehensweise, Maßnahmen und Instrumente gelten. In eine Controlling-Konzeption fließen immer die spezifischen Aspekte bzw. Eigenschaften und Rahmenbedingungen des zu analysierenden Ausschnittes (hier: staatliche Förderprogramme) mit ein. Eine Controlling-Konzeption ist somit individuell auf den betrachteten Ausschnitt zugeschnitten.[331]

Die *eigenständige Problemstellung* der in dieser Arbeit zu entwickelnden Controlling-Konzeption bildet das Controlling von staatlichen Förderprogrammen, deren Bedeutung als Grundlage zur Rechtfertigung einer eigenen Problemstellung zu Beginn der Arbeit bereits dargelegt wurde.[332] Die *theoretische Fundierung* soll durch die Entwicklung des Modells im weiteren Verlauf der Arbeit vorgenommen werden.[333] Die *Bewährung in der Praxis* muss sich durch die Anwendung der entwickelten Konzeption beweisen. Dass ein solcher Praxistransfer gelingt, wird am Ende der Arbeit durch die Anwendung des Modells in einer Fallstudie aufgezeigt.[334]

3.1.4 Phasen des Controllings

Betrachtet man die Zeitpunkte bzw. Phasen, in denen Controlling-Aktivitäten in Unternehmen in einem Prozess zur Unterstützung der Führungsebenen durchgeführt werden, ist eine Unterteilung in die Phasen der Planung, Durchführung und Kontrolle zu finden.[335] Kontrolle kann dabei nicht nur als endgültige Bewertung nach Abschluss eines Prozesses, sondern auch als Steuerung des laufenden Prozesses verstanden werden.[336]

Nach KÜPPER ist Planung „ein bewusster geistiger Prozess, durch den zukünftiges Geschehen gestaltet werden soll".[337] Kern der Planung ist neben der Ent-

---

330 Vgl. Haiber (1997), S. 101 und Reichmann (2011), S. 5.
331 Vgl. Haiber (1997), S. 101 und Küpper (2008), S. 8.
332 Vgl. zur Bedeutung von Förderprogrammen Kapitel 2.1.3.
333 Siehe Kapitel 4.
334 Siehe Kapitel 5.
335 Vgl. Baumann/Brändli (2006), S. 17.
336 Vgl. Bachmann (2004), S. 129-132.
337 Küpper (2008), S. 105.

scheidungsvorbereitung auch die Entscheidungsfindung und Festlegung an sich.[338] Innerhalb der *Planungsphase* kann daher das Controlling bei der Entwicklung der Strategie, der Ziele und der Quantifizierung der gesetzten Ziele sowie Alternativensuche und -bewertung unterstützend tätig werden, um diese notwendigen Entscheidungen vorzubereiten. Darüber hinaus werden in der Planungsphase Rahmenbedingungen bzw. Kapazitäten (Budgets) definiert, die für den betrachteten Ablauf zur Verfügung stehen (z.B. Kosten, Maschinenstunden, etc.).[339]

Für die *Durchführungsphase* hat das Controlling erst dann Bedeutung, wenn im Rahmen der laufenden Kontrolle Abweichungen von Planwerten festgestellt werden. Diese Abweichungen werden analysiert und Maßnahmen erarbeitet, wie das gesetzte Ziel trotz der Abweichungen zu erreichen ist. Dies wird als Steuerungsaktivität des Controllings bezeichnet. Dazu empfiehlt das Controlling Korrekturmaßnahmen bei der Durchführung des Prozesses.

Erst wenn daraufhin Änderungen innerhalb der Durchführungsphase vorgenommen werden, hat das Controlling Einfluss auf die Durchführungsphase.[340] Diese laufenden *Kontrollaktivitäten* zur Beurteilung des Zwischenerfolges hinsichtlich des Zielerreichungsgrades werden prozessbegleitend vorgenommen, denn nur dadurch können Veränderungsbedarfe ermittelt werden. Eine zweite Form der Kontrolle ist die Kontrolle nach Abschluss des Prozesses. Dort wird analysiert und bewertet, ob das gesetzte Ziel final erreicht oder verfehlt wurde.[341]

Diese Phasen stehen allerdings nicht losgelöst voneinander in einer chronologischen Reihenfolge. Zwar bauen die drei Phasen aufeinander auf. Dennoch laufen innerhalb eines laufenden Prozessen mehrere Phasen des Controllings nebeneinander ab bzw. wirken aufeinander ein.[342] Dieses Zusammenspiel der Phasen soll durch folgende Abbildung zum Ausdruck gebracht werden.

---

338 Vgl. Küpper (2008), S. 105.
339 Vgl. Bachmann (2004), S. 130f.
340 Vgl. Bachmann (2004), S. 131 und Küpper (2008), S. 211f.
341 Vgl. Küpper (2008), S. 215.
342 Vgl. Bachmann (2004), S. 130.

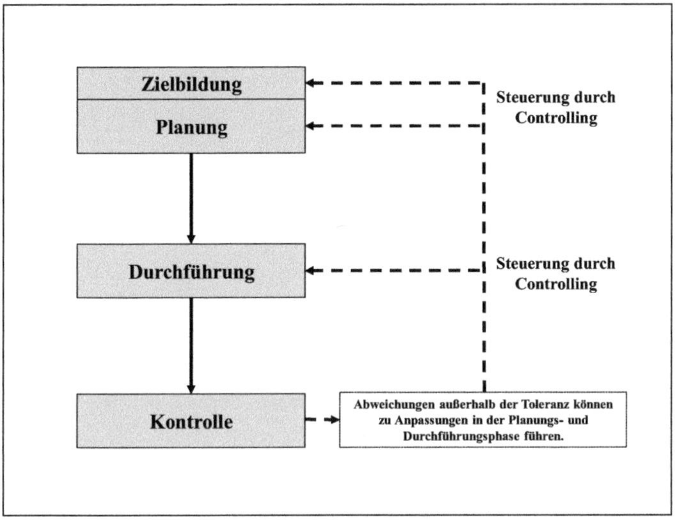

Abbildung 16: Ineinandergreifende Phasen des Controllings[343]

3.1.5 Zusammenführung der Phasen des Controllings mit dem Fördermanagementprozess

Wie oben aufgezeigt, verfügt der Prozess eines Förderprogramms über eine Planungs-, Durchführungs- und Kontrollphase.[344] In den gleichen Phasen sind in Unternehmen eine Reihe von Controlling-Aktivitäten zu finden. Das Controlling begleitet die einzelnen Prozessschritte, bereitet Entscheidungen vor und unterstützt dabei die Führungsebene. Im laufenden Prozess werden Beurteilungen und Kontrollen vorgenommen, um bei Abweichungen steuernd in den Prozess einzugreifen, damit das Ziel erreicht wird.[345]

Diese Controlling-Tätigkeiten in den einzelnen Prozessphasen kann man sich analog im Fördermanagementprozess zu Nutze machen und die *klassischen Controlling-Aktivitäten für Fördermanagementprozesse adaptieren*. Dabei muss eine Modifizierung im Rahmen der Kontrollphase vorgenommen werden, die bei Förderprogrammen besonders von Bedeutung ist. Da einige Förderprogramme von vorn herein mit einem festen Enddatum versehen sind, muss bei der Beurteilung der Zielerreichung zwischen einer Endbewertung des Förder-

343 Vgl. Bachmann (2004), S. 132, hier vereinfacht dargestellt.
344 Vgl. Kapitel 2.4.4.
345 Vgl. Kapitel 3.1.4.

programms und programmbegleitenden Analysen unterschieden werden. Bei den laufenden Analysen können bei Feststellung von Zielabweichungen Korrekturmaßnahmen in der Planungs- und Durchführungsphase durch das Controlling angeregt werden (Steuerung). Dies ist bei der Beurteilung nach Abschluss des Förderprogramms natürlich nicht mehr möglich.

Die Zusammenführung von Controlling-Aktivitäten mit dem Fördermanagementprozess wird in folgender Abbildung deutlich.

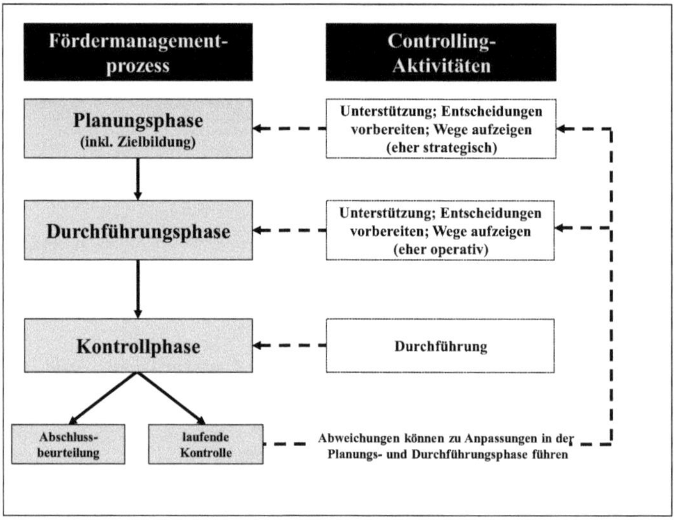

Abbildung 17: Fördermanagementprozess und Controlling[346]

Da staatliche Förderprogramme von staatlichen Institutionen aufgelegt werden und somit in die öffentliche Verwaltung einzuordnen sind, soll im Folgenden zunächst auf das Controlling in der öffentlichen Verwaltung im Allgemeinen eingegangen werden, um Besonderheiten, Problemfelder, aber auch Potentiale aufzuzeigen. In diesem Kontext soll auch jeweils der spezielle Bezug zu Förderprogrammen hergestellt werden.

346 Eigene Darstellung.

3.2 Controlling in der öffentlichen Verwaltung

3.2.1 Notwendigkeit, Besonderheiten und Potentiale

Sofern man das Controlling nicht als Lenkungs-, Leitungs- und Steuerungsinstrument versteht, sondern als eine reine mit dem Rechnungswesen eng verbundene Kontrolltätigkeit, wird die Notwendigkeit eines Controllings in der öffentlichen Verwaltung nur unzureichend erkannt und das Controlling vielfach allein als Instrument der Privatwirtschaft eingestuft. Da aber beim Controlling der Fokus auf dem Lenken und Steuern und nicht auf reinen Kontrollaktivitäten liegt, ist ein Controlling in der öffentlichen Verwaltung von gleicher Bedeutung wie im privatwirtschaftlichen Sektor.[347] Ein Controlling in der öffentlichen Verwaltung bedarf ebenso einer individuellen Ausgestaltung entlang den gegebenen Bedingungen wie in der Privatwirtschaft, wodurch z.B. situativ auch dem rechtlichen Rahmen größeres Gewicht zukommen kann.[348] Eine achtlose Übernahme ohne Prüfung und Berücksichtigung der speziellen Gegebenheiten in der Verwaltung könnte zu Misserfolgen führen und muss daher vermieden werden.[349] Privatwirtschaftliche Controlling-Instrumente müssen an die Bedingungen in der öffentlichen Verwaltung angepasst werden.[350]

Erhebliches Potential und damit Bedarf für die Einführung bzw. Intensivierung eines Controllings in der öffentlichen Verwaltung liegt insbesondere dann vor, wenn *benötigte Informationen* über einen Zielerreichungsgrad *nicht strukturiert vorliegen*. Dies können einerseits Informationen über rein monetäre Kostenziele, aber andererseits auch aktuelle Stände bei einzelnen Projekten sein (z.B. Anzahl der Förderungen). Neben der Situation, dass Informationen überhaupt nicht vorliegen, können Informationen aus verschiedenen Quellen auch widersprüchlich zueinander sein oder erst mit erheblichem Aufwand beschafft werden. Durch ein Controlling-System in der Verwaltung könnten diese Mängel beseitigt werden. Vor allem zeigt dies aber noch weiter die Notwendigkeit eines Controlling-Systems für eine öffentliche Verwaltung auf.[351]

Dass ein Controlling unerlässlich ist und es der Erschließung des geschilderten Potentials bedarf, zeigen auch Ansprüche, die von außen an die öffentliche Verwaltung herangetragen werden. So sind die *Erwartungen im Hinblick auf ein wirtschaftliches und zielorientiertes Handeln der Verwaltung* im Zeitverlauf ge-

347 Vgl. Ott (1992), S. 87.
348 Vgl. Horváth (2004), S. 386.
349 Vgl. Stratthaus (2000), S. 325 und Schmidt (2006), S. 38.
350 Vgl. Skulimma (1995), S. 172.
351 Vgl. Ott (1992), S. 87.

stiegen.[352] In diesem Zusammenhang ist wohl ein zentraler Grund für ein Controlling einzuordnen, nämlich der *Umgang mit der zunehmend angespannten finanziellen Lage* und die dadurch verursachten knappen Ressourcen bei der Haushaltsplanung von staatlichen Verwaltungsinstitutionen[353, 354].

Auf Grund dieser knappen finanziellen Ressourcen müssen die Führungsebenen der öffentlichen Verwaltung im Zusammenspiel mit der politischen Ebene die Mittel gezielter einsetzen, um Ziele so optimal wie möglich erreichen zu können.[355] So muss die Frage beantwortet werden, welche Ziele überhaupt erreicht werden sollen und können, wodurch Aufgaben und Projekte der Wichtigkeit nach zu priorisieren und durchzuführen sind. Darüber hinaus muss geprüft werden, ob Aufgaben durch den Staat oder möglicherweise besser durch Private erfüllt werden sollen. Im Kern geht es also darum, *zu analysieren, in welchen Bereichen die knappen finanziellen Ressourcen konzentriert und zielfokussiert eingesetzt werden*. Dabei ist zusätzlich die wirtschaftliche Verwendung der Mittel nicht außer Acht zu lassen.[356]

Neben dieser Herausforderung sind allgemein die Aufgaben der Verwaltung zunehmend komplexer und dynamischer geworden.[357] Denn der Bürger sieht sich vermehrt als Kunde der Verwaltung und formuliert konkrete Erwartungen.[358, 359] Die Notwendigkeit der *Kundenorientierung der Verwaltung* ist zwar vielfach gegeben, stellt aber dort eine Herausforderung dar, wo die Verwaltung sich bei der Konkretisierung des Kunden schwer tut.[360] Dennoch hat der Bürger zu Recht die Erwartung, über Entwicklungen und Leistungen der öffentlichen Verwaltung

---

[352] Vgl. Kewenig (1988) S. 15f. und Pook/Fischer (2002), S. 43.

[353] Vgl. Kewenig (1988), S. 15; Weber (1988b), S. 171f.; Lüder (1993), S. 266; Picot/Wolff (1994), S. 52; Weber/Hamprecht (1995), S. 125; Caiden/Caiden (1999), S. 138; Hegemann (2000), S. 23, Stratthaus (2000), S. 322; Pook/Fischer (2002), S. 43; Horváth/Gleich (2003), S. 26; Prase (2005), S. 5; Alonso (2006), S. 14; Maerker (2007), S. 253 und Röbken (2007), S. 268.

[354] Vgl. Tepe (2009), S. 9f.; TEPE führt Zahlenbeispiele für Schuldenentwicklungen von Ländern und Kommunen an und beschreibt im Zusammenhang mit der Tatsache der angespannten Lage öffentlicher Haushalte die Notwendigkeit, Wege zu finden, die vorhandenen Mittel gezielt nutzen zu können. So verweist er in Fußnote 33 beispielhaft auf Gesetze zur Modernisierung der Verwaltung, die explizit dieses Ziel beinhalten.

[355] Vgl. Jann (2005), S. 54.

[356] Vgl. Weber (1988b), S. 171f. und Pook/Fischer (2002), S. 43.

[357] Vgl. Kewenig (1988), S. 15.

[358] Vgl. Budäus (1988), S. 103 und Weber (1988a), S. 36.

[359] Vgl. Popp/Riedel (2000), S. 13-15 bzgl. einer Umfrage zur Kundenorientierung in der öffentlichen Finanzverwaltung.

[360] Vgl. Knust (1998), S. 16.

informiert zu werden, genauso, wie ein privatwirtschaftliches Unternehmen Informationen über die Unternehmensleistung veröffentlichen muss.[361]

Zur Unterstützung und Begleitung dieser Entscheidungs- und Gestaltungsprozesse kann das Verwaltungs-Controlling entscheidend beitragen. Auf Grund der oben aufgezeigten Notwendigkeiten wurde auch bei den Reformbestrebungen der letzten Jahrzehnte der *Einführung eines Controllings in die öffentliche Verwaltung im Allgemeinen* als ein Hauptbestandteil des Reformprozesses erhebliche Bedeutung zugemessen.[362] Danach soll mit Hilfe betriebswirtschaftlicher Instrumente gleichzeitig die Herausforderung der angespannten finanziellen Lage der öffentlichen Haushalte und der Forderung nach mehr Kundenorientierung der öffentlichen Verwaltung begegnet werden.[363]

3.2.2 Definition des Controlling-Begriffs in der Verwaltung

Das Controlling-Verständnis im Bereich der Verwaltung setzt auf einem allgemeinen Aspekt des Controlling-Verständnisses der Betriebswirtschaft auf.[364] In beiden Bereichen sind die Controlling-Aktivitäten als Tätigkeiten in einem Kreislauf zu verstehen.[365] Zunächst wird auch die Führungsebene der Verwaltung bei der Planung unterstützt, ein laufender Prozess mit Analysen und Auswertungen begleitet und nach Abschluss eines Prozesses bewertet. Der angesprochene laufende Prozess kann in der Verwaltung z.B. ein Haushaltsjahr aber auch die Laufzeit eines speziellen Förderprogramms sein. Die durchgeführten Analysen und Bewertungen (z.B. Soll-Ist-Vergleiche, Abweichungsanalysen) gehen als Steuerungs- und Handlungsempfehlungen wieder zur Verwaltungsführung und fließen in einen neuen Planungsprozess ein.[366] Auf Grund dieser Tätigkeiten kann ein Mitarbeiter, der mit dem Controlling in der Verwaltung betraut wurde, als interner Berater verstanden werden.[367]

Auf diesen gemeinsamen Ansätzen aufbauend muss aber eine Besonderheit bei der Verwaltung auch im Controlling-Verständnis Berücksichtigung finden: Im Gegensatz zu den privaten Unternehmen sind oftmals vor der Umsetzung eines Controlling-Systems in der Verwaltung zunächst die *organisatorischen Rah-*

---

361 Vgl. Caiden/Caiden (1999), S. 145.

362 Vgl. Budäus/Buchholtz (1997), S. 322; Widmer (2002), S. 107 zur Anzahl von Reformprojekten in Schweizer Kantonen; Horváth/Gleich (2003), S. 27 und Saß/Krüger (2008), S. 28.

363 Vgl. Busch/Wehrmann (2002), S. 257 und Horváth/Gleich (2003), S. 26.

364 Vgl. Horváth (2004), S. 386.

365 Vgl. Bachmann (2004), S. 165 und Schedler (2005), S. 413.

366 Vgl. Ott (1992), S. 87.

367 Vgl. Prase (2005), S. 6.

menbedingungen zu schaffen, damit Controlling-Aktivitäten in den Verwaltungsablauf erfolgreich integriert werden können.[368] In diesem organisatorischen Kontext ist auch die folgende Definition von LÜDER einzuordnen: „Verwaltungs-Controlling ist ein Konzept zur Steuerung des Verwaltungshandelns im Hinblick auf Wirtschaftlichkeit und Wirksamkeit".[369]

Unabhängig von den zu berücksichtigenden organisatorischen Rahmenbedingungen hat Controlling in der Verwaltung somit analog zum Controlling-Verständnis in der Privatwirtschaft die *Funktion der Koordination innerhalb eines Führungssystems*. So definiert BUDÄUS den Begriff des Verwaltungs-Controllings auch folgendermaßen: „Controlling in öffentlichen Verwaltungen steuert und unterstützt den Managementprozess generell durch die Bereitstellung, Verdichtung und Auswertung von Informationen".[370] Darüber hinaus erfolgt eine Unterstützung auch über Kosten, Leistungen/Produkte öffentlicher Verwaltungen und über die damit angestrebten Ziele und tatsächlich realisierten Zielerreichungsgrade.[371]

Eine hohe Bedeutung für das Controlling in der Verwaltung kommt demnach dem Managementprozess und den Zielen zu.[372] Daher soll in den folgenden Kapiteln zunächst auf die Zielorientierung in der Verwaltung eingegangen werden, bevor abschließend die Probleme und Restriktionen eines Verwaltungs-Controllings aufgezeigt werden.

3.2.3 Zielorientierung in der öffentlichen Verwaltung

Um sich tiefergehend mit der Zielorientierung und deren Definition in der öffentlichen Verwaltung beschäftigt werden kann, muss zunächst eine Auseinandersetzung mit dem *Begriff des Ziels* erfolgen. Dabei kann auf keine allgemeingültige Begriffsdefinition zurückgegriffen werden. Oftmals werden auch die Begriffe Ziel und Zweck gleichgesetzt.[373] Ein Ziel konkretisiert dabei eine Situation (Soll-Zustand), die als zukünftig gewollt beschrieben wird. Dieses Ziel soll

---

368 Vgl. Lüder (1993), S. 266.

369 Lüder (1993), S. 266.

370 Budäus (2002a), S. 205.

371 Vgl. Budäus (2004), S. 386; BUDÄUS konkretisiert damit seine Definition des Verwaltungs-Controllings aus dem Jahr 2002.

372 Vgl. Hansmann (2007), S. 409.

373 Im Rahmen dieser Arbeit wird der Zweck eines Förderprogrammes als ein Ziel des Förderprogrammes verstanden. Auf eine weitergehende Differenzierung zwischen den Begriffen Zweck und Ziel wird daher verzichtet.

durch den Einsatz von Handlungen, Maßnahmen und Mitteln erreicht werden.[374] Dabei ist es wichtig, dass der Begriff zukünftig nicht ohne genau bezeichneten Zeitpunkt bleibt, sondern vielmehr ein Zeitpunkt in der Zukunft benannt wird, an dem das geplante Ziel erreicht worden sein muss.[375]

Für den Erfolg und die Entwicklung eines Verwaltungs-Controllings ist grundsätzlich die Existenz von Zielen bzw. Zielsystemen eine notwendige Bedingung.[376] Diese Ziele müssen in Kennzahlen bzw. Kennzahlensystemen operationalisiert werden.[377, 378] Ziele müssen somit messbar sein.

Damit ein Controlling bzw. Steuerungsmaßnahmen greifen können, bedarf es zu Beginn einer *Zielfestlegung*, bevor Maßnahmen umgesetzt werden.[379] Dabei unterscheidet sich das Zielsystem der öffentlichen Verwaltung von dem der privaten Unternehmen im Kern dahingehend, dass es sich bei privaten Unternehmen tendenziell eher um ein homogenes Gewinn oder Rendite orientiertes Zielsystem und bei der öffentlichen Verwaltung um ein heterogenes Zielsystem handelt.[380] Das grundsätzliche Problem liegt aber darin, dass oftmals das Handeln in der Verwaltung keinem ausgegebenen Ziel folgt und damit jede Tätigkeit als gleich wichtig empfunden wird oder die Verwaltung sich grundsätzlich von Politik als fremdgesteuert ansieht, so dass sie über keine „eigenen" Ziele verfügt.[381] Außerdem *mangelt es in der öffentlichen Verwaltung* im Vergleich zur Privatwirtschaft *häufig an eindeutigen Zielvorgaben*.[382] Zwar erscheint es auf Grund mancher spezifisch hoheitlicher Aufgaben schwierig, in der Verwaltung Zielvorgaben in Gänze (z.B. anhand von Kennzahlen oder Werten) zu definieren.[383] Dennoch wird vielfach, auch dort, wo konkrete und operationalisierte Ziele möglich sind, das Ziel sehr offen und vage formuliert und auf die Definition eines mess-

---

374 Vgl. Pippke (1997), S. 290; Mauch (1999), S. 24; Böllhof/Wewer (2005), S. 147f. und Grimme (2012), S. 32f.

375 Vgl. Küpper (2008), S. 113.

376 Vgl. Schmidberger (1993), S. 177; Nau/Wallner (1999), S. 171; Pook/Fischer (2002), S. 44; Arbeitskreis Integrierte Verbundrechnung (2007), S. 13 und Finger (2007), S. 96.

377 Vgl. Buschor (1993a), S. 15; Mitterer (2005), S. 10 und Prase (2005), S. 6.

378 Zur Erläuterung von Kennzahlen als ein Controlling-Instrument sei auf das Kapitel 4.1.1.2.2 verwiesen.

379 Vgl. Nau/Wallner (1999), S. 171 und die Controlling-Definition von Berens et al./Mosiek (1995, 1996 und 2002): „Controlling ist die Beschaffung, Aufbereitung, Analyse und Kommunikation von Daten zur Vorbereitung zielsetzungsgerechter Entscheidungen" (Quelle siehe Fußnote 306).

380 Vgl. Schwarze (1997), S. 150-154 und Berens/Hoffjan (2004), S. 700.

381 Vgl. Hansmann (2007), S. 410 und S. 413.

382 Vgl. Homann (2005), S. 11.

383 Vgl. Keller (1995), S. 380 und Caiden/Caiden (1999), S. 143.

baren Wertes verzichtet.[384] Es können aber nur eindeutig beschriebene Ziele einer Erfolgskontrolle unterzogen werden.[385] Eine grundsätzliche Herausforderung besteht somit darin, Ziele auch qualitativer Art weitestgehend zu quantifizieren.[386]

Die Ursache für den Mangel an klaren öffentlichen Zielvorgaben ist in erster Linie auf der politischen Ebene zu suchen. Diese müsste als erstes solche konkreten Ziele formulieren und der Verwaltungsebene mit auf den Weg geben. Die zu formulierenden Ziele sollten in eine langfristige, strategische Ausrichtung eingebettet sein. Daran hat die Politik in vielen Fällen nur ein geringes Interesse, da öffentliche Ziele und deren Zielerreichung Transparenz über Erfolg oder Misserfolg schaffen.[387] Durch diese Transparenz müssten ggf. Entscheidungen getroffen werden, die sonst zurückgestellt worden wären. Daher wird oftmals auf eine konkrete Zielformulierung verzichtet.[388] Dennoch besteht auf Grund der angespannten öffentlichen Haushalte und dem zunehmenden Vertrauensverlust in die politische Führung der *stetig steigende Druck von außen hin zu mehr Transparenz*. Es besteht die Anforderung, Leistungen der Politik und Verwaltung messbar zu machen.[389] Dies ist wichtig, da Ziele für die Wahrnehmung von außen (durch den Bürger) von hoher Bedeutung sind. Zwar wird es für die Verwaltung bei der erstmaligen Auseinandersetzung mit Zielen ein zeitintensiver Prozess werden, um die geeigneten Ziele zu vereinbaren. Der daraus generierbare Nutzen sollte diesen Aufwand allerdings rechtfertigen.[390]

Sollte weiterhin konsequent auf eine operationalisierbare Zieldefinition verzichtet werden, ist auch ein aussagekräftiges und entscheidungsunterstützendes Controlling für Förderprogramme nur schwer realisierbar, denn nur mit einer klaren Zielvorgabe ist eine Beurteilung des Erfolgs im Rahmen des Controllings möglich.

---

384 Vgl. Ehlers (1993), S. 865; Budäus/Buchholtz (1997), S. 324; Haldemann/Marek (2001), Jacoby (2002), S. 118; S. 41; Pook/Fischer (2002), S. 48 und Homann (2005), S. 11.
385 Vgl. Gerhardt (2002), S. 368 und Böllhof/Wewer (2005), S. 148.
386 Vgl. Ott (1992), S. 88.
387 Vgl. Richter (2000), S. 17 und Deckert (2007), S. 19.
388 Vgl. Finger (2007), S. 97.
389 Vgl. Caiden/Caiden (1999), S. 138.
390 Vgl. Bauer/Mösenbacher (2006), S. 4.

3.2.3.1 Zieldefinitionen im Förderprozess als Basis für ein Controlling von Förderprogrammen in der Verwaltung

Wie bereits oben erwähnt ist eine Zieldefinition für das Controlling – auch in der öffentlichen Verwaltung – eine zentrale Voraussetzung und sollte zu Beginn eines Prozesses festgelegt werden.[391] Für ein Förderprogramm sollte in der Richtlinie ein klares Ziel formuliert werden. Dies dient der Klarstellung, was mit der Förderung erreicht werden soll.[392]

Dass dies auch für den Controlling-Prozess bei Förderprogrammen wichtig ist, wird beispielhaft aus den Verwaltungsvorschriften zu § 23 der Landeshaushaltsordnung des Bundeslandes Thüringen (nachfolgend: LHO Thüringen) deutlich. Der Punkt 4.3.1 hebt zunächst die Zieldefinition und Festlegung von Zielindikatoren wie folgt hervor: „Zweck des Controllings ist die Bewertung, ob ein Förderprogramm so effektiv ist, dass es die gestellten Ziele erreicht. Voraussetzung für die Durchführung eines Controllings von Förderprogrammen ist die Formulierung von Leistungszielen, die zugleich realistisch und motivierend sind. Gleichzeitig ist eine effiziente Zielerreichung mit Hilfe der Förderprogramme sicherzustellen, das heißt, das definierte Ziel soll mit möglichst geringem Mitteleinsatz erreicht werden. Mit den Leistungszielen sind jeweils Indikatoren festzulegen, die für eine Messung oder aber eine einschätzende Beurteilung der Zielerreichung geeignet sind. Diese Indikatoren sollen mit vertretbarem Aufwand ermittelbar sein“.[393]

Der darauf folgende Punkt 4.3.2 der Verwaltungsvorschriften zu § 23 LHO Thüringen stellt auf den Zeitpunkt der Zielfestlegung ab und konkretisiert die notwendigen Arten von Zielen: „[…] In der ersten Phase des Controllings sind auf Grund verfügbarer Informationen anspruchsvolle Leistungsziele zu formulieren und Zielindikatoren zu definieren. Neben quantitativen Zielvorgaben können auch qualitative Vorgaben beziehungsweise Mischformen in Betracht kommen […]“.[394]

Wie aufgezeigt, bestehen bei der Zieldefinition und der Konkretisierung quantitativer und qualitativer Art noch Schwierigkeiten bei der praktischen Umset-

---

391 Vgl. Kapitel 2.4.4. und Hoofe (2009), S. 11.

392 Vgl. Henke (1979), S. 69 und Kapitel 2.4.1.

393 Verwaltungsvorschriften zu § 23 LHO Thüringen. Diese können unter dem Link http://www.thueringen.de/imperia/md/content/tfm/haushalt/lhovv/23.pdf (abgerufen am 14.10.2011) aufgerufen werden.

394 Verwaltungsvorschriften zu § 23 LHO Thüringen. Diese können unter dem Link http://www.thueringen.de/imperia/md/content/tfm/haushalt/lhovv/23.pdf (abgerufen am 14.10.2011) aufgerufen werden.

zung. Werden die Ziele jedoch – wie in den Verwaltungsvorschriften zu § 23 LHO Thüringen vorgeben – definiert, kann die Herausforderung gemeistert und eine Grundlage für ein erfolgreiches und aussagekräftiges Förderprogramm-Controlling geschaffen werden.

Dabei ist aber gerade im Beziehungsfeld Politik und Verwaltung wichtig, zu berücksichtigen, wer die Verantwortung der Zieldefinition zu übernehmen hat. Grundsätzlich bieten Verwaltungsvorschriften dafür eine gute Ausgangsbasis, da in ihnen der Zweck bzw. auch teilweise Ziele genannt werden. Diese sind aber in der Regel sehr offen beschrieben. Das notwendige Operationalisieren der Zielsetzung hingegen sollte durch die politische Ebene und die Führungsebene der Verwaltung final vorgenommen werden.[395] Dabei bietet es sich bei der Operationalisierung an, die Indikatoren oder Kennzahlen zur Erfolgsmessung an die Daten und Informationen zu koppeln, die grundsätzlich zur Verfügung stehen oder zuverlässig geliefert werden können.[396]

3.2.3.2 Vorgehensweise und Instrumente zur Zieldefinition

Wie dieser notwendige Zielsetzungsprozess ablaufen kann und welche Instrumente und Verfahren der Politik und Verwaltung zur Verfügung stehen, soll in diesem Abschnitt erläutert werden.

Einzelne Ziele innerhalb der öffentlichen Verwaltung müssen immer in die aktuelle Gesamtstrategie eingebunden sein.[397] Diese auch als Leitbild zu verstehende *Grundausrichtung der Verwaltung* darf nicht durch Ziele einzelner Maßnahmen beeinträchtigt werden. Aus diesem Grund ist es wichtig, dass alle in der Verwaltung handelnden Personen, die zielorientiert arbeiten müssen, den Zusammenhang und Beitrag der jeweiligen einzelnen Ziele des gesamten Zielsystems zur Strategie nachvollziehen können.[398] Da die Zielerreichung ausgewertet werden soll, müssen alle in den Prozess eingebundenen Personen über *Klarheit hinsichtlich der Methoden zur Messung der Zielerreichung* verfügen. Dabei

---

395 Vgl. Pook/Fischer (2002), S. 48.

396 Vgl. o.V. (2000), S. 327.

397 Die Strategie der Verwaltung beruht auf zwei Aspekten, die nicht grundsätzlich im Widerspruch zueinander stehen sollten. Einerseits kann es sich um eine von der Verwaltung selbst definiert Strategie handeln. Diese muss aber andererseits auch in die aktuelle politisch-strategische Ausrichtung eingebunden werden und bedarf ggf. beim Wechsel der politischen Ebene einer Anpassung. Auch müssen sich die strategischen Ziele im Rahmen des gesetzlich Möglichen bewegen (vgl. Böllhof/Wewer (2005), S. 148f.). Auf die Problematik der Zielformulierung auf der politischen Ebene wurde bereits im einleitenden Text des Kapitels 3.2.3 eingegangen.

398 Vgl. Deckert/Schmid (2003), S. 23f. und Glinder/Meister/Wensing (2005), S. 274.

müssen nicht immer klassische Kennzahlen oder Messindikatoren herangezogen werden. Bei rein qualitativen Zielen können auch mit einer geeigneten Evaluationsmethodik Aussagen über die Zielerreichung getroffen werden.[399]

Grundsätzlich sind Ziele in einem Zielsystem in die Formen kurz-, mittel- und langfristige Ziele zu konkretisieren.[400] In Bezug auf ein Förderprogramm muss diese Systematik unabhängig und modifiziert von der Zeitachse betrachtet werden, da Förderprogramme häufig mit einem festen Enddatum (z.B. Legislaturperiode) versehen sind, das nicht immer unter das allgemeine Verständnis von langfristig[401] fällt. Die Grundsystematik bleibt allerdings. Der Transfer dieser *Denkweise von Zielen mit Zeitbezug* kann wie folgt vorgenommen werden: Das Förderprogramm wird mit einem Endziel versehen, das mit Auslaufen der Förderung erreicht sein sollte. Dieses Endziel wird innerhalb des Förderzeitraumes in Zwischenziele unterteilt. Diese Zwischenziele können als Meilensteine zur Erreichung des Endziels verstanden werden.

Damit Ziele und die damit verbundenen Zielwerte von allen Beteiligten akzeptiert werden, sollte das Ziel und die Zielvorgabe nicht von oben nach unten vorgegeben werden. Vielmehr sollte sich dem Instrument der *Zielvereinbarung* angenommen werden. Dieses Instrument stammt ursprünglich aus den USA und wurde in den sechziger und siebziger Jahren des 20. Jahrhunderts im Rahmen des Führungskonzeptes „management by objectives" entwickelt. Dieser Ansatz bindet die Zielvereinbarungen als zentrales Element in den Führungsprozesses ein.[402] Alternativ zur der Begrifflichkeit der Zielvereinbarung, ist auch der Begriff Kontraktmanagement vorzufinden.[403]

Dazu sind in Zielvereinbarungsgesprächen mit allen Beteiligten (ggf. auch über mehrere Organisationseinheiten in der Verwaltung hinweg und im Gesamtauf-

---

399 Vgl. Mauch (1999), S. 202 und Deckert/Schmid (2003), S. 23f.

400 Vgl. Deckert/Schmid (2003), S. 23.

401 Vgl. Bähr (2002), S. 49; Schmidt (2006), S. 59 und Thommen (2008), S. 115 hinsichtlich der Abgrenzung kurz-, mittel- und langfristig. BÄHR versteht unter kurzfristig einen Zeitraum von bis zu einem Jahr, mittelfristig wird einem Zeitraum von zwei bis fünf Jahren zugeordnet. Unter langfristig ist ihm zufolge ein Zeitraum von über fünf Jahren zu verstehen. SCHMIDT versteht unter langfristig ebenfalls einen Zeitraum ab fünf Jahren, kurzfristig ordnet er allerdings einem ein- bis zweijährigen Zeitraum zu. Für THOMMEN ist kurzfristig bis zu einem Jahr, mittelfristig von einem bis drei Jahren und langfristig darüber hinaus. SCHMIDT und THOMMEN heben jedoch hervor, dass sich diese Unterteilung von Fall zu Fall verschieben kann und jeweils von der zu treffenden Entscheidung abhängt.

402 Vgl. Pippke (1997), S. 290; Bogumil (2003), S. 63; Böllhof/Wewer (2005), S. 147; Weber/Schäffer (2008), S. 61 und Kucera (2010), S. 188.

403 Vgl. Heintze (2002), S. 96 und Kiesel (2005), S. 33-35.

bau der Verwaltung[404]) partnerschaftliche, aber verbindliche Zielvereinbarungen für einen bestimmten Zeitraum festzulegen. Dafür eignet sich der geschilderte Abstimmungsprozess, der auch als Gegenstromverfahren bezeichnet werden kann. Bei demjenigen, der ein Ziel zu erfüllen hat, ist es wichtig, dass er seine Position in diesem gemeinsamen Abstimmungsprozess erkennt und seine Vorstellung einbringt.[405] Ansonsten besteht die Gefahr, dass das Ziel weiterhin als von oben diktiert verstanden wird.[406] Wenn alle Beteiligten am Zielvereinbarungsprozess mitwirken und Ziele inhaltlich gemeinsam definieren, ist dies für die Motivation jedes Einzelnen förderlich.[407]

Im Rahmen des Zielvereinbarungsprozesses sollte schriftlich, wenngleich auch nicht in Form eines rechtlich bindenden Vertrages, das vereinbarte Ziel fixiert und von allen Beteiligten unterschrieben werden. Durch diese Vorgehensweise und das aktive Einbinden in diesen Prozess wird das Verantwortungsbewusstsein im Zusammenhang mit den eigenen vereinbarten Zielen geschaffen.[408] Darüber hinaus führt dies zu einem Anreiz, die zugesagten Ziele auch erreichen zu wollen.[409] Wichtig ist in diesem Kontext, dass selbst wenn Ziele vereinbart und damit vorgegeben sind, die Entscheidung über den Weg zur Zielerreichung jedem selbst überlassen bleibt. Die damit zusammenhängenden Freiheitsgrade sind allerdings in der Verwaltung durch entsprechende Verwaltungsvorschriften bzw. Gesetze eingeschränkt, in deren Rahmen sich jeder zu bewegen hat.[410]

Der *Zielerreichungsgrad kann gemessen* werden, indem im Rahmen einer Abweichungsanalyse die vereinbarten Zielwerte (Soll-Werte) mit den tatsächlichen Werten (Ist-Werte) gegenübergestellt werden. Diese Differenzbetrachtung kann dann ein Ansatzpunkt sein, um einerseits Korrekturmaßnahmen einzuleiten, die eine Zielerreichung noch ermöglichen können. Andererseits kann dies bei Übereinstimmung des Soll- und Ist-Wertes ein Anlass sein, neue Ziele zu definieren bzw. bestehende Ziele anzupassen. Somit wird das Instrument der Zielvereinbarung in Zielfestsetzungsprozess und Zielerreichungsprozess unterteilt.[411]

Zur Messung des Zielerreichungsgrades werden *Kennzahlen definiert.* Mit Hilfe der Kennzahlen werden Ziele operationalisiert. Erst mit Kennzahlen ist eine

---

404 Vgl. Hansmann (2006), S. 14 und Schmidt (2006), S. 55.
405 Vgl. Klose-Diwo (2008), S. 25 zum Aspekt, dass eigene Zielvorstellungen in den Zielvereinbarungsprozess mit eingebracht werden sollen.
406 Vgl. Ceylangoglu (2002), S. 20f. und Krumpholz (2002), S. 50f.
407 Vgl. Semrau/Graumann/Jost (2011), S. 238.
408 Vgl. Pippke (1997), S. 290 und Ceylangoglu (2002), S. 20.
409 Vgl. Böllhof/Wewer (2005), S. 147.
410 Vgl. Ceylangoglu (2002), S. 20 und Glinder/Meister/Wensing (2005), S. 274.
411 Vgl. Glinder/Meister/Wensing (2005), S. 274.

Überprüfung des Zielerreichungsgrades möglich.[412] Werden mehrere Kennzahlen im Rahmen eines Zielsystems festgelegt, dürfen diese in keinem Widerspruch zueinander stehen. Die Leistungsmaße müssen objektiv messbar sein. Vor allem aber müssen diejenige, die an den Werten gemessen werden, die Möglichkeit haben, direkt durch ihr Handeln Einfluss auf die Entwicklung der Kennzahl zu nehmen. Nur dadurch wird sichergestellt, dass die durch die Zielvereinbarung delegierte Verantwortung auch ernsthaft wahrgenommen wird.[413]

Das Verantwortungsbewusstsein kann noch verstärkt werden, wenn mit der Umsetzung von Zielvereinbarungen die *Festlegung von Anreizsystemen* einhergeht. Diese Anreizsysteme können etwa in Relation zum Zielerreichungsgrad ausgestaltet sein. Dabei kann man zwischen personenbezogenen und organisationsbezogenen (z.B. bezogen auf Verwaltungseinheit, Abteilung) Anreizsystemen unterscheiden. Positive Anreize können z.B. in Form von monetären Leistungen, Beurteilungen oder Aufstiegsmöglichkeiten gesetzt werden.[414] Ein positiver Anreiz zur Verfolgung des Ziels kann notwendig sein, da oftmals nur mit Aussicht auf eine Belohnung ein Ziel intensiver und motivierter verfolgt wird.[415] Negative Auswirkungen bei Verfehlung des Ziels liegen darin, dass die positiven Anreize nicht eintreten, aber auch womöglich Tätigkeiten zukünftig anderweitig organisiert oder extern vergeben werden.[416] Grundsätzlich ist aber nicht jede Verfehlung des Zielwertes mit negativen Konsequenzen zu unterlegen, da z.B. unvorhergesehene Ereignisse, die bei der Planung des Zielwertes noch nicht berücksichtigt werden konnten, eintreten können. Wichtig ist, dass eine Zielabweichung nachvollziehbar begründet werden kann. Aus diesen Zielabweichungen werden Korrekturen an den geplanten Endzielen notwendig. Der Prozess zur Analyse des Zielerreichungsgrades und die möglicherweise daraus resultierenden Anpassungen sind als laufende Steuerungsaktivtäten dem Controlling zuzuordnen.[417]

Das an dieser Stelle ausführlich dargestellte Instrument der Zielvereinbarung und die Rolle von Kennzahlen werden in dem nachfolgenden Kapitel entwickeltem Modell zur Kategorisierung von Förderprogrammen bei der Analyse der Planungsphase aufgegriffen. Sollten für ein Förderprogramm noch keine (operationalisierten) Ziele definiert worden sein, auf die eine Erfolgsbeurteilung auf-

---

412 Vgl. Ceylangoglu (2002), S. 22.
413 Vgl. Glinder/Meister/Wensing (2005), S. 274.
414 Vgl. Pippke (1997), S. 293 und Glinder/Meister/Wensing (2005), S. 274f.
415 Vgl. Greiner (2005), S. 504 und Weber/Schäffer (2008), S. 71.
416 Vgl. Glinder/Meister/Wensing (2005), S. 274f.
417 Vgl. Böllhof/Wewer (2005), S. 151.

bauen kann, soll mit Hilfe einer Zielvereinbarung und Kennzahlen eine Zielfestlegung erfolgen.[418]

3.2.3.3 Zielarten im Kontext von Verwaltung und Förderprogramm

In privatwirtschaftlichen Unternehmen dominieren finanzielle Zielgrößen wie die Maximierung von Umsatz, Gewinn oder Rendite oder die Minimierung der Kosten.[419] Im Gegensatz dazu sind die Schwerpunkte bei den Zielarten und Zielgrößen in der öffentlichen Verwaltung anders einzustufen. Bei den allgemeinen Zielgrößen der öffentlichen Verwaltung wird zwar auch auf die monetären Aspekte wie Ausgaben und Einnahmen geachtet. Diese bilden allerdings über den Haushaltsplan, in dem diese Größen verankert werden, nur den Rahmen, an dem sich die Verwaltung auszurichten hat. Die Leistungen sind mit einer vorgegebenen finanziellen Größe zu erfüllen. Eine Optimierung der Einnahmen oder Minimierung des vorab definierten Ausgabenvolumens (Budget) stellt keine typische Zielart der Verwaltung dar. Vielmehr stehen *Leistungsziele* im Vordergrund. Über diese Zielart werden die Tätigkeiten definiert, die umgesetzt werden müssen. Die Grundlage der Leistungsziele bilden Gesetze, Verordnungen, aber auch Verwaltungsvorschriften.[420]

Die relevanten Zielarten im Rahmen dieser Arbeit zur Messung des Erfolgs von Förderprogrammen fallen in die Kategorie der Leistungsziele. Diese lassen sich in zwei Kategorien unterteilen: Leistungserbringungsziele und Leistungswirkungsziele.[421] *Leistungserbringungsziele* machen Vorgaben für den zu erbringenden Output, während *Leistungswirkungsziele* die Wirkung konkretisieren, die bei den direkten oder indirekten Empfängern der Leistung (z.B. Förderung) erreicht werden soll.[422, 423] Als direkte Leistungswirkungsziele werden Wirkungen formuliert, die direkt beim Leistungsempfänger (z.B. Fördernehmer) eintreten sollen. Zur Erreichung der indirekten Leistungswirkungsziele wiederum soll sich des Leistungsempfängers bedient werden, um Wirkungen bei Zielgruppen

418 Vgl. das Unterkapitel 4.1.1.2 im Gesamtkontext des Kapitels 4.1.

419 Vgl. zu den Zielen privatwirtschaftlicher Unternehmen Küpper (2008), S. 113 und Reichmann (2011), S. 4.

420 Vgl. Bachmann (2004), S. 165-168.

421 An dieser Stelle soll nur auf die Zielarten eingegangen werden, die im Folgenden bei der Kategorisierung von Förderprogrammen von Bedeutung sind. Auf eine weitere bzw. andere Unterteilung (z.B. in Formalziele und Sachziele sowie Ressourcenziele, Verhaltensziele, Erfolgsziele und finanzielle Ziele) wird verzichtet. Dazu sei exemplarisch auf Richter (2000), S. 20-22 und Böllhof/Wewer (2005), S. 148 verwiesen.

422 Vgl. Berens/Karlowitsch/Mertes (2000), S. 24.

423 Eine weitere Unterteilung und Konkretisierung der Leistungswirkungsziele erfolgt in Kapitel 4.1.1.1. Dort wird ebenfalls ein direkter Bezug zu Förderprogrammen hergestellt.

zu erreichen, die beispielsweise von den Tätigkeiten und Maßnahmen des Leistungsempfängers profitieren.

Die abschließende Abbildung soll diese erste Unterteilung der Leistungsziele visualisieren. Diese dient als Grundlage für weitere Erläuterungen im Bereich des wirkungsorientierten Controllings und der Kategorisierung von Förderprogrammen.[424]

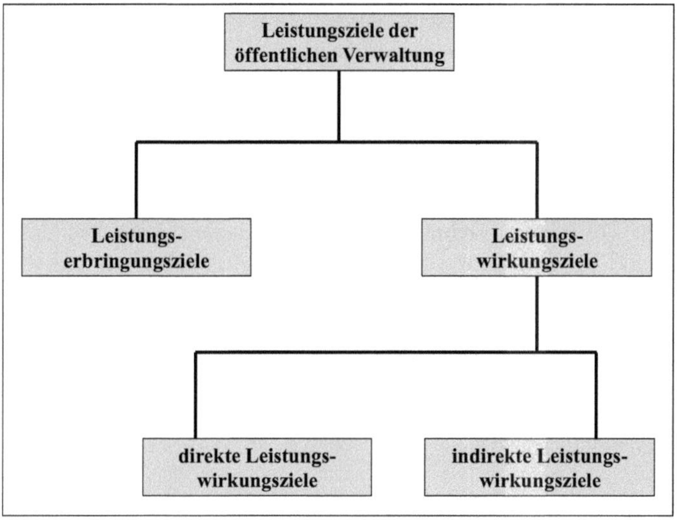

Abbildung 18: Erste Unterteilung der Leistungsziele einer Verwaltung[425]

3.2.4 Grundsätzliche Herausforderung des Verwaltungs-Controllings

Das Nutzenpotential, das allgemein durch den Transfer von betriebswirtschaftlichen Instrumenten in das Handlungsspektrum der öffentlichen Verwaltung entsteht, wird nicht bestritten.[426] Gleichwohl müssen Problemfelder und mögliche Restriktionen bei der Übertragbarkeit klassischer betriebswirtschaftlicher Instrumente in der öffentlichen Verwaltung durchleuchtet werden und entspre-

---

424 Vgl. Kapitel 3.3 und Kapitel 4.

425 Eigene Darstellung in Anlehnung an die Erläuterungen von Berens/Karlowitsch/Mertes (2000), S. 24.

426 Vgl. Gerhards (2000), S. 128 und Becker/Bögelein (2001), S. 328.

chende Berücksichtigung finden.[427] Dies gilt somit auch für den Einsatz von klassischen Controlling-Instrumenten in der öffentlichen Verwaltung. Denn nur, wenn diese Problembereiche und Restriktionen bekannt sind und ein Bewusstsein hinsichtlich des Umgangs damit geschaffen wird, kann sich das Nutzenpotential des Controllings entfalten.

Neben dem Verweis auf die oftmals fehlenden Zielvorstellungen der Verwaltung stehen zu Beginn der Diskussion mögliche Problemfelder von Einheiten der öffentlichen Verwaltung, in denen ein Controlling bzw. Controlling-Aktivitäten bisher nicht eingesetzt wurden. Dort unterliegen zunächst *historisch gewachsene Strukturen* und *stark bürokratisierte*[428] *Abläufe*, die langjährig praktiziert, aber nicht konsequent hinterfragt wurden, einer Überprüfung und Anpassung an die neu zu installierenden betriebswirtschaftlichen Instrumente.

Diese bürokratischen Strukturen lassen sich in der Verwaltung, die natürlich weiterhin rechtmäßig gemäß den *verwaltungsrechtlichen Vorschriften* handeln muss, nicht vollständig verhindern.[429] Dies reduziert zwar grundsätzlich die Freiheitsgrade bei Handlungsoptionen und hat Auswirkungen auf den Einsatz von Controlling-Aktivitäten und -Maßnahmen. Wenn allerdings kein Hinterfragen der bestehenden Vorgehensweise einsetzt, stoßen innovative Controlling-Ansätze an nur schwer zu überwindende Grenzen.[430] Controlling kann nur dort greifen, wo der Führungsebene Handlungsspielräume zustehen oder geschaffen werden können.[431] Denn nur dort können Empfehlungen des Controllings Verbesserungen bewirken.

Sollte die Führungsebene über diese Gestaltungsspielräume verfügen, besteht ein weiteres Problem hinsichtlich der Potentiale für ein Controlling in der öffentlichen Verwaltung. Die Führungsstruktur in der öffentlichen Verwaltung ist oftmals kleinteilig organisiert, so dass für einen Entscheidungsprozess, der vom Controlling angestoßen werden könnte, *verschiedene Entscheidungsträger für unterschiedliche Teilbereiche zuständig* sind.[432] Diese Struktur der Entscheidungsfindung kann Controlling-Aktivitäten ausbremsen.

---

[427] Ebenso Gerhards (2000), S. 128 und Homann (2005), S. 11.

[428] Bei der Charakterisierung des Wortes „bürokratisch" wird WEBER (vgl. Weber (1988a), S. 36f.) gefolgt. Unter bürokratisch wird keine klassische Organisationsstruktur verstanden. Vielmehr geht es um die in der öffentlichen Verwaltung stark verbreiteten, vergangenheitsgesteuerten und sicherheitsgetriebenen Denkweisen und Mentalitäten. Dabei orientieren sich Mitarbeiter an vorgegebenen Vorschriften und Gesetzen ohne den Antrieb, neue Wege einzuschlagen.

[429] Vgl. Homann (2005), S. 11 und Streitferdt (2007), S. 151.

[430] Vgl. Weber (1988a). S. 36f.

[431] Vgl. Budäus (1988), S. 109.

[432] Vgl. Budäus (1988), S. 106 und Hansmann (2007), S. 412f.

Desweiteren werden in der öffentlichen Verwaltung oftmals *gegen Ende des Jahres noch die bis dahin aufgesparten Haushaltsmittel ausgegeben*, um den Ansatz im Haushaltsplan in jedem Fall zu erreichen (sogenanntes Dezemberfieber). Bei dieser Mittelverwendung liegt der Schwerpunkt nicht generell auf der tatsächlichen Notwendigkeit der Ausgabe, sondern auf der Ausgabe zur Erreichung des Planwertes an sich.[433] Sicherlich sind die Gründe für dieses Verhalten in der Planung des Haushaltes und in den möglichen Konsequenzen bei der Zuweisung zukünftiger Mittel zu suchen. Dennoch werden bei Beibehaltung dieser Vorgehensweise das Steuerungspotential und die Wirkung von Controlling nur abgeschwächt greifen.

Erfolgskritisch bei der Umsetzung des Controllings ist insbesondere das Vorhandensein von fachlich qualifiziertem Personal, das mit dem Controlling betraut wird und daher über intensive Kenntnisse über die betriebswirtschaftlichen Instrumente verfügen muss.[434] Dieses oftmals *fehlende grundsätzliche betriebswirtschaftliche Know-how* bei der Durchführung von Controlling-Aktivitäten in der öffentlichen Verwaltung kann durchaus durch gezielte Schulungen und Weiterbildung von Mitarbeitern, die sich mit dem Controlling auseinandersetzen wollen, Einzug in die öffentliche Verwaltung finden.[435] Dennoch wird die Bewältigung der Controlling-Aufgaben in Gänze nur schwer mit den bestehenden Ressourcen ohne neuen externen Einfluss oder Unterstützung möglich sein.[436]

Die notwendigen Veränderungsmechanismen können auf erheblichen Widerstand in der Verwaltungspraxis stoßen. Dieser lässt sich nur auflösen, wenn *Veränderungen in den Denkstrukturen* einsetzen, die vor allem von der Führungsebene überzeugend vorgelebt werden müssen. Dies gilt nicht nur für die Führungsebene der Verwaltung, sondern auch auf der zuständigen politischen Ebene. Auch seitens der Politik bedarf es einer unterstützenden Begleitung, wenn betriebswirtschaftliche Controlling-Ansätze in der Verwaltung eingeführt und etabliert werden sollen. Eine wichtige, erfolgskritische Herausforderung ist es also, die Änderungen an bisherigen Denkstrukturen und Mentalitäten zu bewirken. Klar ist daher auch, dass dies nicht „von heute auf morgen" geschehen kann, sondern zur Sicherstellung eines langfristigen Erfolges nach und nach in kleineren Schritten vollzogen werden muss.[437]

Ein weiterer Grund für möglichen Widerstand liegt darin, dass mit Hilfe von Controlling-Instrumenten Leistungen sowohl aus der Verwaltung als auch der

433 Vgl. Weber (1988a), S. 37 und Glinder/Meister/Wensing (2005), S. 271.
434 Vgl. Gerhards (2000), S. 129.
435 Vgl. Kewenig (1988), S. 19.
436 Vgl. Weber (1988a), S. 37.
437 Vgl. Kewenig (1988), S. 18f und Streitferdt (2007), S. 151f.

Politik messbar gemacht werden können. Dieser Widerstand lässt sich nur überwinden, wenn *Anreizstrukturen dafür geschaffen werden, die Leistungen transparent messen lassen zu wollen.*[438] Ein Ansatz zur Schaffung von mehr Transparenz kann dabei die Implementierung eines Controllings sein. Wird ein Controlling nicht von der Führungsebene übergestülpt, sondern in einem Miteinander von Führung und Mitarbeitern in Form des *Gegenstromprinzips* erarbeitet, können die Mitarbeiter ihre Fachkenntnisse in den Prozess einbringen. Dies fördert von Beginn an das Vertrauen und die Akzeptanz. Allerdings muss damit auch ein Umdenken in der Verwaltungsspitze einhergehen, da bisher oftmals Prozesse und Vorgehensweisen von oben nach unten (top down) vorgegeben werden.[439]

Dieses Kapitel führt zwar eine Reihe von Problemfeldern auf, derer man sich im Rahmen des Verwaltungs-Controllings bewusst sein muss. Dennoch sollten Verwaltung und Politik davor nicht kapitulieren, sondern vielmehr bestehende Strukturen und Vorgehensweisen hinterfragen, um die Potentiale von Controlling-Aktivitäten in der Verwaltung zu optimieren.

3.3 Entwicklung von wirkungsorientierten Controlling-Konzepten und -Modellen

Ein Controlling-Konzept für die öffentliche Verwaltung muss mehr als nur eine Auswertung des Rechnungswesens beinhalten, um eine Aussage über wirtschaftliches und unwirtschaftliches Handeln zu ermöglichen. Da viele Handlungen auch Effekte beim Gemeinwohl und in der Gesellschaft bewirken, müssen diese Auswirkungen auch in eine Gesamtbeurteilung durch das Controlling mit einfließen.

Daher bleibt festzuhalten, dass wirkungsorientierte Aspekte bei jeder Controlling-Konzeption für die öffentliche Verwaltung Berücksichtigung finden sollten.[440] Dabei ist eine Wirkung ein Zustand, der durch gewisse Tätigkeiten bzw. auf Grund einer Ursache eingetreten ist.[441] Eine nach wie vor noch verbreitete Berücksichtigung der Wirkungsorientierung ist insbesondere in der Verwaltung wichtig, um über die gesellschaftlichen Wirkungen einer Maßnahme Auskunft geben zu können. Die administrativen Organisationseinheiten der Verwaltungsführung (je nach Größe der Organisationseinheit z.B. Leitung von Behörden, Referaten, Abteilungen) sollten sich daher mit der Wirkungsorientierung der

438 Vgl. Buschor (2007), S. 13.
439 Vgl. Reichmann/Langemeyer (2002), S. 266.
440 Vgl. Budäus/Buchholtz (1997), S. 322f.
441 Vgl. Pesch (2005), S. 95 und Reichard (2007), S. 3.

Verwaltungstätigkeiten auseinander setzen.[442] Denn Verwaltungen sollten wie auch alle anderen staatlichen Maßnahmen hinsichtlich der Wirkung beurteilbar sein.[443] Die weiterhin oftmals im Vordergrund stehende Steuerung der Verwaltung nach Input- und Outputgrößen wird daher bemängelt.[444]
Im Rahmen der Diskussion zum Neuen Steuerungsmodell[445] wird daher vorgeschlagen, in einem ersten Schritt einen *verstärkten Fokus auf den Output und die Festlegung von Output-Zielen* zu legen.[446] Wenn diese Umstellung von einer input- auf eine output-orientierte Betrachtung erfolgt, müssen allerdings vorab einige Voraussetzungen erfüllt werden. So müssen nicht nur Ziele festgelegt, sondern diese auch quantifiziert werden. Bei dieser Vorgehensweise und Umsetzung bedarf es Managementfähigkeiten der Führungsebene in der Verwaltung, um den Prozess zu steuern.[447, 448]
Outputgrößen und eine Steuerung nach output-orientierten Zielen ist zwar eine wichtige Betrachtungsgröße, darf aber dennoch nur ein Zwischenschritt hin zu einer *Wirkungsbeurteilung (outcome-orientierte Steuerung)* sein.[449] Am Ende der Verwaltungstätigkeiten sollte immer eine Wirkung stehen und nicht allein der Output.[450] Aus diesem Grund ist die Einführung einer wirkungsorientierten Steuerung in der Verwaltung ebenfalls ein wichtiges Ziel im Rahmen des Neuen Steuerungsmodells.[451]

Sollte dennoch auf ein wirkungsorientiertes Controlling verzichtet werden, kann dies zu ggf. nachteiligen Konsequenzen führen. Beispielsweise könnte so der Fokus allein auf dem Output liegen und die Qualität bzw. Wirkung des Outputs

442 Vgl. Zürcher (1999), S. 14.
443 Vgl. Geier (1994), S. 83.
444 Vgl. Müller (1994), S. 14f. und Brüggemeier (2004a), S. 374.
445 Das sogenannte Neue Steuerungsmodell hat sich zum Ziel gesetzt, die öffentliche Verwaltung zu reformieren, damit die öffentlichen Aufgaben effektiv und effizient umgesetzt werden. Häufig wird in diesem Kontext auch von Good Governance, wirkungsorientierter Verwaltungsführung oder New Public Management gesprochen, wobei sich hinter diesen Begriffen im Kern das gleiche verbirgt, nämlich einen Reformprozess in der öffentlichen Verwaltung anzustoßen, vgl. Brüggemeier (2004b), S. 333; Sander/Langer (2004), S. 88; Blanke (2005), S. XIV; Blanke/Einemann/Palm/Thörmer (2005), S. 119 und Holtkamp (2010), S. 167 ff. Zur Entstehungsgeschichte der Reformbewegungen in der öffentlichen Verwaltung mit Verweis auf weiterführende Literatur sei auf Thom/Ritz (2006), S. 9ff. verwiesen.
446 Vgl. Freudenberg (1997), S. 77f.; Hoffjan (2000), S. 25; Graber (2002), S. 333f. und Nullmeier (2005), S. 431.
447 Vgl. Richter (1988), S. 164f.
448 Zur Notwendigkeit, Ziele zu quantifizieren, sei ebenfalls auf die Erläuterungen in Kapitel 3.2.3 verwiesen.
449 Vgl. Bühler (2002), S. 274f.
450 Vgl. Reichard (2007), S. 6f.
451 Vgl. Brüggemeier (2004a), S. 375.

würde nicht beachtet werden. Dadurch wird die Möglichkeit vernachlässigt, aus der Wirkungsbeurteilung der bisherigen Leistung für zukünftige Leistungen zu lernen.[452]

Im Folgenden werden die zentralen Modelle eines wirkungsorientierten Controllings in der öffentlichen Verwaltung vorgestellt, wobei in diesen Modellen sowohl die Input- als auch Outputgrößen als Vorstufe der Wirkungsgrößen integriert worden sind.

3.3.1 Die Ebenen-Konzepte

3.3.1.1 Das 3-Ebenen-Modell

In dem von BUDÄUS/BUCHHOLTZ entwickelten 3-Ebenen-Modell bzw. 3-Ebenen-Konzept werden aus dem Prozess der Leistungserstellung Ziele für das Controlling abgeleitet. Eine Strukturierung entlang dieses Prozesses ermöglicht eine *Darstellung der öffentlichen Ziele* an sich, der *Input- und Outputgrößen sowie des Outcomes*. Dabei ist es wichtig, dass alle Maßnahmen und Handlungen innerhalb der bestehenden Restriktionen (z.B. Gesetz- und Rechtmäßigkeit des Handelns) vollzogen werden. Durch diese Modellierung sollen die Tätigkeiten der Verwaltung auf drei Ebenen hinsichtlich der Effektivität und Effizienz sowie Kosteneffizienz bewertet werden.[453] Dabei setzen BUDÄUS/BUCHHOLTZ auf dem Ansatz von BUSCHOR auf, der ein Modell mit vier Wirksamkeitsebenen modelliert hat.[454]

Grundsätzlich muss sich jedes Handeln der Verwaltung am Gemeinwohl und der Wirtschaftlichkeit und Sparsamkeit orientieren.[455] Ein *Beitrag zum Gemeinwohl* steht somit im Fokus jedes staatlichen Handelns. Was unter dem Gemeinwohl zu verstehen ist, ist allerdings nicht allgemeingültig geregelt. Vielmehr muss dies im Kontext jeder einzelnen operationalisierten Zielsetzung bestimmt werden. Um einen Beitrag zum Gemeinwohl bewerten zu können, muss der Beitrag messbar sein. Es ist jedoch schwierig, anhand einer Messgröße (z.B. Kennzahl) einen Beitrag zum Gemeinwohl festzumachen. Auch bei mehreren Messgrößen in Kombination stellt sich die Frage, ob ein Beitrag zum Gemeinwohl eindeutig

452 Vgl. Brüggemeier (2004a), S. 379-381.

453 Vgl. Budäus/Buchholtz (1997), S. 322.

454 Vgl. Buschor (1993b), S. 237-239 mit Verweis auf weiterführende Literatur zur Herleitung der vier Wirksamkeitsebenen (Effektivität, Effizienz, Wirtschaftlichkeit und Ordnungsmäßigkeit) in seiner Fußnote 52.

455 Vgl. zur Wirtschaftlichkeit und Sparsamkeit im Handeln öffentlicher Verwaltungen Kapitel 2.4.1.

durch ein spezielles Verwaltungshandeln messbar ist.[456] Ob gerade die speziell betrachtete Handlung bzw. Maßnahme oder außerhalb der Verwaltung liegende Einflüsse die Messgröße beeinflusst haben, lässt sich nur schwer mit abschließender Sicherheit nachweisen.[457]

Betrachtet man nochmals den Aspekt, dass sich die Handlungen der öffentlichen Verwaltung nach der *Wirtschaftlichkeit* zu richten haben, gilt es zwei Prinzipien zu unterscheiden, um Wirtschaftlichkeit herzustellen.
Nach dem *Maximalprinzip* muss mit gegebenen Mitteln versucht werden, das beste Ergebnis (z.B. Output) zu erreichen. Dieses Prinzip kommt insbesondere dort zum Tragen, wo die für die Zielerreichung zur Verfügung stehenden finanziellen Mittel noch nicht final festgelegt sind (z.B. der Haushalt befindet sich noch in der Planung bzw. die Einnahmen, die der Ausgabe zu Grunde liegen sollen, sind bisher nur Prognosewerte). Hier kann versucht werden, so viele Aufgaben wie möglich zu bündeln, die für die Zielerreichung notwendig sind. Diese Aufgaben müssen dann mit dem in der Haushaltsplanung zugewiesenen Wert erfüllt werden.
Wenn wiederum die zu erbringenden Leistungen definiert ist, greift das *Minimumprinzip*. Dieses besagt, dass die zu erbringenden Leistungen mit dem minimal notwendigen Einsatz (Ressourcen) erfüllt werden müssen. Ob bei dieser Vorgehensweise, die durchaus wirtschaftlich sein kann, die gewünschten Ziele tatsächlich erreicht werden oder nicht, kann nicht allein auf Basis der Wirtschaftlichkeit bewertet werden. Es muss die Wirksamkeit der einzelnen Leistungen Berücksichtigung finden, wenn man die Zielerreichung beurteilen können möchte.[458]

BUDÄUS/BUCHHOLTZ integrieren die dargestellten Aspekte von Wirtschaftlichkeit und Gemeinwohl in das 3-Ebenen-Modell. In diesem konzeptionellen Bezugsrahmen werden sowohl der „auf das Gemeinwohl gerichtete Zielbezug der Wirtschaftlichkeit als auch die Wirkungen des Verwaltungshandelns auf Bürger und Gesellschaft berücksichtigt".[459] BUDÄUS/BUCHHOLTZ beschreiben aber weiter auch die Problematik, alle Wirkungen einer Handlung messen zu können, da oftmals mit einer Handlung nicht nur eine Wirkung auf das zu erreichende Ziel eintritt, sondern damit auch Nebenwirkungen (positiver und negativer Natur) einhergehen. Hier stellt sich die Schwierigkeit, diese Nebenwirkungen abschließend zu identifizieren und anschließend die Wirkung messen zu können.[460]

---

456 Vgl. Budäus/Buchholtz (1997), S. 323-325.
457 Vgl. Brüggemeier (2004a), S. 376 und Thomas (2007), S. 6 am Beispiel der Wirtschaftsförderung.
458 Vgl. Budäus/Buchholtz (1997), S. 325.
459 Budäus/Buchholtz (1997), S. 326.
460 Vgl. Budäus/Buchholtz (1997), S. 326.

Bei der Integration von Wirtschaftlichkeit und Wirkungen in einen konzeptionellen Rahmen setzen BUDÄUS/BUCHHOLTZ auf folgende, bestehende Ansätze bei der politischen Erfolgskontrolle auf: Programmevaluation, externe Auditierung und Performance Measurement.[461]

Diese Ansätze der politischen Erfolgskontrolle haben BUDÄUS/BUCHHOLTZ einer Querschnittsanalyse unterzogen und auf einem hohen Abstraktionsniveau folgende Elemente für das 3-Ebenen-Modell extrahiert: Ziele, Inputs, Prozess, Outputs und Outcomes. Dieses hohe Abstraktionsniveau bietet zum einen die Möglichkeit, mit dem 3-Ebenen Modell eine Vielzahl Prozesse einer öffentlichen Verwaltung darstellen zu können. Zum anderen kann somit auch ein Referenzmodell für weitere Entwicklungen geschaffen werden.[462]

Die Festlegung auf ein *Ziel* steht in diesem Modell zu Beginn an. Damit wird nicht nur die Art der durchzuführenden Leistung bestimmt, sondern auch die Voraussetzung für eine spätere Erfolgskontrolle der erbrachten Leistung der öffentlichen Verwaltung geschaffen. Auf Grundlage des Ziels kann eine Ermittlung der Effektivität vorgenommen werden. Daher kommt der Zielbestimmung für das Handeln der Verwaltung eine hohe Bedeutung zu.[463, 464]

Damit das gesetzte Ziel auch erreicht werden kann, müssen Kapazitäten geschaffen und Ressourcen bereitgestellt werden. Dabei handelt es sich einerseits um nicht-finanzielle Ressourcen wie Personalkapazitäten und Sachmittel. Andererseits muss aber vor allem das für den Prozess und der Leistung zur Verfügung stehende finanzielle Volumen definiert werden. Die bereitgestellten Kapazitäten und Ressourcen werden im *Input* für den Prozess der zu erbringenden Leistung zusammengeführt.[465]

Durch Inanspruchnahme und Zusammenführung der Inputs wird der *Prozess* durchgeführt und die Leistung erstellt. Dabei muss der Prozess der Leistungserstellung differenziert betrachtet werden. Zum einen kann es sich um eine Leistung handeln, die die öffentliche Verwaltung aus den Inputs selbst erstellen kann. Zum anderen gibt es auch Leistungen, die erst durch Einbringung des

---

461 Vgl. Budäus/Buchholtz (1997), S. 326-328 insbesondere mit Verweisen auf konzeptionelle Modelle zu den Ansätzen Programmevaluation, externe Auditierung und Performance Measurement.

462 Vgl. Budäus/Buchholtz (1997), S. 327.

463 Vgl. Budäus/Buchholtz (1997), S. 328.

464 Vgl. zur grundsätzlichen Notwendigkeit von Zielen als Basis für eine Erfolgskontrolle in der öffentlich Verwaltung Kapitel 3.2.3.

465 Vgl. Budäus/Buchholtz (1997), S. 328f und Nullmeier (2005), S. 431.

Leistungsempfängers in den Prozess als final erstellt gelten.[466] Diese Differenzierung kann an folgendem Beispiel deutlich gemacht werden: Die öffentliche Verwaltung kann durch eigene Ressourcen eine Kindertagesstätte bauen lassen, wodurch die Leistung „Bau einer Kindertagesstätte" erfüllt wird. Sollen in der Kindertagesstätte auch Kinder betreut werden und ist Leistung als „Betreuung von Kindern in einer Kindertagesstätte" definiert, muss der externe Leistungsempfänger (hier: Eltern, Familien) zunächst das Kind in der Leistungserstellungsprozess einbringen, bevor die Leistung final erbracht und der Prozess beendet werden kann.

In dem gleichen Differenzierungsgrad wie beim Prozess kann der *Output* betrachtet werden (Bau einer Kindertagesstätte und damit Bereitstellung der Betreuungsplätze vs. Betreuung von Kindern).[467] Weitere Beispiele für einen Output sind Genehmigungen und Beratungsfälle. Grundsätzlich ist somit der Output das Resultat der Leistungserstellung.[468] Dieser wird in der öffentlichen Verwaltung überwiegend als eine Mengengröße definiert. Ein Transfer in eine monetär bewertete Leistung ist überwiegend nicht möglich, da für die erbrachten Leistungen keine Marktpreise existieren, an denen man sich bei einer solchen Bewertung orientieren müsste.[469]

Mit Hilfe des *Outcomes* kann die Wirkung der Leistung beim Bürger oder in der Gesellschaft beurteilt werden. Dadurch lässt sich beispielsweise die Erfüllung von politischen Zielen messen.[470]

Um die Leistungserstellung der öffentlichen Verwaltung einer Bewertung zu unterziehen, müssen geeignete Maßstäbe herangezogen werden. Dies sind in diesem Modell die Effektivität und die Effizienz.[471]

In dem Kontext des 3-Ebenen-Modells ist die *Effektivität* als Verhältnis von Outcome zu Zielen zu verstehen. Dadurch soll die zielorientierte Wirkung ermittelt werden, die die Verwaltung durch die Erstellung der Leistung erbracht hat. An dieser Stelle wird nochmals deutlich, dass eine Berechnung der Effektivität nur möglich ist, wenn Ziele messbar und operationalisiert sind, da nur dann die Zielvorgabe mit der Zielerreichung durch eine Berechnung des Zielerreichungsgrades mathematisch bestimmt werden kann. Eine Messung der Wirkung auf

466 Vgl. Budäus/Buchholtz (1997), S. 329.
467 Vgl. Budäus/Buchholtz (1997), S. 329.
468 Vgl. Bauer/Mösenbacher (2006), S. 4.
469 Vgl. Budäus/Buchholtz (1997), S. 329.
470 Vgl. Budäus/Buchholtz (1997), S. 329; Budäus (2002a), S. 209 und Bauer/Mösenbacher (2006), S. 4.
471 Vgl. Budäus/Buchholtz (1997), S. 329.

Basis vager und abstrakter Ziele ist nicht möglich. In diesen Fällen können lediglich Indikatoren erarbeitet werden, die eine Tendenz aufzeigen, ob die gewünschte Wirkung erreicht worden sein könnte. Dabei kommt der Auswahl der richtigen und aussagekräftigen Indikatoren eine hohe Bedeutung zu. Da es oftmals an der operationalisierten Zielvorgabe mangelt, schlagen BUDÄUS/BUCHHOLTZ als alternative Kennzahlen zur Bewertung der Wirkung die Kosteneffektivität (Verhältnis von Input zu Outcome) und Outputeffektivität (Verhältnis von Output zu Outcome) vor.[472]

Als *Effizienz* hingegen wird das Verhältnis von Input- zu Outputgrößen definiert. Dieses Verhältnis ermöglicht zwar keine Beurteilung der Zielerreichung. Vielmehr liegt die Aussagekraft bei der Effizienzbeurteilung auf der Wirtschaftlichkeit der durchgeführten Leistung. Dabei müssen die oben zu Input und Output beschriebenen Besonderheiten Berücksichtigung finden. Der Input kann durch monetäre Werte zum Ausdruck gebracht werden. Dies ist beim Output für klassische Leistungen der öffentlichen Verwaltung nicht möglich. Daher ist eine Effizienzkennzahl zur Bewertung der Wirtschaftlichkeit für die öffentliche Verwaltung ein Verhältnis aus zwei ungleichartigen Größen, nämlich ein monetärer Betrag in Bezug zu einer Mengengröße.[473] Obwohl die Aussagekraft einer Effizienzkennzahl wie beschrieben nicht notwendig eindeutig ist, lässt sie zumindest durch Interpretation und Vergleichen mit ähnlich gelagerten Kennzahlen im Zeitablauf oder aber Kennzahlen anderer Organisationseinheiten eine Aussage zu. Daher sollten Effizienzkennzahlen in jedem Fall Berücksichtigung finden.

Eine weitere Größe zur Effizienzbeurteilung ist die *Kosteneffizienz*. Hier werden die für den Prozess tatsächlich angefallenen Kosten (Istkosten) den für den Prozess vorgesehenen Kosten (Sollkosten) gegenübergestellt. Dadurch können mögliche Abweichungen beim Mittel- und Ressourceneinsatz identifiziert werden.[474]

Das 3-Ebenen-Modell von BUDÄUS/BUCHHOLTZ wird in der nachfolgenden Abbildung dargestellt.

---

472 Vgl. Budäus/Buchholtz (1997), S. 330f.
473 Vgl. Budäus/Buchholtz (1997), S. 330.
474 Vgl. Budäus/Buchholtz (1997), S. 330.

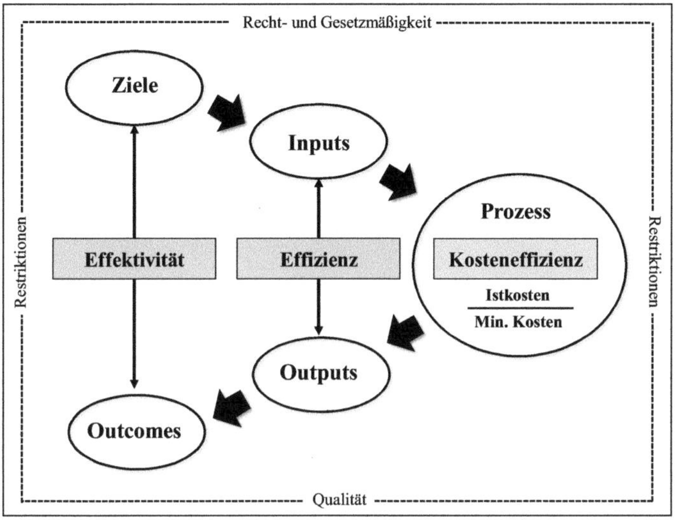

Abbildung 19: Das 3-Ebenen-Modell[475]

Einfluss auf das soeben erläuterte 3-Ebenen-Modell haben die Rahmenbedingungen Recht- und Gesetzmäßigkeit einerseits und Qualität andererseits.

Der Aspekt der *Qualität* der Leistung stellt laut BUDÄUS/BUCHHOLTZ eine zentrale Rahmenbedingung dar, die in anderen Ansätzen zu wenig Berücksichtigung gefunden habe. Die Qualität des geleisteten Outputs muss in die Betrachtung mit einbezogen werden, da andernfalls die Aussagekraft über die Effizienzgrößen nicht uneingeschränkt gegeben ist. Bei Nichtbeachtung des Qualitätsaspektes kann die Erreichung der Effizienzziele und insbesondere die Kosteneffizienz zu Lasten der Qualität erfolgen. Daher müssen als Rahmenbedingungen vorab Qualitätsstandards für den Output definiert werden.[476]

Die Vorgabe der *Recht- und Gesetzmäßigkeit* bildet eine abschließende Restriktion des Verwaltungshandels, da sich Verwaltungen immer nach diesem Ordnungsrahmen richten müssen und keinen Handlungen vornehmen dürfen, die den rechtlichen und gesetzlichen Grundlagen wiedersprechen.[477, 478]

---

475 Entnommen aus Budäus/Buchholtz (1997), S. 332.
476 Vgl. Budäus/Buchholtz (1997), S. 330f.
477 Vgl. Budäus/Buchholtz (1997), S. 331f.
478 Vgl. dazu und insbesondere zum Gleichheitsgrundsatz Kapitel 2.1.2 und 2.4.2.2.

3.3.1.2 Das 5-Ebenen-Modell

Aufbauend auf dem 3-Ebenen-Modell[479] von BUDÄUS/BUCHHOLTZ wurde von BUSCHOR das 5-Ebenen-Modell bzw. 5-Ebenen-Konzept[480] entwickelt. Dieses Führungsmodell wurde im Rahmen der Bestrebungen der Verwaltungsmodernisierung in der Schweiz für den Kanton Zürich erarbeitet.[481] Dabei liegt der Fokus auf der wirkungsorientierten Steuerung der Verwaltung. Um die staatlichen Aufgaben in dem Verhältnis Politik, Verwaltung und Gesellschaft zeitgemäß umsetzen zu können, muss eine Verwaltung mehr als nur gesetzeskonform handeln, nämlich kunden-, leistungs-, wirkungs- und wettbewerbsorientiert. Durch diese Vorgehensweise wird betriebswirtschaftliches Denken in die Verwaltungstätigkeiten integriert.[482]

Diesen Zusammenhang bringt das 5-Ebenen-Modell zum Ausdruck und ordnet folgende fünf Fragestellungen, die zu jedem staatlichen Programm gestellt und beantwortet werden müssen, den einzelnen Ebenen eins bis fünf zu:

- Wer tut was? *(Ebene 1)*
- Wozu tut er/sie das? *(Ebene 2)*
- Was leistet er/sie, um das „Wozu“ zu erreichen? *(Ebene 3)*
- Wie setzt er/sie die Ressourcen ein? *(Ebene 4)*
- Wie viele Mittel werden ihm/ihr zur Verfügung gestellt? *(Ebene 5)*[483]

Das 5-Ebenen-Modell ist als Kreislauf zu verstehen, wobei auf der einen Seite des Modells die Sollwerte den Istwerten auf der anderen Seite gegenüber gestellt werden (in der späteren Abbildung wird also die linke Seite mit der rechten in Bezug gesetzt). So kann die Zielerreichung der jeweiligen Ebene direkt beurteilt werden. Darüber hinaus ordnet BUSCHOR einzelne betriebswirtschaftliche Instrumente den verschiedenen Ebenen zu, deren Einsatz er zur Steuerung der Ziele empfiehlt.[484]

Folgende Abbildung visualisiert das 5-Ebenen-Modell nach BUSCHOR und stellt die Zusammenhänge dar.

---

479 Vgl. Kapitel 3.3.1.1.
480 Vgl. Buschor (2002), S. 65f.
481 Vgl. Buschor (2002), S. 62 und 65.
482 Vgl. Gemeindeamt des Kantons Zürich (2003), S. 6f.
483 Vgl. Buschor (2002), S. 65.
484 Vgl. Buschor (2002), S. 65f.

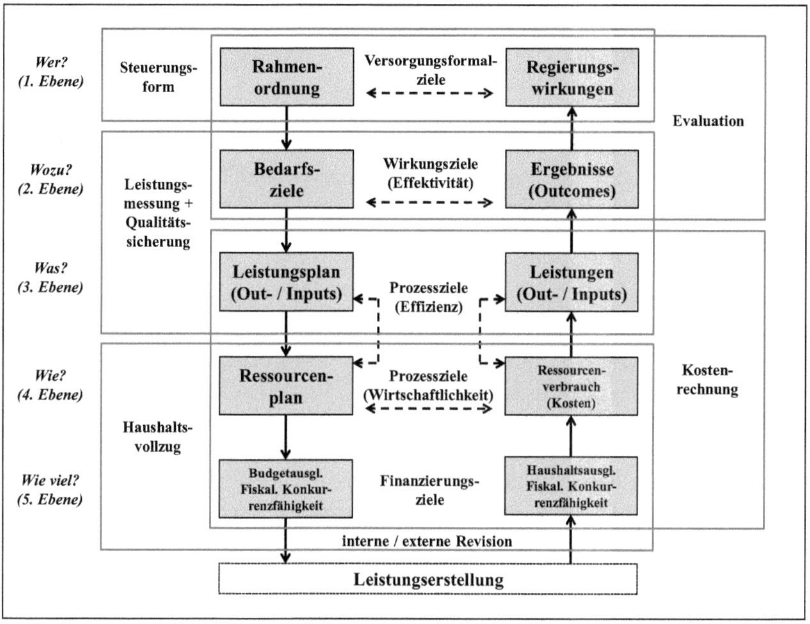

Abbildung 20: Das 5-Ebenen-Modell[485]

Auf der *ersten Ebene* des Modells muss die Frage beantwortet werden, welche staatliche Institution und wer innerhalb dieser staatlichen Institution eine Aufgabe wahrnehmen soll. Dies bildet die Rahmenordnung des Modells. Im Anschluss daran müssen auf der *zweiten Ebene* die Bedarfs- und Wirkungsziele durchdacht und vereinbart werden. Die Erreichung dieser Ziele wird durch die Effektivität der staatlichen Maßnahme beurteilt. Die Effizienz und Wirtschaftlichkeit werden auf den *Ebenen drei und vier* gemessen, indem die geplante Leistung und der dafür geplante Ressourceneinsatz mit den tatsächlich erbrachten Leistungen und dem dafür benötigten Ressourceneinsatz gegenüber gestellt werden. Die *fünfte Ebene* stellt die monetären Finanzierungsgrößen der Soll- und Istseite gegenüber.[486]

[485] Entnommen aus Buschor (2002), S. 66.
[486] Vgl. Buschor (2002), S. 66.

3.3.2 Das Ziel- und Ergebnisebenen-Modell der öffentlichen Leistungserstellung

MOSIEK ET AL. setzen mit dem Ziel- und Ergebnisebenen-Modell der öffentlichen Leistungserstellung sowohl auf dem 3-Ebenen-Modell[487] nach BUDÄUS/BUCHHOLTZ als auch auf dem 5-Ebenen-Modell[488] nach BUSCHOR auf. Dieses Modell wurde im Rahmen eines Projektes der Bezirksregierung Münster in Kooperation mit der BMS Consulting GmbH entwickelt.[489]

Ausgangspunkt für die Entwicklung des Ziel- und Ergebnisebenen-Modells der öffentlichen Leistungserstellung war, dass Leistungen der öffentlichen Verwaltung erhebliche Ressourcen binden. Dieser Ressourceneinsatz bzw. -verbrauch und das, was damit für die Gesellschaft – die vergleichbar zu der Privatwirtschaft als Kunde der Verwaltung angesehen werden muss – erreicht werden sollte, muss in einer dokumentierten Form zur Verfügung gestellt werden. Dies ist nicht nur vor dem Hintergrund der Akzeptanz der Leistungen öffentlicher Verwaltungen von Bedeutung, sondern dient vielmehr auch der Legitimation der öffentlichen Verwaltung. Daher müssen nicht nur Aussagen über die bereitgestellten Leistungen vermittelt werden. Die besondere Herausforderung besteht vielmehr darin, auch Auskunft über die Wirtschaftlichkeit, aber vor allem die Wirksamkeit der jeweiligen Handlung geben zu können. Dies stellt eine Aufgabe des Verwaltungscontrollings dar.[490] Das Verwaltungscontrolling muss somit Transparenz schaffen, Aussagen über die Effektivität, Effizienz und Wirtschaftlichkeit liefern und aus den festgestellten Ergebnissen Handlungsmöglichkeiten und notwendige Maßnahmen aufzeigen.[491] Durch dieses Verständnis der Führungsunterstützung des Controllings werden Verwaltung und Politik mit allen notwendigen Informationen versorgt, um die Verwaltung wirkungsorientiert führen und steuern zu können.[492]

Bevor auf die einzelnen Ebenen des Ziel- und Ergebnisebenen-Modells der öffentlichen Leistungserstellung nach MOSIEK ET AL. im Detail eingegangen wird,

---

487 Vgl. Kapitel 3.3.1.1.

488 Vgl. Kapitel 3.3.1.2.

489 Vgl. Mosiek et al. (2003), S. 27. Die in dem Projekt entwickelte Controlling-Konzeption für die Bezirksregierung Münster und die Versorgungsverwaltung NRW bewertet den wirkungsorientierten Vollzug des Bundeserziehungsgeldgesetzes. Vgl. zur Darstellung des Projektes Mosiek et al. (2003), S. 30-35 und Mosiek/Gerhardt (2003), S. 288-294. Eine weitere Anwendung fand das Modell bei der ergebnis- und wirkungsorientierten Steuerung der amtlichen Lebensmitteluntersuchung des Chemischen Landes- und Staatlichen Veterinäruntersuchungsamtes Münster, vgl. Mosiek/Preuß (2004), S. 152-157.

490 Vgl. Mosiek et al. (2003), S. 28.

491 Vgl. Pook/Fischer (2002), S. 46.

492 Vgl. Berens/Mosiek/Röhrig/Gerhardt (2004), S. 329.

soll der Modellaufbau in nachfolgender Abbildung dargestellt werden. Hier werden die „Ziel- und Ergebnisebenen öffentlicher Leistungserstellung unter Berücksichtigung wirkungsorientierter politischer Zielvorgaben“ zusammengeführt und aufgezeigt, „wie Steuerungskreise von Verwaltung und Politik ineinander übergehen“.[493] Durch diese prozessorientierte Gestaltung wird die Ganzheitlichkeit dieses Modells zum Ausdruck gebracht.[494]

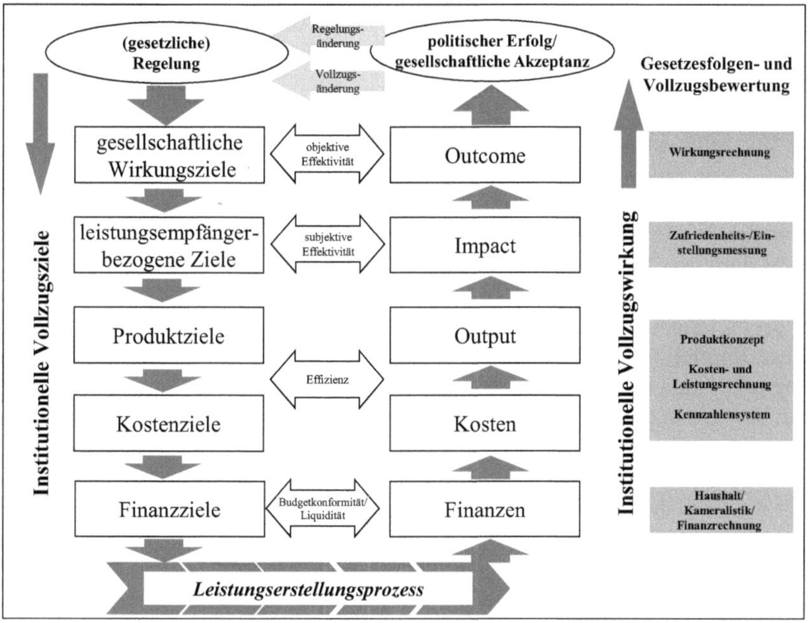

Abbildung 21: Ziel- und Ergebnisebenen der öffentlichen Leistungserstellung[495]

Die erste Ebene der *Finanzen und Finanzziele* setzt an der kameralen Haushaltsführung an, die noch in einigen Verwaltungsbehörden verbreitet ist. Bei dieser rein input-orientierten Steuerung werden die im Haushalt zugewiesenen Mittel verteilt und im Nachgang den verwendeten Mitteln gegenüber gestellt.

Bei den Verwaltungsbehörden, die bereits auf ein kaufmännisches Rechnungswesen und/oder Kostenrechnungssysteme umgestellt haben, kann auf der zweiten Modellebene die *Kosteneffizienz* beurteilt werden. Diese Vorgehensweise

493 Berens/Mosiek/Röhrig/Gerhardt (2004), S. 330.
494 Vgl. Berens/Mosiek/Röhrig/Gerhardt (2004), S. 331.
495 Entnommen aus Mosiek et al. (2003), S. 29.

erlaubt es im Vergleich zu der kameralen Haushaltsführung, Leistungen zu bewerten.[496]

Voraussetzung für eine *output-orientierte Steuerung* ist das Vorliegen einer abgrenzbaren Leistung einer Verwaltung, die auch als Produkt der Verwaltung bezeichnet wird.[497] Sind Produkte definiert und liegen in einer Verwaltung Kosten und Kostenziele vor, kann die Steuerung nach Kostengrößen mit der outputorientierten Steuerung der Leistungsgrößen hinsichtlich der Gesamtbeurteilung der Effizienz verbunden werden. Grundlage für diese Effizienz-Beurteilung ist, dass über quantitative und qualitative Kennzahlen die erbrachte Leistung in Verbindung mit den Kosten bewertet werden kann.[498]

Im Vergleich zu den bisher vorgestellten Modellen trennen MOSIEK ET AL. den *Impact* vom *Outcome* und differenzieren somit zwischen subjektiver und objektiver Effektivität. Es wird damit zum einen zum Ausdruck gebracht, dass zwischen beiden Ergebnissen bei der Beurteilung (subjektive vs. objektive Effektivität) durchaus Unterschiede vorliegen können.[499] Zum anderen kommt bei dieser differenzierten Analyse dem Impact als Ausweis der Wirkung beim Leistungsempfänger, z.B. in Form von Zufriedenheit, eine besondere Bedeutung zu. Diese Beurteilung der subjektiven Effektivität darf in der öffentlichen Verwaltung allerdings nur als Zwischenziel verfolgt werden, da der letztendliche Maßstab die gesamtgesellschaftliche Wirkung in Form der objektiven Effektivität darstellen muss.[500]

Der Rahmen des Modells wird durch das staatliche Regelwerk – v.a. in Form von Gesetzen – gebildet.[501]

Durch die Bewertung der Effizienz und Effektivität staatlichen Handelns kann sowohl die Akzeptanz in der Gesellschaft als auch der Gesamterfolg staatlichen Handelns aufgezeigt werden. Sollte bei dieser Erfolgsbeurteilung eine Abweichung zu den geplanten Größen festgestellt werden, können *Änderungen am Vollzug der staatlichen Aufgaben oder Änderungen am staatlichen Regelwerk* als geänderte Rahmenbedingungen den Leistungserstellungsprozess beeinflussen.[502] Durch diesen Modellrahmen wird nochmals die bereits erwähnte Ganz-

---

496 Vgl. Mosiek et al. (2003), S. 28.
497 Vgl. Heiß (2000), S. 182 und Mosiek et al. (2003), S. 28.
498 Vgl. Mosiek et al. (2003), S. 28.
499 Vgl. Berens/Mosiek/Röhrig/Gerhardt (2004), S. 330f.
500 Vgl. Mosiek et al. (2003), S. 28f.
501 Vgl. Abbildung aus Mosiek et al. (2003), S. 29.
502 Vgl. Abbildung aus Mosiek et al. (2003), S. 29.

heitlichkeit des Modells unterstrichen und aufgezeigt, wie Verwaltung und Politik ineinander greifen und welcher Instrumentarien sich bedient werden kann.[503]

3.3.3 Das Erweiterte Ziel- und Ergebnisebenen-Modell öffentlicher Leistungserstellung

RÖHRIG modifiziert mit seinem sogenannten Erweiterten Ziel- und Ergebnisebenen-Modell der öffentlichen Leistungserstellung das Modell von MOSIEK ET AL. Er beschreibt es als ein Modell, das dem Idealbild eines integrierten Bezugsrahmens am Nächsten kommt.[504] Das Optimierungspotential an dem Modell von MOSIEK ET AL. sieht RÖHRIG in seinem Erweiterten Ziel- und Ergebnisebenen-Modell aber darin, dass er *ganzheitliche Qualitätsdimensionen in das Modell integriert.*[505, 506] „Das Zusammenführen umfassender Aspekte des zugrunde liegenden Qualitätsmanagementverständnisses für das politisch-administrative System mit der prozessorientierten Sichtweise bisheriger Controlling-Modelle verdeutlicht den Anspruch zur Schaffung eines integrierten Bezugsrahmens".[507]

Darüber hinaus differenziert RÖHRIG in dem Prozess der Leistungserstellung den Input aus. Er unterscheidet bei den Inputfaktoren zwischen internen und externen Ressourcen und bindet die Wertkette in sein Modell ein.[508, 509]

Auf der Ebene des Impacts nimmt Röhrig eine Einschränkung vor und reduziert damit die Bedeutung vorangegangener Modelle. Er begründet die Einschränkung damit, dass leistungsempfängerbezogene Ziele nicht durchgängig als sinnvoll einzustufen sind.[510]

Als abschließende Erweiterung werden zusätzliche Controlling-Instrumente in das Ziel- und Ergebnisebenen-Modell der öffentlichen Leistungserstellung integriert. So fügt er auf der Ebene des Leistungserstellungsprozesses die Instrumente des Leistungsvergleiches und des Benchmarkings ein. Auf der Ebene zur Bewertung der Wirkung – konkreter des Outcomes – empfiehlt er die Berücksichtigung der Evaluation und der Indikatorenrechnung. Mit zuerst genanntem Instrumentarium sollen gesellschaftliche Wirkungen, aber auch Wirkungen der

---

503 Vgl. Erläuterungen im Text zu Fußnote 493 und Fußnote 494.
504 Vgl. Röhrig (2008), S. 106.
505 Vgl. Röhrig (2008), S. 106
506 Den Qualitätsbegriff im politisch-administrativen System erläutert RÖHRIG in seinem Kapitel 4.2, vgl. Röhrig (2008), S. 80ff., auch mit Verweis auf weiterführende Literatur.
507 Röhrig (2008), S. 107.
508 Zu Erläuterung der Wertkette sei auf Porter (1999), S. 66 ff. verwiesen.
509 Vgl. Röhrig (2008), S. 108.
510 Vgl. Röhrig (2008), S. 108f.

Gesetzgebung, durch eine sogenannte Institutionen-Evaluation, beurteilt werden. Letzteres Instrument dient zur Ermittlung von Wirkungszusammenhängen.[511]

Ergänzend wird im Modellrahmen von RÖHRIG der Entwicklung im öffentlichen Rechnungswesen beim Wechsel von der Kameralistik hin zu ressourcenorientierten Verfahren (Doppik) Rechnung getragen, indem er Bewertungskriterien aus der *Kosten- und Leistungsrechnung* mit in das Modell einbindet.[512] Der Umstellung der ursprünglich kameralistischen Haushaltsführung auf die Kosten-Leistungsrechnung kommt in dem Verwaltungsmodernisierungsprozess (sogenanntes Neues Steuerungsmodell) eine besondere Bedeutung zu. Diese soll die kameralistische Haushaltsführung in den öffentlichen Verwaltungen ersetzen.[513] Die kamerale Haushaltsführung als ein reines Geldverbrauchskonzept kann nicht die notwendigen Informationen liefern, die für Entscheidungen notwendig sind.[514] Dies liegt daran, dass nur eine Einzahlung oder Auszahlung erfasst wird und somit keine verbundene Strom- und Bestandsrechnung möglich ist.[515] Daher besteht auch für den Erfolg des Controllings in der öffentlichen Verwaltung die Notwendigkeit einer Abkehr von der kameralen Denkweise.[516] Mit Hilfe der Kosten-Leistungsrechnung kann für die erzeugte Leistung der tatsächliche und periodisierte Ressourcenverbrauch ermittelt werden. Darüber hinaus werden nicht-zahlungswirksame Kostenblöcke identifiziert (z.B. Rückstellungen für Pensionen).[517] Damit alle Kosten, aber auch Erlöse verantwortungsgerecht zugeordnet werden können, bedarf es eines produktorientierten Haushaltes. Dabei muss jedes Produkt eine Leistung bzw. Aufgabe der Verwaltung trennscharf abbilden.[518] Somit sollten Produkte so definiert werden, dass sie mit einem Kostenträger oder einer Kostenstelle übereinstimmen, um Kosten und Leistungen direkt zuordnen zu können.[519]

---

511 Vgl. Röhrig (2008), S. 108f.

512 Vgl. Röhrig (2008), S. 108f. Zu tiefergehenden Erläuterungen sei auf das gesamte Kapitel 5.2 aus Röhrig (2008) verwiesen.

513 Vgl. Kiesel (2005), S. 31.

514 Vgl. Budäus (2002b), S. 389 und Mundhenke (2007), S. 233.

515 Vgl. Eichhorn (1993), S. 108.

516 Vgl. Köditz (2004), S. 387.

517 Vgl. Pesendorfer (2007), S. 139.

518 Vgl. Sander/Langer (2004), S. 93.

519 Vgl. Nau/Wallner (1999), S. 41.

3.3.4 Bewertung der vorgestellten Modelle

In den vorangegangenen Kapiteln wurden vier Modelle zur Ermöglichung eines wirkungsorientierten Controllings erläutert. Dabei bildete die Ausgangsbasis das 3-Ebenen-Modell von BUDÄUS/BUCHHOLTZ. Auf diesem Ansatz baut das 5-Ebenen-Modell von BUSCHOR auf. Er erweitert den Ansatz von BUDÄUS/BUCHHOLTZ zur Beurteilung der Leistung der Verwaltung um zwei weitere Perspektiven, indem er die Ebene der Rahmenordnung einführt und zwischen der Kosten- und Finanzebene differenziert.[520] Darüber hinaus betont BUSCHOR den Kreislaufcharakter des Modells.

MOSIEK ET AL. greifen mit dem Ziel- und Ergebnisebenen-Modell der öffentlichen Leistungserstellung die Ansätze von BUDÄUS/BUCHHOLTZ und BUSCHOR auf und entwickeln diese Modelle weiter. Dabei stellen sie insbesondere durch die prozessorientierte Gestaltung zur Zusammenführung der Tätigkeiten und Aufgaben von Politik und Verwaltung die Ganzheitlichkeit des Modells in den Vordergrund. Als weitere Modifizierung differenzieren MOSIEK ET AL. auf der Wirkungsebene zwischen der subjektiven Wirkung, dem Impact, und der objektiven Wirkung, dem Outcome.

RÖHRIG greift mit seinem Erweiterten Ziel- und Ergebnisebenen-Modell der öffentlichen Leistungserstellung das Modell von MOSIEK ET AL. auf. Er fügt zunächst unterschiedliche Qualitätsdimensionen ein und differenziert ferner auf der Ebene der Leistungserstellung die Inputfaktoren in externe und interne Faktoren aus. Des Weiteren fügt er den jeweiligen Ebenen weitere geeignete betriebswissenschaftliche Instrumente zu.[521]
Für den weiteren Verlauf der Arbeit soll grundsätzlich das Modell von MOSIEK ET AL. als geeignete Bezugsgröße zur Ermöglichung eines wirkungsorientierten Förderprogramm-Controllings herangezogen werden. Dieses Modell wird als das geeignetste Modell angesehen, da hier sowohl die prozessorientierte Ganzheitlichkeit des Modells im Vordergrund steht als auch die einzelnen Ebenen gut differenziert betrachtet werden. Aus dem Modell von RÖHRIG sollen bei Bedarf die geeigneten Instrumente aufgegriffen werden.[522]

---

[520] Vgl. Pieper (2009), S. 72.

[521] Zur detaillierten Erläuterung der jeweiligen Modelle sei auf die vorangegangenen Kapitel verwiesen: 3-Ebenen-Modell von BUDÄUS/BUCHHOLTZ (Kapitel 3.3.1.1); 5-Ebenen-Modell von BUSCHOR (Kapitel 3.3.1.2); Ziel- und Ergebnisebenen-Modell der öffentlichen Leistungserstellung von MOSIEK ET AL. (Kapitel 3.3.2); Erweitertes Ziel- und Ergebnisebenen-Modell der öffentlichen Leistungserstellung von RÖHRIG (Kapitel 3.3.3).

[522] Hinsichtlich der grundsätzlichen Modellbewertung wird sich den Ausführungen von Pieper (2009), S. 79f. angeschlossen.

Da in allen Modellen eine Output- und Outcome-Ebene enthalten ist, stellt die nachfolgende Tabelle modellübergreifend die wichtigsten beschriebenen Unterschiede zwischen einer output- und outcome-orientierten Steuerung zusammen. Mit Hilfe dieser Abgrenzungskriterien sollen die zentralen Differenzierungsmerkmale bewusst hervorgehoben werden, damit diese bei einem Übergang von einer output- zur outcome-orientierten Steuerung besondere Beachtung finden.

Kriterium	Outputorientierung	Outcomeorientierung
Betonung auf…	Effizienz	Effektivität
Zeithorizont	kurzfristig	langfristig
Zuordnung von Ressourcen zu Outputs/ Outcomes ist…	relativ gut möglich (mit KLR)	schwieriger (Ursache-Wirkungszusammenhang)
Steuerung ist…	recht gut möglich, da Einflussmöglichkeiten auf Outputs groß sind	teilweise nur bedingt möglich, da externe Einflüsse eine zentrale Rolle spielen
Der politische Entscheidungsprozess…	wird nur mittelbar unterstützt	wird direkt unterstützt

Tabelle 5: Output- vs. Outcomeorientierung[523]

3.3.5 Integration des wirkungsorientierten Controllings in den Fördermanagementprozess

Einem wirkungsorientierten Controlling im Bereich der Förderprogramme ist eine hohe Bedeutung beizumessen, da sowohl die Effektivität als auch die Effizienz bei der Umsetzung von Förderprogrammen laufend einer Überprüfung unterzogen werden sollten.[524]

Daher soll das Ziel- und Ergebnisebenen-Modell der öffentlichen Leistungserstellung von Mosiek et al. mit dem Fördermanagementprozess[525] zusammengeführt werden, um zur Systematisierung aufzuzeigen, welchen Abschnitten des Fördermanagementprozesses die einzelnen Ebenen des Modells von Mosiek et al. zuzuordnen sind.

In einem ersten Schritt des Fördermanagementprozesses muss im Rahmen der *Planungsphase* die *Zielbildung und Zielformulierung* vorgenommen werden. In dieser Phase muss eine bewusste Auseinandersetzung mit allen fünf Zielebenen

---

523 Verkürzt entnommen aus Bühler (2002), S. 274.
524 Vgl. Haunschild/Clemens (2006), S. 1.
525 Vgl. Kapitel 2.4.4.

aus dem Modell von MOSIEK ET AL. erfolgen (Finanzziele, Kostenziele, Produktziele, leistungsempfängerbezogene Ziele, gesellschaftliche Wirkungsziele). Sollte bewusst auf eine oder mehrere Zielformulierungen aus den fünf Ebenen verzichtet werden, kann für die entsprechende Ebene keine Erfolgskontrolle mehr durchgeführt werden.[526] Da die Phasen des Fördermanagementprozesses nicht losgelöst nebeneinander stehen, sondern prozessandauernd ineinander greifen, können auch bei laufenden Förderprogrammen, bei denen zum Start auf die Zielformulierung dieser fünf Ebenen verzichtet wurde, die Ziele noch nachträglich formuliert werden. Somit können ab dem Zeitpunkt der Zielformulierung Erfolgskontrollen der jeweiligen Ebene vorgenommen werden. Sollten im Rahmen der Kontrollphase, genauer gesagt im Rahmen der laufenden Kontrolle, die für die einzelnen Ebenen vorgenommenen Zielformulierungen nicht mehr geeignet sein, müssen diese im Rahmen einer neuen Planung angepasst werden. Dies wird durch das Zusammenspiel von Controlling-Aktivitäten und dem Fördermanagementprozess sichergestellt.[527]

Die *Durchführungsphase* aus dem Fördermanagementprozess entspricht dem Leistungserstellungsprozess aus dem Modell von MOSIEK ET AL. In dem Prozess der Leistungserstellung werden die Förderungen zielorientiert bewilligt.

Als wesentlicher Bestandteil der *Kontrollphase* sowohl in der laufenden Kontrolle als auch in der Abschlussbeurteilung werden die Zielsetzungen der einzelnen Ebenen den Ergebniswerten der jeweiligen Ebene (Finanzen, Kosten, Output, Impact, Outcome) gegenübergestellt und die Zielerreichung beurteilt. Auf Zielabweichungen kann durch das Zusammenspiel von Controlling-Aktivitäten und dem Fördermanagementprozess reagiert werden. Beispielsweise können dadurch Maßnahmen im Rahmen der Durchführungsphase ergriffen oder bei Bedarf auch Plangrößen angepasst werden, aber auch staatliche Regelwerke und deren Vollzug überarbeitet werden.

Die vorgenommene Zusammenführung des Ziel- und Ergebnisebenen-Modells der öffentlichen Leistungserstellung von MOSIEK ET AL. mit dem Fördermanagementprozess wird abschließend in folgender Abbildung visualisiert. Dabei flankieren die bereits mit dem Fördermanagementprozess verbundenen Controlling-Aktivitäten diese Übersicht und heben somit den ganzheitlichen Charakter eines wirkungsorientierten Förderprogramm-Controllings hervor.

---

526 Vgl. zur grundsätzlichen Notwendigkeit von Zielen als Basis für eine Erfolgskontrolle in der öffentlich Verwaltung Kapitel 3.2.3.

527 Vgl. hinsichtlich der Zusammenführung des Fördermanagementprozesses mit den Controlling-Aktivitäten Kapitel 3.1.5.

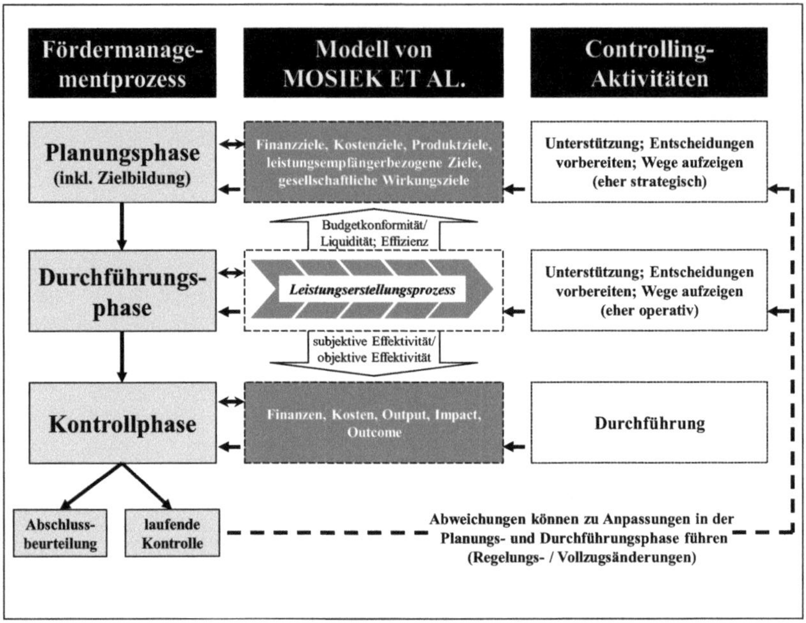

Abbildung 22: Integration eines wirkungsorientierten Controllings in den Fördermanagementprozess[528]

3.4 Förderprogramm-Controlling als Ausprägung des Verwaltungscontrollings

3.4.1 Begriffliche Einordnung

Die bereits erwähnten Verwaltungsvorschriften zu § 23 der LHO Thüringen beschreiben beispielhaft unter Punkt 4.1 „Controlling von Förderprogrammen ist ein Instrument, um die Effektivität von Förderprogrammen im Hinblick auf die Zielerreichung zu beurteilen."[529]

Dies ist ein erster Ansatz sich der *Definition des Förderprogramm-Controllings* zu nähern. Dieses Verständnis enthält einen wichtigen Aspekt, nämlich den Fokus auf die Beurteilung der Effektivität zu legen und damit darauf, ob das ge-

528 Eigene Darstellung.

529 Verwaltungsvorschriften zu § 23 LHO Thüringen. Diese können unter dem Link http://www.thueringen.de/imperia/md/content/tfm/haushalt/lhovv/23.pdf (abgerufen am 14.10.2011) aufgerufen werden.

wünschte Ziel des Förderprogramms erreicht wird bzw. wurde. Dieser Aspekt der Wirksamkeit von Förderprogrammen ist zwar ein zentraler Bestandteil im Verständnis von Förderprogramm-Controlling, ist aber nicht abschließend. Vielmehr sind weitere Merkmale in die Betrachtung mit einzubeziehen. Außerdem kommt das Controlling-Verständnis in Form der Koordinationsfunktion als Teil des Führungssystems dabei nicht zum Ausdruck.

Aus diesem Grund sollen zur Herleitung der Definition von Förderprogramm-Controlling die allgemeinen Controlling-Definitionen und speziellen Definitionen von Verwaltungs-Controlling aufgegriffen werden.

Bei dem allgemeinen Verständnis von Controlling sei auf die Definition von BERENS ET AL. und MOSIEK verwiesen, die kurz und prägnant alle wichtigen Aspekte eines allgemeinen Controlling-Verständnisses zum Ausdruck bringen und die *Koordinationsfunktion* als Teil des Führungssystems betonen.[530] Bei der Definition von Verwaltungs-Controlling soll das Verständnis von LÜDER im Vordergrund stehen, der die Bedeutung der *Wirtschaftlichkeit und Wirksamkeit des Verwaltungshandels* in den Fokus rückt.[531] Für ein Verständnis von Förderprogramm-Controlling soll nun die allgemeine Definition mit den Besonderheiten des Verwaltungs-Controllings kombiniert und bezüglich Förderprogrammen modifiziert werden.

Folglich ist im Rahmen dieser Arbeit Förderprogramm-Controlling wie folgt zu verstehen:

Förderprogramm-Controlling dient der Beschaffung, Aufbereitung, Analyse und Kommunikation von Daten zur Vorbereitung zielsetzungsgerechter Entscheidungen zur Sicherstellung der Wirtschaftlichkeit und Wirksamkeit beim Einsatz und der Beurteilung von staatlichen Förderprogrammen.

Ausgehend von dem genannten Verständnis von Förderprogramm-Controlling soll an dieser Stelle die Abgrenzung von strategischen und operativen Controlling-Tätigkeiten speziell bei Förderprogrammen erfolgen.

Im Kontext dieser Arbeit sind Tätigkeiten im Rahmen des *strategischen Controllings*, Entscheidungsvorlagen zu kritischen Eckpunkten und Leitlinien eines Förderprogrammes zu liefern. So kann z.B. die Maßgabe sein, ein Arbeitsmarktförderprogramm aufzulegen. Mögliche strategische Entscheidungen wären einerseits in diesem Zusammenhang die Festlegung der Schwerpunkte des För-

530 Siehe Kapitel 3.1.2 zur Definition von BERENS ET AL. und MOSIEK.
531 Siehe Kapitel 3.2.2 zur Definition von LÜDER.

derprogramms (z.B. Arbeitnehmer mit Migrationshintergrund, Gründungsförderungen oder Förderung der Karrierechancen von Frauen). Ferner ist die Fragestellung zu beantworten, ob z.B. ein Bundesland ein eigenes Förderprogramm auflegt oder sich mit dem Förderprogramm an einem Förderprogramm des Bundes oder der EU beteiligt und dadurch einerseits an gewisse Vorgaben gebunden ist, andererseits aber auch z.B. monetäre Mittel dieser Ebenen beziehen kann. Alle Aktivitäten, die sich mit der Abwägung und Vorbereitung dieser Entscheidung befassen, sind dem strategischen Controlling zuzuordnen.

In Bezug auf den Kern dieser Arbeit ist eine Fragestellung des *operativen Controllings* in der Planungsphase zunächst die Ausgestaltung und Umsetzung der Förderung (z.B. Förderart, Fördernehmer, Abwicklung der Förderung). So können Fördermaßnahmen durch eigenes Personal der Verwaltungsinstitution durchgeführt werden („Eigenfertigung") oder die Verwaltung finanziert für den Förderzeitraum Personal in Institutionen außerhalb der Verwaltung, auf die die Hauptaktivitäten des Förderprogramms übertragen werden („Fremdbezug"). Im laufenden Prozess des Förderprogramms liegt das operative Controlling in erster Linie nicht auf der Beobachtung von Kostenentwicklungen. Vielmehr können quantitative Analysen für eine abgeschlossene Periode zum Beispiel im Bereich von Fallzahlen, regionalen Verteilungsgraden von Fördermaßnahmen oder der Mittelverteilung aufzeigen, ob die gesetzten Ziele noch erreicht werden können. Ist dies nicht der Fall, können aus diesem operativen Controlling heraus Maßnahmen entwickelt und der Führungsebene empfohlen werden, die auf den Pfad zur Erreichung des Förderziels zurückführen können. Auch eine abschließende Beurteilung eines Förderprogramms, nachdem es ausgelaufen ist, ist eine Tätigkeit des operativen Controllings. Dort soll analysiert werden, ob die Ziele wie geplant final erreicht wurden.

3.4.2 Notwendigkeit eines Förderprogramm-Controllings und Restriktionen

Die *Gründe für die Notwendigkeit eines Förderprogramm-Controllings* entsprechen denjenigen der allgemeinen Notwendigkeit eines Controllings in der öffentlichen Verwaltung.[532] Dennoch soll hier auf eine weitere spezifische Notwendigkeit eingegangen werden. Mit der *zunehmend knappen Haushaltslage und Staatsverschuldung* müssen Einsparungen vorgenommen werden. In diesem Zusammenhang ist es durchaus denkbar, dass Förderprogramme, die – wie gezeigt – nicht zur Pflichtaufgabe des Staates gehören, eingestellt bzw. nicht verlängert werden. Sollen Förderprogramme nicht pauschal gekürzt oder spezielle Interessengruppen bedient werden, sondern Kürzungen vielmehr in Abhängig-

532 Vgl. Kapitel 3.2.1.

keit vom Erfolg des Förderprogramms entschieden werden, bedarf es einer Erfolgskontrolle.[533] Die für diese Erfolgskontrolle und Bewertung notwendigen Informationen als Entscheidungsgrundlage liefert das Förderprogramm-Controlling.

Auch bei der Verteilung von Fördergeldern wird die Notwendigkeit eines Förderprogramm-Controllings deutlich, wobei die Forderung lauter wird, die Förderung zielgerechter und kriterienbasierter durchzuführen. So reduziert beispielswiese der Staat vor dem Hintergrund der knappen Haushaltslage bei der Förderung von Wohnungsneubauten seine Fördermittel, verzichtet aber auf eine gezielte Vergabe der noch zur Verfügung stehenden Fördermittel (z.B. nach regionalem Bedarf).[534] Ein weiteres Beispiel hierfür ist das Investitionsprogramm U3 des Landes Nordrhein-Westfalen. Hier wurden – nachdem die Hälfte der Fördermittel verteilt waren – drei Steuerungskriterien definiert, um die noch zur Verfügung stehenden Mittel ausgewogen verteilen zu können.[535] In diesen beiden Fällen hätte ein laufendes Förderprogramm-Controlling zur rechten Zeit bereits die entscheidenden Informationen liefern können, um mögliche Fehlentwicklungen zu identifizieren. Auch in einem weiteren Beispiel wurde der Handlungsbedarf erst spät erkannt, nämlich bei einer Modellstudie für die Berliner Senatsverwaltung für Wirtschaft, Technologie und Frauen. Diese Studie versuchte, Bewertungskriterien zu definieren, die die effektive Verteilung von Fördermitteln unterstützen, um nicht die knapper werdenden Fördermittel weiter nach dem Prinzip „first come – first serve" zu verteilen.[536]

Als *Nebenrestriktion* im gesamten Controlling-Prozess muss darauf geachtet werden, dass ein gesundes *Verhältnis zwischen Aufwand für das Controlling und Nutzen der Ergebnisse* besteht.[537] Dies gilt ebenfalls für ein (wirkungsorientiertes) Förderprogramm-Controlling. Der Aufwand bzw. die Kosten bei der Einrichtung und Durchführung eines Controllings müssen mit der Bedeutung des Förderprogramms in ein Verhältnis gesetzt werden. Daraus resultiert in der Regel eine unterschiedliche Beurteilung bezüglich jedes Förderprogrammes, ob und in welchem Umfang Controlling-Aktivitäten sinnvoll sind oder nicht. So kann sich z.B. der Fokus bei der Durchführung eines Förderprogramm-Controllings in einem Ministerium, das mehrere Förderprogramme verantwortet, zunächst auf die wichtigsten Förderprogramme konzentrieren. Dabei sollte man

---

533 Vgl. Ehlers (1993), S. 868.
534 Vgl. Tonnellier (2011), S. 26.
535 Vgl. Ministerium für Generationen, Familien, Frauen und Integration des Landes Nordrhein-Westfalen (2010a).
536 Vgl. Schilling/Schaub/Rübcke (2008), S. 32f.
537 Vgl. Mosiek/Gerhardt (2003), S. 289 und für die Einführung allgemeiner betriebswirtschaftlicher Instrumente Berens/Mosiek/Röhrig/Gerhardt (2004), S. 324.

sich zur objektiven Beurteilung der Bedeutung eines Förderprogramms an dem Gesamtfördervolumen (Ansatzposition im Haushalt) orientieren. Dies kann und sollte vor dem Hintergrund der eben genannten Nebenrestriktion dazu führen, dass finanziell größere Förderprogramme intensiver gesteuert werden als volumenmäßig kleinere.

3.4.3 Möglichkeiten und Restriktionen eines wirkungsorientierten Förderprogramm-Controllings

Wirkungsorientiertes Denken und Handeln in der öffentlichen Verwaltung findet – wie bereits im Rahmen des Neuen Steuerungsmodells diskutiert – bislang nur begrenzt und selten statt. Ein Grund dafür kann sein, dass die Wirkungen einer Maßnahme meist nicht allein und nicht eindeutig mit einer bestimmten Ausgestaltung dieser Maßnahme in Verbindung gebracht werden können und somit Erkenntnisse aus einer Wirkungsbetrachtung von vornherein begrenzt sein können.[538]

Gleichwohl besteht ein erhebliches Nutzenpotential der wirkungsorientierten Betrachtung von Maßnahmen der öffentlichen Verwaltung. Insbesondere für die Fördergeber kann in Zeiten einer angespannten Haushaltslage die *Transparenz*, die ein wirkungsorientiertes Controlling schafft, eine große Chance darstellen. So kann aufgezeigt werden, dass trotz der Notwendigkeit zum Sparen auch politische Ziele erreicht werden. Durch die Transparenz und den Nachweis, mit den eingesetzten Steuergeldern ein erfolgreiches Ergebnis erreicht zu haben, hat der Bürger das Gefühl, dass u.a. seine Steuergelder sinnvoll und zielorientiert verwendet werden („value for money").[539] So können ineffektive Programme identifiziert und bei haushalterischen Kürzungen besonders geprüft werden.[540] Anhand dieser Transparenz wird allerdings auch offensichtlich, wenn politische Ziele nicht erreicht wurden.[541] Bei Förderprogrammen ist die Transparenz hingegen insgesamt als eine Chance und damit positiv zu bewerten, da sowohl bei Zielerreichung als auch -verfehlung die politische Ebene auf eine fundierte Entscheidungsgrundlage zurückgreifen kann und dann die abgeleiteten Entscheidungen nachvollziehbar und belegbar nach außen kommuniziert werden kann. Sofern das Ziel und die Wirkung erreicht wurden, kann die politische Ebene daraus die Begründung für die Fortsetzung des Förderprogrammes ableiten und dementsprechend auf (höhere) Akzeptanz bei den Bürgern hoffen. Bei Verfehlung der Wirkung kann die politische Ebene dieses Resultat insbesondere bei der

538 Vgl. Reichard (2007), S. 3.
539 Vgl. Bühler (2002), S. 276.
540 Vgl. Kuhlmann (2004), S. 11.
541 Vgl. Bühler (2002), S. 276.

Notwendigkeit, Mittel einsparen zu müssen, nachvollziehbar als Legitimation und Argumentationsbasis nutzen, um bestimmte Förderprogramme einzustellen bzw. nicht zu verlängern.

Ein weiterer Vorteil bei einer outcome-orientierten Steuerung liegt in der Notwendigkeit, dass *Politik sowie öffentliche Verwaltung eng in den Prozess eingebunden* sind und in allen Phasen beide Partner auf Entwicklungen reagieren können. Diese Zusammenarbeit fehlt bisher bei einer nicht-outcome-orientierten Steuerung, so dass Politik und Verwaltung oftmals losgelöst voneinander handeln.[542] Für eine richtige Steuerung auf politischer Ebene muss die Verwaltung der Politik Wirkungsdaten zur Verfügung stellen können. Die Zusammenstellung der Leistung in Form des Outputs ist nicht abschließend für die politische Steuerung geeignet.[543] Bei einem wirkungsorientierten Förderprogramm-Controlling bietet die enge Vernetzung von Politik und Verwaltung die Möglichkeit, sich über (Zwischen-)Ergebnisse hinsichtlich der Erreichung der politischen Ziele direkt auszutauschen. Dieser enge Austausch ist wichtig, da Förderprogramme oftmals nur für einen bestimmten Zeitraum aufgelegt werden und hier besonders zeitnah auf Entwicklungen reagiert werden muss.

Allerdings muss gerade bei Förderprogrammen hinsichtlich eines wirkungsorientierten Controllings beachtet werden, dass *zwischen dem erzielten Output und der eintretenden Wirkung ein erheblicher Zeitabstand liegen kann*. Dies erschwert daher sowohl die laufenden als auch eine finale Beurteilung hinsichtlich einer Fortsetzung des Förderprogramms. Bis eine Wirkung messbar eingetreten ist, kann die Entscheidung bereits gefallen sein bzw. kein Interesse mehr an Informationen über die erreichte Wirkung vorliegen.[544]

Darüber hinaus bleibt *offen, ob die Fördermaßnahme eindeutig als Ursache der Wirkung zu identifizieren ist*, da oftmals unterschiedliche Einflussfaktoren für die gewünschte Wirkung vorliegen. Daher ist es teilweise schwierig, die gemessene Wirkung abschließend auf die genaue Ursache zurückzuführen oder eine Wirkung gezielt auf die in Betracht kommenden Ursachen aufzuteilen.[545]

Grundsätzlich muss die Entscheidung getroffen werden, ob auf Basis wirkungsorientierter Ziele die Verwaltung gesteuert werden soll und wie viel Transparenz damit über die politischen Entscheidungen und Maßnahmen der Verwaltung gewünscht wird. Lehnt die politische Ebene und die Verwaltungsführung die Transparenz ab, kann ein wirkungsorientiertes Controlling auf Grund des feh-

---

542 Vgl. Bühler (2002), S. 276f.
543 Vgl. Hofmeister (2003), S. 14.
544 Vgl. Brüggemeier (2004a), S. 382.
545 Vgl. Bühler (2002), S. 27; Reichard (2007), S. 8 und Rengers (2008), S. 35.

lenden Willens einer operationalisierten Zielsetzung keinen Erfolg haben. Sollte die Entscheidung für ein wirkungsorientiertes Controlling getroffen worden sein, müssen geeignete Messgrößen oder Indikatoren erarbeitet und ausgewählt werden, um die Wirkung einer Maßnahme messen zu können. Dies stellt eine Herausforderung dar, die gemeistert werden kann, wenn Klarheit über die Messgrößen und Indikatoren vorliegt, so dass jeder in der Lage ist, die Ergebnisse richtig zu würdigen.[546] Somit muss als Voraussetzung vorab die Wertungsfrage nach gewünschter Wirkung beantwortet werden, bevor diese in Ziele konkretisiert und durch geeignete Indikatoren messbar gemacht werden.[547]

[546] Vgl. Brüggemeier (2004a), S. 384f.
[547] Vgl. Haldemann/Marek (2001), S. 41.

4 Kategorisierung von Förderprogrammen

Die Bildung von Kategorien zur Analyse von Förderprogrammen erfolgt in einem ersten Schritt entlang den Phasen des Fördermanagementprozesses, bevor eine abschließende Kategorisierung den Komplexitätsrahmen bei der Umsetzung eines Förderprogramm-Controllings verdeutlicht.

Diese prozessorientierte Vorgehensweise verdeutlicht den Zusammenhang zwischen dem Controlling und der jeweiligen Phase des Fördermanagementprozesses. Dabei bilden die geplanten Zielgrößen bzw. die festgelegte und gegebene Förderart und Förderstruktur den Rahmen. Bei einem Förderprogramm folgt eine Phase nicht trennscharf nach der anderen. Vielmehr laufen die Phasen nebeneinander her, da manche Fördermaßnahmen bereits abgeschlossen sind, während andere beantragt und bewilligt werden. Auf Grund dieser Gegebenheit können Erkenntnisse aus einer Phase in die andere Phase einfließen, um letztendlich den Erfolg eines Förderprogramms sicherzustellen. Daher ist es wichtig, dass ein Controlling die einzelnen Prozessschritte begleitet bzw. die Prozessphasen hinsichtlich eines Controllings optimiert ausgestaltet werden und Erkenntnisse gewonnen werden, die vom Controlling zur Vorbereitung von Entscheidungen aufbereitet werden. So können beispielsweise Zielabweichungen, die im Rahmen der Kontrollphase ermittelt werden, zu einem Handlungsbedarf bei den Ausgangsgrößen in der Planungsphase oder im laufenden Antrags- und Bewilligungsprozess in der Durchführungsphase führen. Aber auch Erkenntnisse aus der Durchführungsphase, dass die Zielerreichung gefährdet sein könnte (z.B. nicht gewünschte regionale Häufung bei den Antragstellern), können in die Planungsphase einfließen und dort Änderungen anstoßen.[548] Damit in allen Phasen des Fördermanagementprozesses optimale Rahmenbedingungen für ein Förderprogramm-Controlling geschaffen werden, sind die Aspekte zur Optimierung eines Förderprogramm-Controllings im Folgenden phasenbezogen zu analysieren.

4.1 Planungsphase

Die Planungsphase steht zu Beginn eines jeden Fördermanagementprozesses.[549] In dieser Phase werden neben dem verwaltungsrechtlichen Rahmen durch Erstellung der Richtlinie auch die Grundlagen für die Ermöglichung und Aussagekraft eines Förderprogramm-Controllings gelegt. Daher kommt diesem Prozess-

---

548 Vgl. Kapitel 3.1.5 und Abbildung 16.

549 Vgl. die Erläuterungen im Kapitel 2.4.1 zur Planung und Auflegung von Förderprogrammen als ersten Schritt im Fördermanagementprozess.

abschnitt beim Start eines jeden Förderprogramms aus betriebswirtschaftlicher Controlling-Perspektive eine besondere Bedeutung zu. Sollten in dieser Phase nicht die für ein Förderprogramm-Controlling entscheidenden Festlegungen hinsichtlich des Förderprogrammziels getroffen oder die Struktur und Ausgestaltung der Förderart des Förderprogramms berücksichtigt werden, ist eine Beurteilung des Erfolgs des Förderprogramms und die Wahrnehmung von Steuerungspotentialen nur noch schwer möglich. Damit diese zentralen Aspekte bereits in der Planungsphase berücksichtigt werden, müssen Förderprogramme hinsichtlich des Ziels der Förderung systematisch kategorisiert und die Förderart analysiert werden.

4.1.1 Zielanalyse

4.1.1.1 Kategorien im Rahmen der Zielanalyse

Die Zielanalyse zur Kategorisierung von Förderprogrammen setzt sich mit den definierten Zielen auseinander. Die grundsätzliche Existenz eines bzw. mehrerer Ziele ist die notwendige Bedingung für den Erfolg des Controllings.[550] Ziele sollten so formuliert werden, dass die Erreichung des Ziels messbar ist.[551] Denn nur so kann eine aussagekräftige Erfolgskontrolle gewährleistet werden.[552] Daher muss bei staatlichen Förderprogrammen die Herausforderung gemeistert werden, Ziele zu operationalisieren und qualitative Ziele zu quantifizieren.[553]

Anhand einer Zielanalysematrix soll die Ausgestaltung eines Ziels in Verbindung mit einer Zielart betrachtet werden. Eine Unterscheidung zwischen einer qualitativen bzw. abstrakten Zielformulierung und einer quantitativen bzw. konkreten *Zielausgestaltung* wird auf der vertikalen Achse der Zielanalysematrix vorgenommen. Dabei ist anzumerken, dass für ein Förderprogramm gleichzeitig sowohl qualitative als auch quantitative Ziele formuliert werden können. Bevor die Ebenen der Zielarten auf der horizontalen Achse und dann die Zusammenführung mit den Ausprägungen auf der vertikalen Achse erläutert werden, kann der vollständige Aufbau der Zielanalysematrix nachfolgender Abbildung entnommen werden.

---

550 Vgl. dazu Erläuterungen zu Fußnote 376: Schmidberger (1993), S. 177; Nau/Wallner (1999), S. 171; Pook/Fischer (2002), S. 44; Arbeitskreis Integrierte Verbundrechnung (2007), S. 13 und Finger (2007), S. 96.

551 Vgl. dazu Erläuterungen zu Fußnote 379 und 377: Nau/Wallner (1999), S. 171 und Mitterer (2005), S. 10.

552 Vgl. dazu Erläuterungen zu Fußnote 385: Gerhardt (2002), S. 368 und Böllhof/Wewer (2005), S. 148.

553 Vgl. dazu Erläuterungen zu Fußnote 386: Ott (1992), S. 88.

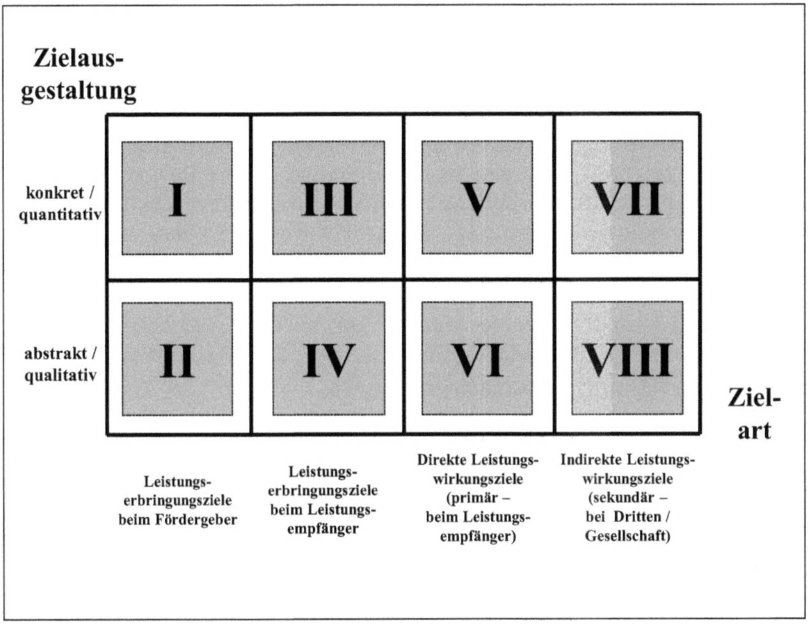

Abbildung 23: Zielanalysematrix von Förderprogrammen[554]

Auf der horizontalen Achse ist die Ausprägung nach der *Art des Ziels* abgebildet.[555] Dabei wird hier eine Modifizierung bzw. Differenzierung bei der Unterteilung der Leistungserbringungsziele vorgenommen. BERENS/KARLOWITSCH/MERTES beziehen sich bei den Leistungserbringungszielen ausschließlich auf den Output einer Leistung der Verwaltung.[556] Dies entspricht in der Zielanalysematrix im Kontext von Förderprogrammen den Leistungserbringungszielen beim Förderempfänger. Darüber hinaus sollen in dieser Zielanalysematrix von Förderprogrammen auch Leistungserbringungsziele auf Ebene des Fördergebers berücksichtigt werden. Dabei handelt es sich um Effizienzziele und Wirtschaftlichkeitsziele des Fördergebers und damit der Klärung der Frage, mit welchem internen Ressourceneinsatz und welchen Haushaltsmitteln (Input) das Förderprogramm betreut bzw. abgewickelt werden soll. Die beiden weiteren Zielarten der direkten und indirekten Leistungswirkungsziele unterscheiden sich dadurch,

554 Eigene Darstellung.

555 Vgl. zu den Zielarten in der öffentlichen Verwaltung Kapitel 3.2.3.3 sowie die Erläuterungen zur Aufteilung der Zielarten in Leistungserbringungsziele und Leistungswirkungsziele nach Berens/Karlowitsch/Mertes (2000), S. 24.

556 Vgl. Berens/Karlowitsch/Mertes (2000), S. 24.

bei wem eine Wirkung mit dem Förderprogramm erreicht werden soll. Über direkte Leistungswirkungsziele soll eine Wirkung direkt beim Förderempfänger eintreten, wohingegen bei den indirekten Leistungswirkungszielen eine Wirkung durch die Förderung des Förderempfängers bei Dritten eintreten soll.

Diese Matrix zeigt auf, dass und welche Zielarten (horizontale Achse) idealerweise bereits in der Planungsphase von Förderprogrammen zur Ermöglichung eines Förderprogramm-Controllings durchdacht werden sollten, um bei der Erfolgsbewertung eines Förderprogramms sowohl eine Beurteilung der Leistungserbringungsziele als auch der Leistungswirkungsziele vornehmen zu können.[557] So könnte auf Grund der immer weniger zur Verfügung stehenden Mittel für Förderprogramme vorab im Ziel definiert werden, dass die Förderung z.B. nach regionalem Bedarf oder Schwerpunkten erfolgt.[558]

Diese Matrix sollte in der *Planungsphase* eines Förderprogramms eine Hilfestellung sein, um die Ziele mit Blick auf ein aussagekräftiges Förderprogramm-Controlling zu formulieren. Sie darf aber nicht als ein ausschließliches ex ante einsetzbares Analyseinstrument gesehen werden. Vielmehr können mit Hilfe der Zielanalysematrix aber auch bestehende Förderprogramme nach der vorhandenen Zielformulierung kategorisiert und die Auswirkungen auf ein Förderprogramm-Controlling abgeleitet werden. Dadurch können bestehende Förderprogramme analysiert und Gestaltungspotentiale zur Ermöglichung eines Förderprogramm-Controllings identifiziert werden.[559]

Wie bereits hervorgehoben wurde, ist es für ein Förderprogramm-Controlling wichtig, dass Ziele operationalisiert und messbar gemacht werden. Dies zeigt die Differenzierung auf der vertikalen Achse beim Übergang von einer qualitativen zur quantitativen Zielformulierung jeder einzelnen Zielart auf. Da für ein Förderprogramm auch für jede Zielart ein qualitatives und quantitatives Ziel formuliert werden kann, kann ein Förderprogramm jedes Feld dieser Matrix belegen. Die Bedeutung, Ziele für alle Zielarten zu operationalisieren, geht mit den Anforderungen an den Reformprozess des Neuen Steuerungsmodells einher.[560]

Die Vorgehensweise bei der *Zielformulierung* ist allerdings nicht an die Matrix gebunden. Zunächst muss sich der Fördergeber entscheiden, zu welcher Zielart Ziele gesetzt werden sollen. Im Anschluss daran muss das Ziel ausformuliert

557 Vgl. zur Bedeutung, Ziele vor der Umsetzung einer Maßnahme zu definieren Nau/Wallner (1999), S. 171.

558 Vgl. Tonnellier (2011), S. 26.

559 Vgl. Kapitel 4.5 hinsichtlich der Erläuterungen zum Gestaltungspotential von Förderprogrammen.

560 Vgl. dazu die Erläuterungen in Kapitel 3.3.

und konkretisiert werden. Dabei kann durchaus der erste Schritt darin liegen, dass zunächst qualitative Ziele festgelegt werden. Um aber im Verlauf oder nach Abschluss des Förderprogramms diese Ziele beurteilen zu können, sollte eine Überleitung der qualitativen Zielbeschreibung in eine quantitative Zielformulierung erfolgen. Wird darüber hinaus bewusst auf die Formulierung einer Zielart verzichtet und auch keine Quantifizierung bzw. Konkretisierung des Ziels vorgenommen, kann ein Förderprogramm-Controlling zu diesem Aspekt keine abschließende Erfolgsbeurteilung vornehmen. Auf Grund der *notwendigen Bedingung für ein Förderprogramm-Controlling* müssen Ziele eines Förderprogramms konkretisiert und quantifiziert werden, wenn ein Förderprogramm-Controlling dazu eine Bewertung vornehmen soll.

Die dieser Matrix implizierte Annahme, dass jedes Förderprogramm in eines der Felder der Zielanalysematrix einzuordnen ist, ist realistisch, da Förderprogramme bewusst aufgelegt werden, um politische Ziele zu verfolgen. Auflage und Durchführung von Förderprogrammen gehören nicht zu Tätigkeiten der Verwaltung, die auf Grundlage von Gesetzen oder der Verfassung verpflichtend wahrzunehmen sind.[561] Vielmehr entscheidet sich die politische Ebene zur Realisierung politischer Ziele bewusst für das Instrument des Förderprogramms mit einem Förderzweck, nämlich mindestens der Förderung eines bestimmten Tatbestandes, z.B. „Förderung des U3-Ausbaus“, „Förderung von Integrationsmaßnahmen“, „Förderung des Umweltschutzes“, etc. Das Ziel in der *„Förderung eines Tatbestandes X“* ist eine rein qualitative und abstrakte Aussage und ist immer im Hinblick auf einen Leistungsempfänger der Förderung zu sehen. Da dies aber dennoch ein Ziel ist, lassen sich alle Förderprogramme mindestens in Feld IV der Zielanalysematrix einordnen. Daher kann die aufgezeigte Matrix für Förderprogramme als abschließend gelten.

In der nachfolgenden Tabelle werden anhand eines fiktiven Beispiels „U3-Förderung“ mögliche Zielformulierungen für jedes einzelne Feld der Zielanalysematrix dargestellt.

[561] Vgl. hierzu Kapitel 2.1.1.5.

Leistungserbringungsziele beim Fördergeber	
I	Bei der verwaltungsinternen Bearbeitung des Förderprogramms sollen jährlich nicht mehr Personalkosten anfallen als 1 Prozent der Fördersumme.
II	Die Bearbeitung des Förderprogramms soll effizient erfolgen.
Leistungserbringungsziele beim Leistungsempfänger	
III	Der Ausbau von 100.000 Plätzen zur Betreuung von Kindern unter drei Jahren soll gefördert werden.
IV	Der Ausbau von Kindertagesstätten zur Betreuung von Kindern unter drei Jahren soll gefördert werden.
Direkte Leistungswirkungsziele	
V	Durch den Ausbau von Kindertagesstätten zur Betreuung von Kindern unter drei Jahren soll in jeder geförderten Kindertagesstätte mindestens eine neue Vollzeitstelle für die Betreuung von Kindern unter drei Jahren geschaffen werden.
VI	Durch den Ausbau von Kindertagesstätten zur Betreuung von Kindern unter drei Jahren sollen Arbeitsplätze in den Kindertagesstätten geschaffen werden.
Indirekte Leistungswirkungsziele	
VII	Durch den Ausbau von Kindertagesstätten zur Betreuung von Kindern unter drei Jahren soll für jedes dritte Kind eines Jugendamtsbezirkes unter drei Jahren ein Betreuungsplatzangebot geschaffen werden.
VIII	Durch den Ausbau von Kindertagesstätten zur Betreuung von Kindern unter drei Jahren sollen Familien gefördert werden, um Beruf und Familie miteinander zu verbinden.

Tabelle 6: Zielformulierungen in der Zielanalysematrix eines beispielhaften Förderprogramms

Für die Formulierung von Leistungsempfänger- und Leistungswirkungszielen ist zentrale Voraussetzung, dass sowohl Politik und Verwaltung bereit sind, diese Ziele operativ zu benennen. Dies gilt insbesondere für wirkungsorientierte Ziele. Liegt diese Bereitschaft vor, müssen gerade dafür geeignete Wirkungsziele definiert werden. Bei diesem Definitionsprozess sollte das Instrument der Zielvereinbarung angewendet werden.[562] Ein Wirkungsziel ist dann geeignet, wenn die Maßnahme (hier: Förderung) die gewünschte Wirkung auch erreichen kann. Damit der *Erreichungsgrad des Wirkungsziels* durch die Maßnahme beurteilt

562 Vgl. dazu Kapitel 3.2.3.2.

werden kann, müssen die Daten (z.B. Kennzahlen, Indikatoren) zunächst einmal ex ante erhoben werden. Mit der Auswertung der Daten im Nachgang der Maßnahme kann die Wirkung beurteilt werden, v.a. durch ein nachgelagertes Controlling und Berichtswesen.[563] Leistungsziele insgesamt lassen sich am besten mit Leistungsindikatoren festlegen und messen.[564] Damit wird an dieser Stelle bereits deutlich, dass die Phasen des Fördermanagementprozesses nicht losgelöst voneinander zu betrachten sind, sondern vielmehr ineinander greifen.

Werden sowohl Input-, Output- als auch Wirkungsziele definiert, muss im Gesamtkontext der *Beurteilung von Effizienz- und Effektivitätszielen* ein möglicher Zielkonflikt berücksichtigt werden. So können etwa durch Reduzierung des Mitteleinsatzes und der Kosten Effizienzziele erreicht werden, die allerdings zu Lasten der Effektivität gehen können. Anders herum können zur Erreichung der Effektivitätsziele auch höhere Kosten und ein Mitteleinsatz notwendig werden, die die Effizienzziele gefährden.[565] Dies muss von allen Beteiligten bei der Beurteilung des Zielerreichungsgrades berücksichtigt werden, da ggf. die Erreichung eines Ziels ex post betrachtet zu Lasten einer anderen Zielgröße gehen kann und dies bei Definition der Ziele weder bekannt noch vorhersehbar war.

4.1.1.2 Instrumenteneinsatz im Kontext der Zielanalyse

Die Zielanalysematrix kann sowohl in der Planungsphase als Hilfestellung bei der Formulierung der für ein Förderprogramm-Controlling notwendigen Zielarten als auch bei laufenden Förderprogrammen bei der Analyse der Zielarten zum Einsatz kommen. Damit für alle Zielarten von allen Beteiligten auf Ebene der Verwaltung und Politik zum einen die richtigen Ziele formuliert werden und zum anderen diese Ziele auch richtig gesetzt werden, sollte das Instrument der Zielvereinbarung herangezogen werden. Im Rahmen dieser Zielvereinbarung sollten neben den eigentlichen Zielen Kennzahlen bzw. Indikatoren festgelegt werden, mit denen die formulierten Ziele gemessen werden können.

563 Vgl. Reichard (2007), S. 7.
564 Vgl. Dearing (2007), S. 28.
565 Vgl. Bühler (2002), S. 277.

4.1.1.2.1 Zielvereinbarung

Wie bereits in Kapitel 3.2.3.2 zur Vorgehensweise bei der Zieldefinition in der öffentlichen Verwaltung herausgearbeitet wurde, sollten Ziele und die damit verbundenen Zielwerte von allen Beteiligten akzeptiert werden. Daher sollte das Ziel und die Zielvorgabe nicht von oben nach unten vorgegeben werden.[566] Vielmehr sollten alle Beteiligten mit dem Instrument der Zielvereinbarung in Zielvereinbarungsgesprächen partnerschaftliche, aber verbindliche Zielvereinbarungen für einen bestimmten Zeitraum festlegen.[567, 568] Bei einem Förderprogramm sollten daher sowohl die politische Ebene als auch die Ebene der Verwaltung, die in der Regel mit der Umsetzung des Förderprogramms betraut wird, in einem Zielvereinbarungsprozess *Ziele für die einzelnen Zielarten festlegen bzw. entscheiden*, für welche Zielarten Ziele festgelegt werden. Dabei besteht vor der quantitativen Konkretisierung einer mit dem Förderprogramm zu erreichenden Zielgröße in Form einer Kennzahl bzw. Indikators die Herausforderung zunächst darin, geeignete quantitative Messgrößen zu identifizieren, mit denen ein Förderprogramm-Controlling die Zielerreichung messen und bewerten kann.

Bei dem dann im Zielvereinbarungsprozess notwendigen Transfer von einer zunächst qualitativen Zielvorstellung hin zu einem operationalisierten und damit der Höhe nach quantifizierten Ziel kann sich einer der folgenden vier Methoden angenommen werden.

Zunächst besteht bei der Bestimmung einer Zielhöhe die Möglichkeit, auf *Entwicklungen aus der Vergangenheit* aufzubauen und einen zukünftigen Zielwert daraus abzuleiten. So könnte etwa auf die Zielerreichung eines vorhergehenden Jahres bzw. einer vorhergehenden Förderperiode zurückgegriffen werden. Der in der Vergangenheit erreichte Wert könnte als Zielwert für zukünftige Zeiträume herangezogen werden bzw. als Grundlage für zukünftige Ziele dienen. Nicht geeignet ist jedoch ein Vergangenheitswert dann, wenn der Zielwert von Jahr zu Jahr bekanntermaßen erheblichen Schwankungen unterliegt. Auch fehlt bei einer blinden Übernahme von Werten aus der Vergangenheit die Beurteilung, ob der erreichte Wert gut oder schlecht war. Daher sind Vergangenheitswerte nur bedingt geeignet.[569]

---

566 Vgl. Pippke (1997), S. 290; Bogumil (2003), S. 63; Böllhof/Wewer (2005), S. 147 und Weber/Schäffer (2008), S. 61 sowie ausschließlich zum Kontraktmanagement Kiesel (2005), S. 33-35.

567 Vgl. Ruschhaupt (2007), S. 622.

568 Vgl. Ceylangoglu (2002), S. 20f.

569 Vgl. ebenso Weber/Schäffer (2008), S. 64f.

Bei Förderprogrammen, die neu aufgelegt werden, sind zudem Vergangenheitswerte nicht vorhanden. Daher ist diese Methode für neue Förderprogramme ohnehin nicht geeignet. Bei laufenden Förderprogrammen oder Förderprogrammen, die verlängert werden und bei denen Ziele nun erstmalig zur Optimierung der Steuerung operationalisiert werden sollen, können Vergangenheitswerte aber eine brauchbare Ausgangsbasis für eine zukünftige Zielhöhe sein. So können Vergangenheitsdaten (z.B. Fallzahlen und Kennzahlen), soweit solche vorliegen, ausgewertet werden, um daraus eine Sollgröße für die Zukunft abzuleiten. Unterliegen diese Werte keinen grundsätzlich durch externe Ereignisse beeinflussten, starken Schwankungen und werden die Vergangenheitswerte nicht ohne Bewertung übernommen, kann diese Vorgehensweise ein erster Schritt für eine Zielentwicklung sein.

Eine denkbare Möglichkeit zur Bestimmung einer Zielvorgabe ist die Ableitung von *Prognosewerten*. Die Grundlage hierfür bildet eine mathematische Funktion, in der Abhängigkeiten der unterschiedlichen Formelbestandteile zum Ausdruck gebracht werden. Diese Funktion muss im Prozess laufend an aktuelle Gegebenheiten angepasst werden. Im Ergebnis muss in Abhängigkeit von Variablen ein Wert ermittelt werden können. Für diesen Wert kann eine Zielvorgabe erfolgen. Das Ziel kann über die Steuerung der Variablen (z.B. Optimierung von Durchlaufzeiten) erreicht werden. Daher ist dieses Verfahren grundsätzlich aufwendiger als der Rückgriff auf Vergangenheitsdaten. Prognoseverfahren sind allerdings vor allem für Kostenfunktionen geeignet, bei denen in Abhängigkeit von Beschäftigungsgrößen Kosten beeinflusst werden.[570]

Wenn es bei Förderprogrammen allein darum ginge, Ziele beispielsweise für die Personalkosten der Verwaltung in Abhängigkeit von der Antragstellung zu steuern, wären Prognoseverfahren eine mögliche Variante. Bei Förderprogrammen stehen neben dem Leistungserbringungsziel beim Fördergeber insbesondere Leistungserbringungsziele beim Leistungsempfänger und Leistungswirkungsziele im Vordergrund.[571] Da vor allem Wirkungen keiner mathematischen Formel folgen, ist die Eignung von Prognoseverfahren zur Ermittlung der Zielwerte für ein Förderprogramm bis auf die Steuerung der Inputgrößen eher eingeschränkt.

Eine weitere Variante ist die Ableitung von Zielen aus *Vergleichswerten*, sogenannten *Benchmarks*. Diese Variante setzt nicht wie die beiden vorgenannten Verfahren auf die Innenansicht eines Bereiches, sondern greift Werte auf, die in anderen, vergleichbaren und außerhalb befindlichen Bereichen erreicht wurden. Dabei wird aufgezeigt, dass die Ziele erreichbar und plausibel sind. Dies kann

---

570 Vgl. Weber/Schäffer (2008), S. 65.

571 Vgl. hierzu Kapitel 3.2.3.3.

zu einer höheren Akzeptanz und Durchsetzbarkeit bei der Zielvereinbarung führen. Berücksichtigen sollte man dabei allerdings den Erhebungszeitpunkt des Vergleichswertes. Bei zunehmendem Zeitabstand zwischen dem Benchmarkingwert und dem Zeitraum der eigenen zukünftigen Zielvereinbarungsperiode muss geprüft werden, ob der Benchmark noch uneingeschränkt übernommen werden kann.[572]

Mag man zunächst denken, dass diese Vorgehensweise für eine Zielfindung bei Förderprogrammen komplett ungeeignet ist, da Förderprogramme auf den ersten Blick sehr heterogen sind, verkennt man allerdings das erhebliche Potential dieser Methode. Ungeeignet ist dieses Vorgehen naturgemäß dort, wo keine vergleichbaren Förderprogramme zu finden sind. Dies ist bei einigen individuellen Förderprogrammen der Fall. Eine nähere Analyse der Förderlandschaft zeigt jedoch ein erhebliches Potential, da es Förderprogramme gibt, die aus einem EU- oder Bundes-Förderprogramm stammen, aber in jedem Bundesland einzeln umgesetzt werden müssen.[573] Diese Förderprogramme sind ähnlich in ihrer Struktur und Umsetzung und damit vergleichbar. Eine Auseinandersetzung eines Bundeslandes mit den erreichten Werten anderer Bundesländer kann für die Formulierung des eigenen Ziels eine gute Ausgangsbasis bzw. ein Maßstab sein. Daher liegen bei dieser Methode zur Herleitung eines Zielwertes erhebliche Potentiale, die gehoben werden sollten.

Abschließend können Ziele auch durch eine *normative Festlegung* bestimmt werden. Bei der normativ-festlegenden Vorgehensweise werden Zielwerte aus eigenen Überlegungen ohne Bezug zu anderen Größen definiert. Da diese Beziehung bei der Zielherleitung fehlt, ist die Gefahr der Zielverfehlung hier am größten.[574]

Diese Vorgehensweise sollte daher nur dann gewählt werden, wenn mit den vorab geschilderten, logischeren und nachvollziehbareren Methoden keine Ziele festgelegt werden konnten, etwa wenn Vergangenheitswerte oder Benchmarks nicht in geeigneter Form vorliegen. Jede staatliche Institution, die ein Förderprogramm begibt, sollte sich dann bewusst überlegen, welche Zielwerte mit dem Förderprogramm erreicht werden sollen.

Die folgende Abbildung visualisiert nochmals den beschriebenen Zusammenhang der vorgestellten klassischen Methoden zur Formulierung eines operationalisierten Ziels und dem Ausmaß der Eignung bei Förderprogrammen.

---

[572] Vgl. Weber/Schäffer (2008), S. 66.
[573] Vgl. zu dieser Thematik Kapitel 2.1.3.1.
[574] Vgl. Weber/Schäffer (2008), S. 66f.

Methode zur Operationalisierung eines Zielwertes	Ausmaß der Eignung	Hinweis
Ableitung aus Vergangenheitswerten	bedingt geeignet	nur möglich bei Förderprogrammen, die bereits bestehen und bei denen Vergangenheitswerte verfügbar sind
Prognosewert	nicht geeignet	-
Ableitung aus einem Vergleichswert (Benchmark)	bedingt geeignet	nur möglich bei vergleichbaren und ähnlichen Förderprogrammen (z.B. anderer Bundesländer)
Normative Festlegung	bedingt geeignet	aber subsidiär

Abbildung 24: Methoden zur Operationalisierung von Zielwerten bei Förderprogrammen[575]

An dieser Stelle wurden Methoden aufgezeigt, die bei einer Operationalisierung von Zielgrößen genutzt werden können. Da bei einem spezifischen Förderprogramm durchaus mehrere Möglichkeiten in Betracht kommen können, ist der Praxis überlassen, welche dieser Methoden zur Anwendung kommt. Wichtig ist, dass die festgelegten Ziele für ein Förderprogramm-Controlling operationalisiert werden. Auf eine weiterführende Priorisierung der Methoden untereinander wird an dieser Stelle bewusst verzichtet. Erstens würde diese der Allgemeingültigkeit nicht Stand halten. Zweitens können durchaus mehrere Methoden parallel angewendet werden (z.B. Benchmarks und normative Zielbildung), um einen passenden Zielwert zu erhalten.

4.1.1.2.2 Kennzahlen und Indikatoren als Leistungsmaße

Kennzahlen im Allgemeinen gehören seit den 1980er Jahren zu den wichtigsten Controlling-Instrumenten.[576] Sie können als Kernstück eines Controlling-Systems bezeichnet werden.[577] „Kennzahlen bezeichnen numerische Informationen, die die Struktur eines Betriebs sowie die sich in ihm vollziehenden Prozes-

[575] Eigene Darstellung.
[576] Vgl. Reichmann (2004), S. 88.
[577] Vgl. Maerker (2004), S. 26.

se und Veränderungen ex post beschreiben oder ex ante determinieren".[578] Durch den Ausdruck in einer oder wenigen Kennzahlen sollen komplexe Sachverhalte übersichtlich dargestellt werden.[579]

Der Ermittlung von geeigneten Kennzahlen und Indikatoren kommt auch insbesondere bei staatlichen Institutionen im Rahmen der Zieldefinition eine besondere Bedeutung zu, da Ziele in dieser Phase in Kennzahlen und Indikatoren operationalisiert werden sollten.[580] Wichtig in diesem Zusammenhang ist insbesondere, dass für jedes Ziel ex ante geeignete Kennzahlen und/oder Indikatoren ausgewählt werden, mit denen die Zielerreichung auch beurteilt werden kann. Die Ausformulierung von Kennzahlen und Indikatoren sollte daher nicht erst im Rahmen des Berichtswesens vorgenommen werden. Vielmehr sollten dort ex post diese Kennzahlen und Indikatoren zur Messung des Zielerreichungsgrades aufgegriffen werden.[581]

Kennzahlen sind ein wichtiges Instrument zur Messung einer Leistung und des Erfolgs. Dabei ist es wichtig, dass Maße definiert werden, die zur Leistungsmessung gut geeignet sind. Damit diese Kennzahlen in der Anwendung handhabbar sind und akzeptiert werden, müssen bei ihrer Entwicklung folgende, erfolgskritische Aspekte berücksichtigt werden:

- Kennzahlen sollten aus den zentralen Zielen (hier: Ziele des Förderprogramms) abgeleitet werden.[582] Diese Kennzahlen sollen sich im Kern auf Output- und Outcome-Größen beziehen und den Erfolg in diesen Bereichen messbar machen.
- Es sollte eine Konzentration auf wenige, aber aussagekräftige Kennzahlen zur Leistungsmessung vorgenommen werden. Dabei ist zu berücksichtigen, dass sowohl Aussagen über Quantität, Qualität, Effizienz als auch monetäre Größen möglich sein müssen. Wichtig ist insbesondere, dass nicht nur quantitative, sondern auch qualitative Bewertungen ermöglicht werden.
- Der Bereich (z.B. Personen, Abteilungen bzw. Verwaltungseinheiten), dessen Aktivitäten mit Kennzahlen gemessen werden soll, sollte in den Entwicklungsprozess eingebunden werden.[583]

578 Berens/Hoffjan (2004), S. 728.
579 Vgl. Wunderer/Jaritz (2006), S. 30 und Erichsen (2011), S. 53.
580 Vgl. zur Anforderung, Ziele zu operationalisieren: Deckert/Schmid (2003), S. 24.
581 Vgl. Mauch (1999), S. 202 und Nullmeier (2005), S. 436.
582 Vgl. Kapitel 3.2.3.2., in dem Vorgehensweise und Instrumente bei der Zieldefinition beschrieben wurden.
583 Vgl. Caiden/Caiden (1999), S. 142.

Damit Analysen und Auswertungen mit Hilfe von Kennzahlen erfolgreich vorgenommen werden können und die Stärken von Kennzahlen zum Tragen kommen, sollten bei der Auswahl und Bildung von Kennzahlen zur Zielfindung folgende Aspekte und deren Beziehung untereinander beachtet werden: [584]

- Quantifizierbarkeit: Kennzahlen müssen quantifizierbar sein. Dies liegt in der Natur einer Kennzahl. Sollte eine Quantifizierbarkeit nicht gegeben sein, liegt keine Kennzahl vor.
- Vereinfachung: Eine Kennzahl muss einen Tatbestand einfach und leicht durchdringbar darstellen. Wenn es mit einer Kennzahl nicht gelingt, einen Sachverhalt einfacher auszudrücken, als ihn verbal zu beschreiben, sollte auf die Bildung einer Kennzahl verzichtet werden.
- Eindeutigkeit: Kennzahlen müssen einen Sachverhalt eindeutig greifbar machen.
- Validität: Die Validität einer Kennzahl spielt insbesondere eine Rolle, wenn Ziele in Kennzahlen formuliert werden. Validität bedeutet, dass zwischen der gewünschten Zielerreichung und den damit verbundenen Maßnahmen sowie der Beobachtung der Entwicklung der Kennzahl ein kausaler und logischer Zusammenhang bestehen muss. Mit Hilfe der Kennzahl muss daher genau die Zielerreichung beurteilt werden können.
- Zuverlässigkeit: Eine Kennzahl ist immer dann zuverlässig, wenn unter gleichen Bedingungen auch immer der gleiche Kennzahlenwert erreicht wird. Das Ergebnis einer Kennzahl muss also reproduzierbar sein.
- Beeinflussbarkeit: Werden auf Grund eines Wertes einer Kennzahl Steuerungsmaßnahmen initiiert und Handlungen vollzogen, müssen diese Veränderungen die Ausprägung der Kennzahl beeinflussen können, um zu beobachten, ob die Änderungen den gewünschten Effekt bewirken. Dies ist insbesondere bei outcome-orientierten Kennzahlen wichtig, da hier verschiedenste externe Aspekte aus Politik und Gesellschaft Einfluss auf die Ausprägung der Kennzahl nehmen können. Eine Filterung des Wirkungsanteils einer bestimmten Maßnahme ist oftmals gar nicht oder nur schwer möglich.
- Kosten der Messung: Bei der Erhebung von Daten zur Auswertung von Kennzahlen muss der Aufwand in einem angemessenen Verhältnis zum Nutzen stehen. Daher sollte zunächst versucht werden, Kennzahlen auf Basis bereits zugänglicher Daten und Informationen (z.B. aus dem Rechnungswesen) zu erheben, bevor mit hohem zusätzlichen Aufwand Daten erhoben werden (z.B. durch Befragungen).

[584] Vgl. hierzu und zum Nachfolgenden Nullmeier (2005), S. 438f.

Diese Liste an Aspekten, die bei der Bildung und Auswahl von Kennzahlen zu berücksichtigen sind, scheint in der Anwendung bei einem Förderprogramm auf den ersten Blick immer eine hohe Komplexität darzustellen. Man kann durchaus bei bestimmten Förderprogrammen (z.B. Arbeitsmarktförderprogrammen) zu dem Ergebnis kommen, dass Kennzahlen vor dem Hintergrund der Validität und Beeinflussbarkeit nicht für alle Zielarten eindeutige Rückschlüsse auf den Erfolg des Förderprogramms zulassen. Dass bei anderen Förderprogrammen hingegen Kennzahlen einfacher zu definieren sind, soll an dem in der Zielanalyse bereits eingeführten Beispiel eines fiktiven Förderprogramms zur Förderung des Ausbaus von Plätzen zur Betreuung von Kindern unter drei Jahren („U3-Förderung“) nun aufgezeigt werden. Dazu wird das dort exemplarisch formulierte Output- und Outcome-Ziel aufgegriffen (siehe Tabelle 6) und dargestellt, wie mit Hilfe von wenigen quantifizierbaren, einfachen, validen und zuverlässigen Kennzahlen ein Zielerreichung beobachtet und beurteilt werden kann.
Als Output-Ziel wurde definiert, mit Hilfe des Förderprogramms in einer definierten Region 100.000 neue Plätze zur Betreuung von Kindern unter 3 Jahren zu schaffen. Dieses Ziel lässt sich mit einer einfachen Kennzahl überprüfen, nämlich mit der „Anzahl an neuen Betreuungsplätzen für Kinder unter 3 Jahren“. Dazu muss zu Beginn des Förderprogramms die Basis an Betreuungsplätzen für Kinder unter 3 Jahren ermittelt werden und mit dem Wert nach bzw. im Laufe des Förderprogramms verglichen werden. Durch Differenzenbildung ist die Prüfung der Zielerreichung sichergestellt. Der zusätzliche Aufwand für diese Messung ist gering, wenn auf bereits existierende statistische Erhebungen zurückgegriffen werden kann. So erheben sowohl einzelne Bundesländer als auch der Bund im Rahmen der Bundesstatistik Platzzahlen in Kindertagesstätten in Abhängigkeit von der Altersstruktur der Kinder. Ein kausaler Zusammenhang der Entwicklung dieser Werte mit dem Förderprogramm ist gegeben, da nur durch zusätzliche Mittel Investitionen angestoßen werden können, die ein Träger einer Kindertagesstätte in der Regel nicht alleine aufbringen kann bzw. auch kein Anreiz vorliegt, dies im Eigeninteresse zu tun. Sollte festgestellt werden, dass ein Ziel mit den zu Beginn gegebenen Fördermitteln nicht erreicht werden kann, müsste als Steuerungsmaßnahme die Förderung erhöht werden, so dass mehr Plätze entstehen. Damit ist die direkte Beeinflussbarkeit von Steuerungsmaßnahmen auf das Förderprogramm gegeben.
Werden nun diese Auswertungen der angebotenen Plätze regional, beispielsweise für einen Jugendamtsbezirk, vorgenommen und diese Werte in Bezug zur Altersstruktur der öffentlich zugänglichen Bevölkerungsstatistik gesetzt, kann auch die Erreichung des Outcome-Ziels (siehe Tabelle 6) leicht beobachtet bzw. beurteilt werden. Outcome-Ziel ist, durch den Ausbau von Kindertagesstätten zur Betreuung von Kindern unter drei Jahren für jedes dritte Kind eines Jugendamtsbezirkes in dieser Altersklasse ein Betreuungsplatzangebot zu schaffen.

Durch eine entsprechende Beobachtung und Beurteilung können bei Bedarf auch Steuerungsmaßnahmen eingeleitet werden.

Betrachtet man nun wieder mögliche Kennzahlen im Allgemeinen, lässt sich feststellen, dass diese sehr unterschiedliche Merkmale aufweisen. Grundsätzlich kann zwischen absoluten Werten (z.B. Fallzahlen, Summen, Differenzen) und relativen Werten (Zahlen die zueinander im Verhältnis stehen) unterschieden werden.[585] Die zuletzt genannte Kategorie lässt sich noch in Gliederungszahlen, Beziehungszahlen und Indexzahlen (Veränderungszahlen) unterteilen.[586] Gliederungszahlen sind Kennzahlen, bei denen Werte aus einer Gesamtmenge zueinander in Relation oder in Relation zur Gesamtmenge gesetzt werden. Bei Beziehungszahlen werden Größen unterschiedlicher Mengen miteinander verbunden. Diese müssen aber einen sachlogischen Zusammenhang aufweisen. Bei Indexzahlen wird die Entwicklung in einem Zeitablauf betrachtet. Die Berechnung der Indexwerte erfolgt schließlich dadurch, dass ein aktuell betrachteter Wert ins Verhältnis zum Wert in einem Basiszeitpunkt bzw. -raum gesetzt wird.[587]

Darüber hinaus sollten Kennzahlen in interne und externe Kennzahlen unterschieden werden.[588] Gerade in der öffentlichen Verwaltung sollten sowohl Kennzahlen für die Öffentlichkeit auf Grund der geforderten Transparenz, aber auch rein interne Kennzahlen zur Steuerung und Kontrolle ermittelt werden.[589]

Kennzahlen erhalten ihre Bedeutung nicht bei der Entwicklung und Auswahl an sich. Vielmehr ist die Aussagekraft und Interpretation der Kennzahlen entscheidend, wenn mit den Kennzahlen bei der Zielfestlegung oder bei der Beurteilung der Zielerreichung gearbeitet wird.[590]

Bei der Interpretation und dem Verständnis der Ergebnisse ist es wichtig, die Entstehung von Kennzahlen nachvollziehen zu können und Kenntnis darüber zu haben, wie die Kennzahlen aufgebaut sind und welche Daten einfließen. In diesem Zusammenhang sollte man auch in Erfahrung bringen, ob Daten das Ergebnis der Kennzahlen verzerren können und, wenn dies der Fall ist, wie stark und in welche Richtung.[591]

---

585 Vgl. Heiß (2000). S. 189; Berens/Hoffjan (2004), S. 728f.; Wunderer/Jaritz (2006), S. 28 und Weber (2008), S. 174.

586 Vgl. nur Staehle (1967), S. 64; Wagenhofer (2000), S. 227; Nullmeier (2005), S. 435; Wunderer/Jaritz (2006), S. 28 und Wöhe/Döring (2008), S. 213.

587 Vgl. Berens/Hoffjan (2004), S. 729 und Nullmeier (2005), S. 435.

588 Vgl. Reichmann (2004), S. 88.

589 Vgl. Nullmeier (2005), S. 435.

590 Vgl. Nullmeier (2005), S. 438.

591 Vgl. Hunziker (2011), S. 74f.

Indikatoren können einen Sachverhalt in Abgrenzung zu Kennzahlen nicht direkt in einem Wert messbar beschreiben und kommen daher vielmehr zum Einsatz, wenn Sachverhalte nicht eindeutig messbar sind.[592] Durch die Entwicklung verschiedener Indikatoren im Zeitablauf sollen die Auswirkungen des Handelns oder der Maßnahmen messbar und damit auch beurteilbar gemacht werden.[593] Mit Indikatoren können Auswirkungen indirekt gemessen werden.[594] Indikatoren sollten als Alternative zu Kennzahlen herangezogen werden, wenn sich das Ziel nicht in einer harten Kennzahl messen lässt. Dies ist insbesondere bei der Beurteilung von Wirkungen (Impact/Outcome) der Fall, so dass mit Hilfe von Indikatoren Wirkungen ansatzweise messbar gemacht werden können.[595]

So können bei einem Förderprogramm beispielsweise Umfragen beim Fördernehmer oder bei Zielgruppen durchgeführt werden, um Antworten auf die Frage zu bekommen, ob das Förderprogramm den erwarteten Nutzen bzw. Erfolg gestiftet hat. Es könnte abgefragt werden, ob etwa Maßnahmen eines Arbeitsmarktförderprogramms dazu beigetragen haben, dass eine Person wieder eine Arbeitsstelle hat und ob diese Person glaubt, ohne das Förderprogramm noch keine Arbeit zu haben. Andere Fragestellungen bei anderen Förderprogrammen könnten sein, ob beispielsweise die Tätigkeit von geförderten Schuldnerberatungs- oder Schwangerschaftskonfliktberatungsstellen bei den Personen, die die Beratung in Anspruch genommen haben, als hilfreich und nützlich empfunden wurde. Alle diese Erkenntnisse können als Indikator dienen, ob ein Förderprogramm erfolgreich ist und das beabsichtigte Ziel erreicht wird.

Ratsam ist es allerdings, nicht nur einen Indikator zu definieren, sondern vielmehr bei der Zieldefinition zur späteren Beurteilung der Ziele mehrere Indikatoren auszuwählen. Es ist bei dem jeweiligen Sachverhalt zu beachten, dass nicht zu wenige, aber auch nicht zu viele Indikatoren festgelegt werden, da zu wenige Indikatoren ggf. keine zuverlässige Bewertung ermöglichen, wohingegen zu viele Indikatoren Beurteilungen und deren Nachvollziehbarkeit erschweren.[596]

Durch Indikatoren werden die Entwicklungen von Sachverhalten bzw. Ereignissen angezeigt. Diese Sachverhalte und Ereignisse werden als Indikandum bezeichnet. Ein Indikandum ist ein theoretisches Konstrukt, das über den Indikator bewertet werden soll.[597] Je nachdem, wie der Indikator im Verhältnis zum Indi-

592 Vgl. Kaltenbrunner/Kattnigg (2008), S. 300.
593 Vgl. Heiß (2000), S. 190 und Nullmeier (2005), S. 437.
594 Vgl. Wunderer/Jaritz (2006), 23.
595 Vgl. Berens/Mosiek/Röhrig/Gerhardt (2004), S. 334.
596 Vgl. Buschor (2001), S. 63.
597 Vgl. Krystek/Müller-Stewens (1993), S. 76.

kandum steht, lassen sich Indikatoren in drei unterschiedliche Kategorien einteilen, die sie von Kennzahlen unterscheiden:

- voll-teilidentische Indikatoren;
- partiell-teilidentische Indikatoren;
- nicht identische Indikatoren.[598]

Voll-teilidentische Indikatoren bedeuten, dass der Indikator in dem Indikandum enthalten ist und dieser eine messbare Größe bildet (z.B. Rohölpreis als Indikator für die Entwicklung des Benzinpreises). Bei partiell-teilidentischen Indikatoren ist der Indikator nicht vollständig sondern nur teilweise in dem Indikandum enthalten, so dass der Indikator eine Entwicklung nur teilweise erklären kann (z.B. das Pro-Kopf-Einkommen der Bevölkerung als Indikator für den Lebensstandard oder Anzahl an Fortbildungstagen als Indikator für die Qualität der Personalentwicklungsmaßnahmen[599]). Schließlich ist auch der Fall denkbar, dass das Indikandum keine Schnittmenge mit einem nicht-identischen Indikator hat. Hier wird vielmehr über einen logischen Zusammenhang – das heißt über eine empirisch beobachtbare Korrelation – die Beziehung hergestellt (z.B. (negative) Korrelation zwischen Krankenstand bei Arbeitnehmern und der Arbeitslosenquote).[600]

Eine vierte Kategorie von Indikatoren können Kennzahlen sein, durch die auch eine direkte Messung ermöglicht wird.[601] In dem Fall sind Indikator und Kennzahl synonym zu verwenden. In dieser Arbeit wurde aber bewusst eine begriffliche Trennung zwischen Kennzahl und Indikator vorgenommen, da mit Kennzahlen eine direkte und mit Indikatoren eine indirekte Messbarkeit des Erfolgs eines Förderprogramms vorgenommen werden kann.

Die bereits bei den Kennzahlen betrachteten Aspekte Vereinfachung, Eindeutigkeit, Validität, Zuverlässigkeit, Beeinflussbarkeit und das Verhältnis von Aufwand der Beurteilung zum Nutzen sind auch bei der Auswahl von Indikatoren zu berücksichtigen.[602]

598 Vgl. zu dieser Einteilung z.B. Hujer/Cremer (1977), S. 7f.
599 Vgl. Gerhard/Pötzl (2011), S. 25.
600 Vgl. Vgl. Hujer/Cremer (1977), S. 7f. und Krystek/Müller-Stewens (1993), S. 76-78.
601 Vgl. Hujer/Cremer (1977), S. 7f.
602 Vgl. Schedler (1993), S. 309 und Buschor (2001), S. 64.

4.1.1.3 Bedeutung für ein Förderprogramm-Controlling in Ausprägung der Zielanalysematrix

Die Felder der Zielanalysematrix[603] beziehen sich teilweise auf wirkungsorientierte Ziele (Feld V bis VIII) und teils auf nicht-wirkungsorientierte (Feld I bis IV) Ziele. Für ein Förderprogramm-Controlling sowie für ein Controlling im Allgemeinen ist die Existenz von Zielen von besonderer Bedeutung.[604] Dabei sollten Ziele messbar und quantifizierbar formuliert werden.[605]

Bevor eine differenzierte Betrachtung nach nicht-wirkungsorientierten und wirkungsorientierten Zielen vorgenommen wird, soll die Zielanalysematrix mit der ganzheitlichen wirkungsorientierten Controlling-Konzeption von MOSIEK ET AL. zusammengeführt werden. In der nachfolgenden Tabelle werden daher die Ebenen aus dem Ziel- und Ergebnisebenenmodell der öffentlichen Leistungserstellung nach MOSIEK ET AL. mit den Feldern der Zielanalysematrix in Beziehung gesetzt.

Ziel- und Ergebnisebenenmodell der öffentlichen Leistungserstellung nach MOSIEK ET AL.[606]	Art des Ziels aus der Zielanalysematrix	Felder der Zielanalysematrix
Kosten- und Finanzziele	Leistungserbringungsziele beim Fördergeber	I und II
Output: Produktziele	Leistungserbringungsziele beim Leistungsempfänger	III und IV
Impact: Leistungsempfängerbezogene Ziele	Direkte Leistungswirkungsziele (primär – beim Leistungsempfänger)	V und VI
Outcome: Gesellschaftliche Wirkungsziele	Indirekte Leistungswirkungsziele (sekundär – bei Dritten/ Gesellschaft)	VII und VIII

Tabelle 7: Verbindung der Zielanalysematrix mit dem Model von MOSIEK ET AL.[607]

603 Vgl. Kapitel 4.1.1.1.

604 Vgl. dazu Erläuterungen zu Fußnote 376: Schmidberger (1993), S. 177; Nau/Wallner (1999), S. 171; Pook/Fischer (2002), S. 44; Arbeitskreis Integrierte Verbundrechnung (2007), S. 13 und Finger (2007), S. 96.

605 Vgl. dazu Erläuterungen zu Fußnote 379 und 377: Nau/Wallner (1999), S. 171 und Mitterer (2005), S. 10.

606 Vgl. Kapitel 3.3.2.

607 Eigene Darstellung.

Aus dieser Zusammenführung wird zunächst allgemein deutlich, welche Ziele definiert werden müssen, um in einem Förderprogramm-Controlling Bewertungen hinsichtlich des Erfolgs eines Förderprogramms vornehmen zu können.

Die Ziele in den ersten vier Feldern der Zielanalysematrix sind den nicht-wirkungsorientierten Zielen zuzuordnen. Diese Zielsetzungen sind wichtig, wenn ein Förderprogramm-Controlling die Erreichung von input- und output-orientierten Zielen beurteilen soll. Dabei sollten vor allem bei diesen Zielkategorien quantifizierte Ziele definiert werden (Feld I und III der Zielanalysematrix), da hierfür die notwendigen Werte und Kennzahlen vorliegen. So können bei den Kosten- und Finanzzielen bei der Inputbetrachtung Werte vorgegeben werden, die für die Durchführung des Förderprogramms bereitgestellt werden können. Dies können einerseits monetäre Größen (in Euro) sein oder etwa ein Ressourceneinsatz an Personal (z.B. in Vollzeitäquivalenten). Für die output-orientierte Zieldefinition sollten quantitative Fallzahlen (z.B. Anzahl an Bewilligungen, Volumen der Förderung) gewählt werden.
Zur Vorgehensweise und Abstimmung dieser möglichen Zielgrößen sollten im Rahmen einer Zielvereinbarung auf die Methoden zur Operationalisierung von Zielgrößen zurückgegriffen werden.[608]

Für ein wirkungsorientiertes Controlling sind demzufolge nur die Felder der Zielanalysematrix von Bedeutung, in der wirkungsorientierte Ziele eingruppiert werden. Die Ziele in den Feldern V bis VIII der Zielanalysematrix sind wirkungsorientierte Ziele, wobei die Ziele, die sich in Feld V und VII einsortieren lassen, Ziele rein quantitativer Natur sind. Werden die impact- und outcome-orientierten Ziele nur qualitativ beschrieben (Feld VI und VIII), ist eine Erfolgsbeurteilung im Rahmen eines wirkungsorientierten Förderprogramm-Controllings schwierig, da qualitative Ziele schwer messbar sind. In diesem Fall könnte höchstens über geeignete Indikatoren[609] oder Methoden im Rahmen der Kontrollphase (z.B. über Befragungen[610]) herausgefiltert werden, ob das Förderprogramm ein qualitatives Förderziel erreicht hat. Eine messbare Beurteilung zwischen Ausgangs- und Endsituation, also einem Maß der Zielerreichung, ist in dem vorgenannten Fall daher nicht möglich.

Daher sollten zur Sicherstellung eines aussagekräftigen wirkungsorientierten Förderprogramm-Controllings auch quantitative Messgrößen als Zielvorgabe festgelegt werden.[611] Wenn daher für ein Förderprogramm eine Wirkung be-

---

608 Vgl. Kapitel 4.1.1.2.1.
609 Vgl. Kapitel 4.1.1.2.2.
610 Vgl. Kapitel 4.3.2.4.
611 Vgl. dazu Erläuterungen zu Fußnote 386: Ott (1992), S. 88.

wertbar sein soll, sollten die Ziele dieses Förderprogramms in der Systematik der Felder V und VII der Zielanalysematrix formuliert werden.

Wenn bewusst auf eine Beurteilung der Wirkung eines Förderprogramms verzichtet wird, kann die Zielformulierung wirkungsorientierter Ziele (Feld V bis VIII) vernachlässigt werden. Ein solcher Verzicht würde aber zunächst der eigentlichen Notwendigkeit eines Controllings in der öffentlichen Verwaltung widersprechen.[612] Daher sollte grundsätzlich für jedes Förderprogramm bewusst die Entscheidung getroffen werden, für welche wirkungsorientierte Zielart eine Zielsetzung erfolgt und wo ggf. bewusst auf eine quantitative Zielformulierung verzichtet wird.

Ein bewusster Verzicht auf eine wirkungsorientierte Zielsetzung und damit auch auf die Möglichkeit der Durchführung eines wirkungsorientierten Förderprogramm-Controllings kann jedoch sinnvoll sein, wenn eine der grundlegenden *Restriktionen des wirkungsorientierten Controllings* greift. So kann erstens der Zeitverzug, bis aus dem erzeugten Output die gewünschte Wirkung (Impact/Outcome) der Förderung eintritt, so groß sein, dass die Information über eine Wirkung weder für die Steuerung des Förderprogramms noch für weitere Entscheidungen benötigt wird. Zweitens kann auf Grund vielfältiger Einflussfaktoren auf die gewünschte Wirkung der genaue Ursache-Wirkungszusammenhang zwischen Förderprogramm und der gewünschten Wirkung nicht immer zweifelsfrei hergestellt werden.[613]

Diese beiden Restriktionen greifen allerdings nicht für jedes Förderprogramm und dürfen deswegen auch nicht als Pauschalargumentation gegen eine wirkungsorientierte Zielsetzung (Feld V bis VIII der Zielanalysematrix) herangezogen werden. Vielmehr muss dies für jedes Förderprogramm im Zielsetzungsprozess beurteilt werden. So kann beispielsweise bei Arbeitsmarktförderprogrammen vor allem auf Grund der vielfältigen Einflussfaktoren auf den Arbeitsmarkt eine messbare Wirkungsbeurteilung des Förderprogramms nicht abschließend möglich sein. In diesem Fall ist es schwierig, eine quantitative Zielgröße zu definieren, mit der explizit die Wirkung des Förderprogramms gemessen werden kann. Hier sollten aber gleichwohl qualitative Ziele formuliert werden (Feld VI und VIII), die zwar nicht über eine Messgröße verfügen, sondern über die bereits erwähnten Indikatoren oder weiteren Methoden im Rahmen der Kontrollphase beurteilt werden können.

---

[612] Vgl. zur Notwendigkeit eines Controllings in der öffentlichen Verwaltung Kapitel 3.2.1.

[613] Vgl. zu diesen beiden Restriktionen insbesondere die Ausführungen zu Fußnote 544 und 545 in Kapitel 3.4.3.

Anders hingegen ist das in Tabelle 6 unter VII beispielhaft aufgeführte, fiktive Ziel eines Förderprogramms zum Ausbau der U3-Plätze in Kindertagesstätten einzustufen:[614] Durch den Ausbau von Kindertagesstätten zur Betreuung von Kindern unter drei Jahren soll für jedes dritte Kind unter drei Jahren ein Betreuungsplatzangebot geschaffen werden. Bei diesem Förderprogramm mit dem genannten wirkungsorientierten Ziel (Outcome) ist beispielsweise weder ein erheblicher Zeitverzug bei der Wirkung noch weitere gravierende Einflussfaktoren auf die Wirkung zu erwarten. Daher sollte in diesem Beispiel nicht auf ein wirkungsorientiertes Ziel verzichtet werden.

Die Zielanalysematrix zeigt daher transparent auf, welche Felder für die Bedeutung eines Förderprogramm-Controllings mit einem messbaren Ziel hinterlegt werden müssen, wenn das Controlling dahingehend eine Erfolgsbeurteilung des Förderprogramms insgesamt ermöglichen soll. Zwar kann eine quantitative, wirkungsorientierte Zielformulierung und Erfolgsbewertung auf Grund der geschilderten Restriktionen für einzelne Förderprogramme schwierig sein. Hier sollten aber dann gleichwohl wirkungsorientierte Ziele rein qualitativ formuliert werden, da ein Fördergeber mit einem Förderprogramm immer eine Wirkung beim Förderempfänger und/oder Dritten erreichen will.

4.1.2 Analyse der Förderart und Förderstruktur

4.1.2.1 Kategorien im Rahmen der Analyse der Förderart und Förderstruktur

Im Rahmen der Planungsphase wird die *Förderart* eines jeden Förderprogramms definiert und in der Förderprogrammrichtlinie festgelegt.[615] Bei einem staatlichen Förderprogramm lassen sich – wie bereits beschrieben – die Förderarten Zuschüsse[616], Darlehen[617], Bürgschaft bzw. Garantie[618] und Realförderung[619] unterscheiden.

In diesem Zusammenhang erfolgt auch eine Festlegung in der Richtlinie, wie der Fördernehmer die Förderung erhält.[620] Möglich ist hierbei eine *einmalige oder mehrmalige Abwicklung bzw. Auszahlung* der jeweiligen Förderung, was im weiteren Fortgang der Arbeit als Förderstruktur bezeichnet wird.

---

[614] Vgl. Kapitel 4.1.1.1.
[615] Vgl. Kapitel 2.4.1.
[616] Vgl. Kapitel 2.3.2.2.
[617] Vgl. Kapitel 2.3.2.3.
[618] Vgl. Kapitel 2.3.2.4.
[619] Vgl. Kapitel 2.3.2.6.
[620] Vgl. Kapitel 2.4.1.

Die *Herkunft der gesamten Fördermittel* kann dabei von Förderprogramm zu Förderprogramm variieren. Einerseits können die Fördermittel ausschließlich vom eigentlichen Fördergeber stammen. Dabei ist unter dem eigentlichen Fördergeber die staatliche Institution zu verstehen, die das Förderprogramm letztendlich auflegt und die Durchführung vornimmt bzw. veranlasst. Andererseits können bei einem Förderprogramm neben den Fördermitteln des eigentlichen Fördergebers auch Fördermittel anderer staatlicher Institutionen an den Förderempfänger weitergegeben werden. Dies ist z.B. der Fall, wenn ein Bundesland ein Förderprogramm begibt, mit dem nicht nur Landesmittel, sondern auch Fördermittel des Bundes und/oder der EU bewilligt werden.[621]

Diese drei geschilderten Elemente – Förderart, monetäre Beteiligung des eigentlichen Fördergebers und die Abwicklung bzw. Auszahlung der Förderung – haben je nach Kombination der Ausprägung Auswirkungen auf ein Förderprogramm-Controlling, wie nachfolgender Abbildung entnommen werden kann. Die Darstellung erfolgt in Form eines Quaders.

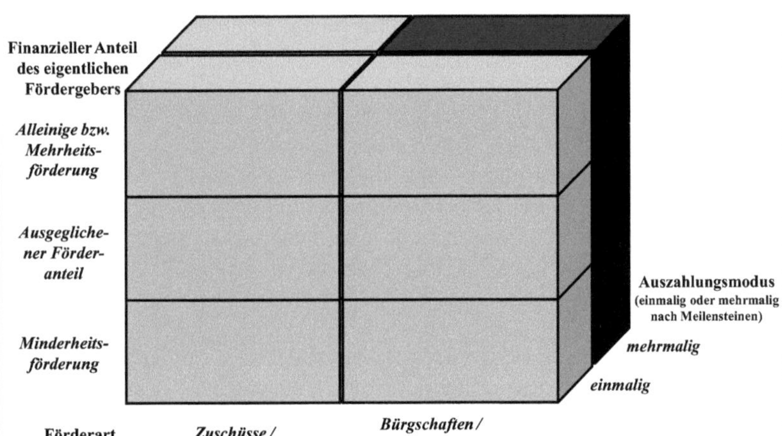

Abbildung 25: Analyse der Förderart und Förderstruktur[622]

[621] Vgl. Kapitel 2.3.1.
[622] Eigene Darstellung.

Auf der *vorderen Seite* des Quaders wird die *Förderart* abgebildet. Dabei werden die vier möglichen Förderarten in zwei Bereiche aufgeteilt. Auf der einen Seite werden die klassischen monetären Förderungen durch Zuschüsse und Darlehen zusammengefasst, weil bei dieser Förderart direkt monetäre Mittel beantragt und auch bei positiver Antragsbeurteilung bewilligt werden. Auf der anderen Seite werden die Förderarten Bürgschaft bzw. Garantie und Realförderung zusammen betrachtet.

Diese Aufteilung bzw. Gruppierung der Förderarten in die beiden Säulen ist neben der Differenzierung nach direkten und nicht direkte monetäre Förderarten insbesondere notwendig, da in Verbindung mit der Analyse, ob eine *Förderung bzw. Auszahlung einmalig oder mehrmalig* nach Meilensteinen erfolgt, nicht jede Kombination möglich ist. Bei Zuschüssen und Darlehen können auf Grund der Teilbarkeit monetärer Größen durch die Definition von Meilensteinen als Förderbedingungen die Förderungen theoretisch nicht in einer Summe einmalig ausgezahlt werden. Vielmehr könnte zwar eine Bewilligung auf eine Gesamtsumme erfolgen, die Auszahlung aber erst sukzessive nach dem Eintreten des definierten Meilensteins in Teilen erfolgen. Diese Option entfällt bei den Förderarten Bürgschaft bzw. Garantie und Realförderung, da diese Förderungen grundsätzlich nicht teilbar bzw. in Teilabschnitten bewilligbar sind. Bürgschaft und Garantie werden an sich abstrakt bewilligt und auch die mögliche Inanspruchnahme erfolgt in der Regel einmalig mit einer Summe. Auch die Realförderung unterliegt keiner Teilbarkeit. Daher entfallen in der Analyse der Förderart und Förderstruktur die Kombinationen der Förderarten Bürgschaft bzw. Garantie und Realförderung und einer Förderung nach Meilensteinen, weswegen der Quader in einem Viertel der Darstellung schwarz bleibt.

Auf der *dritten Seite* des Quaders ist die *Herkunft der Fördermittel* abgetragen. Dabei orientieren sich diese Ausprägungen an dem Verhältnis des Anteils von Fördermitteln des eigentlichen Fördergebers zu den Anteilen von Fördermitteln, die von anderen öffentlichen Institutionen bereitgestellt werden und durch den eigentlichen Fördergeber an die Fördernehmer weitergegeben werden. Die Ausprägung „alleinige bzw. Mehrheitsförderung“ kommt dann zum Tragen, wenn der eigentliche Fördergeber die Mehrheit der Fördermittel zum Förderprogramm beisteuert. Diese Ausprägung ist immer der Fall, wenn das Förderprogramm von einem Fördergeber aufgelegt wird, der auch gleichzeitig die kompletten Fördermittel aus dem eigenen Haushalt bereitstellt. Ein „ausgeglichener Förderanteil“ beschreibt den Zustand, wenn die eigenen Fördermittel des eigentlichen Fördergebers in (zumindest etwa) gleichem Verhältnis zu Fördermitteln anderer staatlicher Institutionen stehen. Die dritte Ausprägung „Minderheitsförderung“ liegt schließlich vor, wenn der Anteil des eigentlichen Fördergebers an den gesamten Fördermitteln kleiner ist als der Beitrag einer anderen staatlichen Institution.

Bevor die einzelnen möglichen Kombinationen der Analyse der Förderart und Förderstruktur für die Bedeutung des Förderprogramm-Controllings betrachtet werden, sollen alle möglichen neun Kombinationsmöglichkeiten visualisiert werden. Daher wurde der Quader an der Seite vertikal halbiert, wo eine einmalige oder mehrmalige Förderung nach Meilensteinen abgetragen ist. In nachfolgender Darstellung werden nun die neun verschiedenen Ausprägungsmöglichkeiten der Analyse der Förderart und Förderstruktur sichtbar.

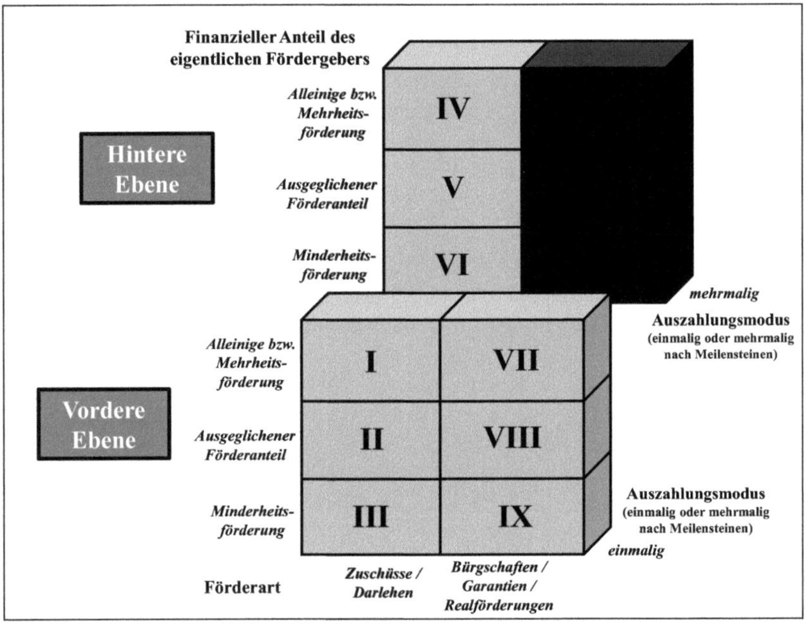

Abbildung 26: Ausprägungen des Analysequaders der Förderart und Förderstruktur[623]

Für ein Förderprogramm-Controlling bietet der Übergang von einer einmaligen zur mehrmaligen Förderung bzw. Auszahlung auf Grund von Meilensteinen[624] ein erhebliches Steuerungspotential (Übergang der Ausprägungen I bis III auf IV bis VI). Diese Möglichkeit betrifft wie oben beschrieben nur die Förderarten Zuschüsse und Darlehen. Bei den Förderarten Bürgschaften bzw. Garantien und

[623] Eigene Darstellung.
[624] Vgl. Kapitel 4.1.2.2.2.

Realförderung kommt dieses Steuerungspotential nicht zum Tragen (Ausprägung Feld VII bis IX), da nur einmalig und umfassend gefördert wird.

Ein Förderprogramm-Controlling kann bei Überprüfung vorab definierter Meilensteine kontrollieren, ob die bereits bewilligten Mittel im Sinne des Ziels und Zwecks des Förderprogramms eingesetzt wurden. Sollte dies der Fall sein, gilt der Meilenstein als erfüllt und die weitere Förderung bzw. Auszahlung kann vorgenommen werden. Sollte der Meilenstein nicht erreicht werden, kann dies die Verwaltung bei der weiteren Förderung bzw. Auszahlung berücksichtigen und diese ggf. zurücknehmen bzw. für die Zukunft widerrufen, wenn der Zweck bzw. das Ziel der Förderung nicht erreicht werden kann.

Dieses mögliche zusätzliche Steuerungspotential durch mehrmalige Bewilligungen nach Meilensteinen führt jedoch bei der operativen Abwicklung in der Verwaltung zu Mehraufwand im Vergleich zu einer einmaligen Förderung bzw. Auszahlung. Diese Konsequenz muss daher bei Vorliegen dieses Gestaltungspotentials berücksichtigt und hingenommen werden.[625]

Aus den weiteren Ausprägungen auf der y-Achse, auf der der finanzielle Anteil des eigentlichen Fördergebers abgebildet wird, ist kein Gestaltungspotential zur Optimierung des Förderprogramm-Controllings abzuleiten. Vielmehr geht es hier um die grundlegende Abstimmung eines Förderprogramm-Controllings untereinander, wenn mehrere staatliche Institutionen Mittel in das Förderprogramm einbringen und der eigentliche Fördergeber nicht die Mehrheit der Fördermittel bereitstellt (alle Ausprägungen bis auf Feld I, IV und VII). In diesen Fällen (Ausprägung Feld II, III, V, VI, VIII und IX) ist eine Abstimmung mit den anderen staatlichen Institutionen im Rahmen eines Projektmanagements und Projektcontrollings[626] in der Regel sinnvoll. Dies ist in den Fällen wichtig, in denen die staatlichen Institutionen, die einen erheblichen Anteil an den Fördermitteln beitragen, vom Fördernehmer auch Informationen darüber erhalten wollen, ob das verfolgte Ziel mit der Förderung erreicht wird. Da dies ggf. im Interesse mehrere Fördergeber ist, bedarf es dabei einer Abstimmung, um einheitliche Informationen vom Fördernehmer zu erfahren und auf dieser Basis fundierte Entscheidungen treffen zu können. Wird keine Abstimmung zwischen mehreren Fördergebern vorgenommen, kann es zu der Situation kommen, dass jeder Fördergeber sein eigenes Controlling initiiert. Im Extremfall werden dann von zwei staatlichen Institutionen beim Fördernehmer identische Informationen benötigt bzw. abgefragt. Dies führt insgesamt zu Doppelarbeiten, die es zu vermeiden

[625] Vgl. Kapitel 4.5 bzgl. der Erläuterungen des allgemeinen Gestaltungspotentials auf Grund der Ausprägung in der Analyse.

[626] Vgl. hierzu sogleich Kapitel 4.1.2.2.1.

gilt. Grundsätzlich problematisch könnte allerdings der differenzierte Umgang mit den Erkenntnissen aus dem jeweiligen Controlling sein, wenn bei einem Fördergeber das Controlling seine Erkenntnisse auf anderen Informationen und Daten aufbaut als der andere Fördergeber. So könnte es durchaus zu der Situation kommen, dass ein Fördergeber die Situation (Zielerreichungsgrad beim Förderprogramm) anders beurteilt als der andere Fördergeber und beide entgegengesetzte Entscheidungen treffen bzw. konträre Steuerungsmaßnahmen einleiten wollen. Eine solche Situation könnte den gesamten Erfolg eines Förderprogramms gefährden. Daher sollte unbedingt bei einem Förderprogramm mit mehreren Fördergebern eine Abstimmung und gemeinsame Vorgehensweise im Rahmen eines Projektmanagements und Projektcontrollings erfolgen.

4.1.2.2 Instrumenteneinsatz im Rahmen der Analyse der Förderart und Förderstruktur

Die Analyse der Förderart und Förderstruktur sollte ebenfalls vor allem in der Planungsphase zum Einsatz kommen, um die geeigneten Maßnahmen und Controlling-Instrumente zur Optimierung eines Förderprogramm-Controllings bereits vor dem Start der Förderung um- bzw. einzusetzen. Sollte sich ein Förderprogramm bei der Anwendung der Analyse bereits in der Umsetzung befinden, können die Ergebnisse der Analyse und des damit verbundenen Instrumenteneinsatzes für die Zukunft greifen. Somit kann diese Analyse auch noch bei bereits laufenden Förderprogrammen zum Einsatz kommen und ihre Wirkung entfalten.

Je nach Ausprägung der Förderstruktur auf der Ebene der Beteiligten an einem Förderprogramm sollte das Instrument des Projektcontrollings im Rahmen eines Projektmanagements angewendet werden. Wird bei einem Förderprogramm die Förderart Zuschuss oder Darlehen angewendet, sollten Meilensteine zur Abwicklung der Förderung definiert werden.

4.1.2.2.1 Projektmanagement und Projektcontrolling

Sind mehrere staatliche Institutionen an einem Förderprogramm als Fördergeber beteiligt, können mit dem Instrument des Projektmanagements[627] und Projekt-

[627] Im Rahmen dieser Arbeit wird in den Erläuterungen auf die zentralen Aspekte und Herausforderungen des Projektmanagements abgestellt. Zu tiefergehenden Ausführungen sei auf Burghardt (2008) und Peipe (2011) verwiesen.

controllings[628] alle Beteiligten gemeinsam das Förderprogramm steuern. Dabei ist ein spezifisches Förderprogramm als ein Projekt zu definieren.

Unter einem *Projekt* im Allgemeinen ist ein Vorhaben mit einem festgelegten Anfang und Ende zu verstehen, das sich neben diesem zeitlichen Rahmen auch durch seine Einmaligkeit und Spezifität von anderen Aufgaben differenziert.[629] Dieses Verständnis bestätigt auch die DIN-Norm 69901, die sich näher mit dem Projektmanagement befasst. Danach ist ein Projekt als ein Vorhaben definiert, das im Wesentlichen durch Einmaligkeit der Bedingungen in ihrer Gesamtheit gekennzeichnet ist. So erfüllt ein Projekt z.B. eine oder mehrere der folgenden Eigenschaften:

- klare Zielvorgabe;
- zeitliche, finanzielle, personelle Begrenzung;
- Abgrenzung gegenüber anderen Vorhaben;
- eine projektspezifische Organisation.[630]

Besonders bedeutsam für ein Projekt ist es, einen Projektstart bzw. Projektstarttermin und ein Projektende festzulegen.[631]

Für ein Projekt bedarf es eines *Projektmanagements*, unter dem die Gesamtheit von Führungsaufgaben und Führungsorganisation zu verstehen ist, um ein Projekt zu initiieren, zu planen, zu steuern und abzuschließen.[632] Insgesamt soll ein Projektmanagement die effiziente Umsetzung des jeweiligen Projektes gewährleisten.[633] Der Projektleitung kommt daher bei einem Projekt eine Schlüsselposition zu.[634]

Ein Projektmanagement als Führungsaufgabe muss das Projekt klar mit einer Zielfestlegung definieren und gegenüber anderen Aufgaben abgrenzen. Im Rahmen des Projektmanagements muss das Projekt strukturiert, mit einem Zeitplan unterlegt und die zur Verfügung stehenden Ressourcen (Personal und monetäre Mittel) eingeteilt werden. In allen Projektphasen – also der Vorbereitungs-, Planungs-, Umsetzungs- und Abschlussphase – werden die genannten

---

628 Im Rahmen dieser Arbeit wird in den Erläuterungen auf die zentralen Aspekte und Herausforderungen des Projektcontrollings abgestellt. Zu tiefergehenden Ausführungen sei auf Fiedler (2010) und Schreckeneder (2010) verwiesen.
629 Vgl. Witt-Bartsch/Enz (2004), S. 94.
630 Vgl. Deutsches Institut für Normungen e.V. (2009), S. 155.
631 Vgl. Deutsches Institut für Normungen e.V. (2009), S. 11.
632 Vgl. Deutsches Institut für Normungen e.V. (2009), S. 158.
633 Vgl. Bea/Scheurer (2011), S. 426f.
634 Vgl. Littkemann (1998), S. 73.

Tätigkeiten durch das Projektmanagement durchgeführt. Parallel findet im Rahmen des Projektmanagements ein Projektcontrolling statt.[635]

Ein Projekt stellt auch für die Beteiligten eine Herausforderung dar, die bewältigt werden muss. Dabei kann es im Projektverlauf durchaus zu unterschiedlichen Situationen kommen, die gelöst werden müssen. So werden die für das Projekt eingeteilten Personen oftmals nicht bei ihren eigentlichen Tätigkeiten entlastet, so dass es bei den zur Verfügung stehenden zeitlichen Kapazitäten zu Engpässen kommen kann. Gerade bei den organisations- und institutionsübergreifenden Projekten kann es auf Grund einer unklaren Weisungsbefugnis und Zuständigkeit innerhalb des Projektes zu Verzögerungen und Hemmungen kommen, die sich auf den Erfolg des Projektes auswirken können. Hier gilt es sich auf eine klare Führungsstruktur innerhalb des Projektes zu verständigen.[636] Darüber hinaus werden für ein Projekt oftmals unrealistische Projektziele bzw. Projektdefinitionen und Termine festgelegt sowie ein unzureichendes Projektcontrolling durchgeführt.[637]

Eine wichtige Aufgabe in allen Phasen des Projektes ist neben dem reinen allgemeinen Projektmanagement das *Projektcontrolling*. Dadurch soll der Erfolg des Projektes und die Zielerreichung sichergestellt werden, indem mit Hilfe von Soll-Ist-Vergleichen, Abweichungsanalysen und deren Bewertung ggf. Korrekturmaßnahmen empfohlen bzw. umgesetzt werden.[638]

Dabei ist die Aufgabe der Projektführung, das Projekt so zu steuern und solche Maßnahmen einzuleiten, dass die beabsichtigten Projektziele erreicht werden. In diesem Zusammenhang ist es ebenfalls wichtig, dass die Projektziele im Rahmen des Projektmanagements so weit wie möglich quantifiziert und daher messbar gemacht werden. Über diese Zieldefinition können im Rahmen des Projektcontrollings Projektfortschritte und Zielerreichungsgrade ermittelt werden, um bei Fehlentwicklungen Gegenmaßnahmen einleiten zu können. Sollten die eigentlichen Projektbeteiligten die Aufgabe des Projektcontrollings nicht wahrnehmen können, bietet sich die Unterstützung von externen Beratern[639] an.[640]

Der Unterschied zwischen dem Projektmanagement und dem Projektcontrolling liegt darin, dass das Projektmanagement die Verantwortung übernimmt und die

[635] Vgl. Erichsen (2011), S. 159.
[636] Vgl. Witt-Bartsch/Enz (2004), S. 92f.
[637] Vgl. Schmidberger (1993), S. 333 und Witt-Bartsch/Enz (2004), S. 93.
[638] Vgl. Deutsches Institut für Normungen e.V. (2009), S. 156.
[639] Vgl. zum Einsatz von externen Beratern zur Unterstützung von Controlling-Aktivitäten auch Kapitel 4.3.2.5.
[640] Vgl. Witt-Bartsch/Enz (2004), S. 96.

Entscheidungen trifft (Zieldefinition, Ressourcenverteilung, Steuerung, Einleitung von Maßnahmen...), wohingegen das Projektcontrolling die Projektmanager in allen Phasen des Projektes berät und betriebswirtschaftliche Methodenkompetenz bereitstellt.[641, 642]

Bei einem Förderprogramm, in dem mehrere staatliche Institutionen als Fördergeber eingebunden sind, kann ein Projektmanagement, an dem sich alle Fördergeber beteiligen, dazu beitragen, dass fördergeberübergreifend einheitliche und operative Ziele definiert werden. Damit eine Zielerreichung auch verfolgt werden kann, sollte im Rahmen des Projektmanagements eine abgestimmte Vorgehensweise (z.B. bei der Definition von Kennzahlen und Indikatoren) definiert werden. Somit kann auch ein einheitliches Förderprogramm-Controlling allen Beteiligten die benötigten Informationen, fußend auf einer gleichen Daten- bzw. Informationsbasis, über den Erfolg des Förderprogramms geliefert werden. Auf Grundlage dieser Informationen können sich alle Beteiligten im Projektmanagement abstimmen, welche Entscheidungen getroffen werden müssen, um das Förderprogramm zielorientiert zu steuern. Wird bei Förderprogrammen mit mehreren Fördergebern das Projektmanagement (Steuerung von Förderprogrammen) und das Förderprogramm-Controlling zentral und einheitlich organisiert und nicht bei jedem Fördergeber individuell vorgenommen, dürfte durch diese vereinheitlichte Zuständigkeit und Organisation in Summe ein geringerer Ressourceneinsatz benötigt werden als bei einer individuellen Vorgehensweise.

4.1.2.2.2 Meilensteine zur Abwicklung der Förderung

Auch der Begriff Meilenstein wird im Rahmen der Deutschen Industrienormen beschrieben. Diese Normen sind durch ein formelles Normungsverfahren beschlossen und demnach rechtlich als eine Ausprägung von allgemeingültigen Standards anerkannt. DIN-Normen machen Vorgaben auf einem hohen Abstraktionsniveau, also beschreiben gerade nicht im Detail, wie in einem Fall vorzugehen ist und was grundsätzlich gemacht werden muss.[643] Ein Meilenstein ist daher nach der DIN-Norm 69900 im Kontext von Projektmanagement ein Schlüsselereignis und ein Ereignis von besonderer Bedeutung.[644]

---

641 Vgl. Erichsen (2011), S. 161.

642 Vgl. Erichsen (2011), S. 162-171 zu Erläuterungen der Tätigkeiten des Projektcontrollings innerhalb der einzelnen Phasen des Projektes. Darüber hinaus werden je Phase auch Einschätzungen des zeitlichen Einsatzbedarfs eines Projektcontrollings gegeben.

643 Vgl. Wagner (2009), S. 1f.

644 Vgl. Deutsches Institut für Normungen e.V. (2009), S. 9.

Diese Ereignisse von besonderer Bedeutung können als Meilensteine bei Förderprogrammen mit einer direkten monetären Förderart (Zuschuss und Darlehen) so festgelegt werden, dass die gesamte Fördersumme in mehreren Abschnitten ausgezahlt wird. Die Auszahlung kann dann in Abhängigkeit davon erfolgen, ob der Fördernehmer den zum Auszahlungszeitpunkt erforderlichen Meilenstein erreicht hat.

Die Definition von Meilensteinen soll das Risiko von Fehlentwicklungen für den Fördergeber im Laufe des Fördermanagementprozesses reduzieren. Durch Meilensteine kann eine Zwischenbeurteilung innerhalb einer Fördermaßnahme erfolgen, ob die Fördermaßnahme beim Fördernehmer hinsichtlich des beabsichtigten Ziels erfolgreich eingesetzt wird. Als Meilensteine können etwa Leistungen, Zeitpunkte aber auch Kostengrößen definiert werden. Von dem „Ob" und „Wie" des Erreichens und der Bewertung dieser Meilensteine kann die Auszahlung der weiteren Fördergelder abhängig gemacht werden.[645]

Sollten Meilensteine nicht bereits zu Anfang des Förderprogramms definiert werden, kann diese Analyse von Förderart und Förderstruktur auch noch bei laufenden Förderprogrammen den Bedarf nach Meilensteinen aufdecken. Wenn dann Meilensteine definiert werden, kann dies zu Änderungen am staatlichen Regelwerk (hier: Richtlinie) führen, die als geänderte Rahmenbedingungen wieder in den Leistungserstellungsprozess einfließen und diesen zukünftig beeinflussen.[646]

4.1.2.3 Bedeutung für ein Förderprogramm-Controlling in Ausprägung der Analyse der Förderart und Förderstruktur

Die Analyse der Förderart und Förderstruktur hinsichtlich des Förderanteils mehrerer Fördergeber und die Empfehlung, ein Projektmanagement inklusive einem gemeinsamen Projektcontrolling zu initiieren, hat für das allgemeine Controlling eines Förderprogramms aus Sicht jedes einzelnen Fördergebers zunächst keine offensichtliche besondere Bedeutung. Die Fördergeber könnten für das jeweilige Controlling benötigte Informationen erheben bzw. beim Fördernehmer abfragen. Ein gemeinsames Projektcontrolling bietet allerdings die Möglichkeit einer einheitlichen Vorgehensweise aller beteiligten Fördergeber, so dass vorab abgestimmt und geplant werden kann, welche Informationen zur Erfolgsbeurteilung die jeweilige Förderebene vorliegen haben möchte. Diese einheitliche und

[645] Vgl. Sommer (2006), S. 23f. hinsichtlich Meilensteinen im Produktentwicklungsprozess.

[646] Vgl. zum Änderungsbedarf der staatlichen Regelwerke auf Grund von Erkenntnissen im Leistungserstellungsprozess mit Auswirkungen auf den zukünftigen Leistungserstellungsprozess das Modell von MOSIEK ET AL., beschrieben in Kapitel 3.3.2.

abgestimmte Vorgehensweise führt zum einen bei den Fördergebern dazu, dass alle Beteiligten auf der gleichen Informations- und Datenbasis eine Erfolgsbeurteilung vornehmen und damit ggf. differenzierte Erfolgsbeurteilungen vermieden werden. Zum anderen führt ein einheitliches Projektcontrolling für ein Förderprogramm auch beim Fördernehmer dazu, dass ihm vom Start des Projektes an bekannt ist, welche Informationen die Fördergeber von ihm benötigen, um eine Erfolgsbeurteilung des gesamten Förderprogramms vornehmen zu können und damit auch seinem individuellen Antrag auf Förderung stattzugeben. Durch ein Projektmanagement und Projektcontrolling kann ein einheitliches Auftreten aller Fördergeber nach außen hin erreicht werden, wenn sich alle Beteiligten an die vereinbarte Vorgehensweise im Rahmen des Projektes halten.

Die Bedeutung für ein Förderprogramm-Controlling bei der Ausprägung, ob einmalig oder mehrmalig nach Meilensteinen gefördert bzw. die Förderung ausgezahlt wird, ist bereits offensichtlich gegeben, da Meilensteine bei einem Förderprogramm immer einen Zeitpunkt für eine Bewertung der aktuellen Fördersituation bieten und sich damit Steuerungspotential eröffnet, falls sich Fehlentwicklungen zeigen und gegengesteuert werden sollte. Somit können Fördergeber bei den Überprüfungen von Meilensteinen ein Steuerungspotential nutzen. Wird bei einer mehrmaligen Förderung nach Meilensteinen die Nichterreichung eines Meilensteins festgestellt, kann die weitere Förderung ggf. eingestellt werden. Daher haben Meilensteine für ein Förderprogramm-Controlling eine hohe Bedeutung. Es sollte daher bei jedem Förderprogramm mit den direkten monetären Förderarten Zuschuss und Darlehen geprüft werden, ob eine Auszahlung nach Meilensteinen erfolgen kann. Die Entscheidung für Meilensteine muss bei jedem Förderprogramm auch im Kontext mit einem möglichen zusätzlichen Administrationsaufwand einzeln beurteilt und gegenüber dem Nutzen eines Controllings abgewogen werden. Nicht bei jeder Förderung – insbesondere bei Zuschüssen – bietet es sich aber an, die Förderung nach Meilensteinen in mehrere Abschnitte aufzuteilen. Denn das maximale Fördervolumen je Förderfall kann dort teilweise zu gering sein und auch die gesamte Fördersumme direkt in einem Mal benötigt werden, so dass Meilensteine ihren Zweck nicht mehr erfüllen würden.

Im Gegensatz zur Beurteilung der Bedeutung eines Förderprogramm-Controllings je nach Ausprägung der Zielanalysematrix muss bei der Analyse der Förderart und Förderstruktur keine getrennte Beurteilung hinsichtlich eines nicht-wirkungsorientierten und/oder wirkungsorientierten Förderprogramm-Controllings erfolgen. Die geschilderte Bedeutung der Ausprägung der betrachteten Analyse und der Einsatz der Instrumente Projektmanagement, Projektcontrolling und Meilensteine für ein Förderprogramm-Controlling gilt hier sowohl für die nicht-wirkungsorientierte Ebene des Inputs und des Outputs als auch für eine wirkungsorientierte Betrachtung von Impact und Outcome.

4.2 Durchführungsphase

In der Durchführungsphase wird durch die jeweilige Willenserklärung der beiden Beteiligten, Antragsteller und Bewilligungsbehörde, der Antrag auf Förderung gestellt sowie eine Bewilligung oder Ablehnung der Förderung ausgesprochen.[647]

Die im Folgenden vorgenommene Verfahrensanalyse bezieht sich auf die praktische Antragstellung und Bewilligung einer Förderung und ist demnach getrennt von der Planungsphase zu betrachten. Die Vorgehensweise in der Durchführungsphase wird zwar auch in der Planungsphase festgelegt, so dass die im Folgenden beschriebene Analyse auch vor dem Beginn einer jeden Förderung durchgeführt werden kann, um bereits dort korrigierend einzugreifen. Allerdings ist die differenzierte Betrachtung dieser Analyse in dem Bereich der Durchführungsphase nicht im Zusammenhang mit der Entscheidung über die dortige Vorgehensweise zu sehen. Vielmehr geht es nachfolgend darum, welche Vorgehensweise im Rahmen der Durchführung bei einem Förderprogramm-Controlling ein Steuerungspotential bietet bzw. eine grundlegende Basis für eine Förderung schafft. Die Verfahrensanalyse kategorisiert Förderprogramme dahingehend, ob einerseits eine Antragstellung nach Meilensteinen erfolgt und andererseits qualitative Fördervoraussetzungen vorliegen.

4.2.1 Kategorien im Rahmen der Verfahrensanalyse

Im Rahmen der Verfahrensanalyse werden die Förderprogramme im Hinblick auf die Art und Weise der Durchführung bzw. Abwicklung der Förderung kategorisiert, um daraus das Potential für das Förderprogramm-Controlling abzuleiten. Beide Analysen setzen bei der Beantragung der Förderung an. Dabei wird zum einen die Fragestellung aufgeworfen, ob eine *ein- oder mehrmalige Antragstellung* für die gesamte Förderung erforderlich ist. Zum anderen wird erfasst, ob der Antragsteller qualitative Fördervoraussetzungen erfüllen muss.

Qualitative Fördervoraussetzungen können sowohl in der Person des Antragstellers als auch in den vom Antragsteller beizubringenden Unterlagen bzw. Dokumentationen liegen. Persönliche qualitative Fördervoraussetzungen können beispielsweise in der vorgeschriebenen Qualifikation bzw. Berufsgruppe des Antragstellers oder des vom Antragsteller mit der Förderung Beauftragten, aber auch ggf. in der Unternehmensgröße und Rechtsform des Antragstellers lie-

[647] Vgl. Kapitel 2.4.2 zur Beschreibung der Antragstellung und Bewilligung in der Durchführungsphase des Fördermanagementprozesses.

gen.[648] Erforderliche Unterlagen, die der Antragsteller bei Antragstellung als qualitative Fördervoraussetzung beizubringen hat, wären z.B. eine geplante Projektbeschreibung bzw. ein Projektplan[649], ein Kooperationskonzept[650], ein Gründungskonzept[651], eine Dokumentation über vorab durchgeführte Maßnahmen[652], eine Dokumentation[653], welche Ziele erreicht und wie diese überprüft werden sollen oder eine Aufstellung der zu erwartenden Kosten[654].

Der Aufbau der Verfahrensanalyse kann nachfolgender Darstellung entnommen werden.

---

648 Vgl. zur Berufsgruppe Ministerium für Wirtschaft und Arbeit des Landes Nordrhein-Westfalen (2006) – hier: Handwerksmeister oder Handwerksmeisterin und Ministerium für Wirtschaft, Mittelstand und Energie des Landes Nordrhein-Westfalen (2009a) – hier: 2-jährige Berufserfahrung von Beratungsunternehmen; zur Unternehmensgröße Ministerium für Wirtschaft, Mittelstand und Energie des Landes Nordrhein-Westfalen (2009b) – hier: gefördert werden kleine und mittlere Unternehmen nach der Definition der Europäischen Kommission vom 06. Mai 2003 (2003/361/EG) und Ministerium für Arbeit, Integration und Soziales des Landes Nordrhein-Westfalen (2011) – hier: Unternehmen mit weniger als 250 Beschäftigten und keine juristischen Personen, an denen Bund, Land oder Gemeinde mit mindestens 50 Prozent beteiligt sind.

649 Vgl. Ministerium für Generationen, Familien, Frauen und Integration des Landes Nordrhein-Westfalen (2006) und Ministerium für Generationen, Familien, Frauen und Integration des Landes Nordrhein-Westfalen (2010b), S. 8.

650 Vgl. Ministerium für Generationen, Familien, Frauen und Integration des Landes Nordrhein-Westfalen (2002).

651 Vgl. Ministerium für Wirtschaft und Arbeit des Landes Nordrhein-Westfalen (2006).

652 Vgl. Ministerium für Umwelt und Naturschutz, Landwirtschaft und Verbraucherschutz des Landes Nordrhein-Westfalen (2004).

653 Vgl. Ministerium für Wirtschaft, Mittelstand und Energie des Landes Nordrhein-Westfalen (2008c).

654 Vgl. Ministerium für Generationen, Familien, Frauen und Integration des Landes Nordrhein-Westfalen (2006).

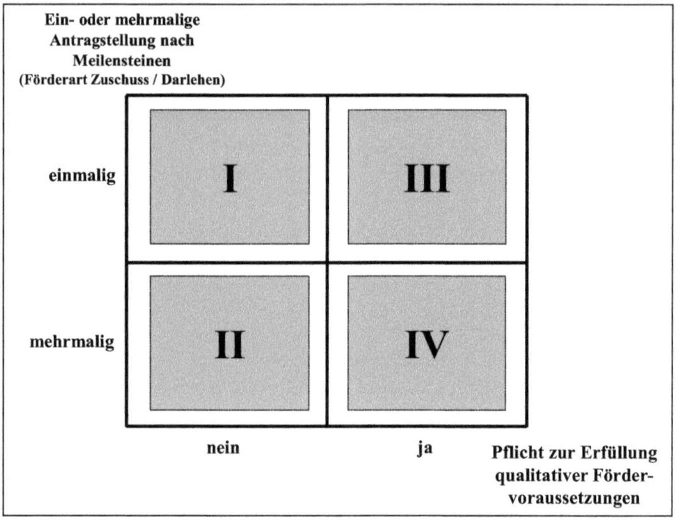

Abbildung 27: Verfahrensanalysematrix[655]

Für ein Förderprogramm-Controlling bietet der Übergang von einer einmaligen zu einer mehrmaligen Antragstellung nach Meilensteinen analog zu einer einmaligen oder mehrmaligen Auszahlung ein erhebliches Steuerungspotential (Übergang der Ausprägungen von Feld I auf II oder Feld III auf IV).[656] Diese Möglichkeit betrifft, wie bei der Analyse der Förderart und Förderstruktur herausgearbeitet, auf Grund der möglichen Teilbarkeit nur die Förderarten Zuschüsse und Darlehen.

Im Vergleich zu der mehrmaligen Auszahlung nach Meilensteinen geht mit der mehrmaligen Antragstellung nach Meilensteinen ein erneuter formaler Antrags- und Bewilligungsprozess einher. Die Initiative geht dabei allein vom Antragsteller aus. Wird kein Antrag gestellt, erfolgt keine Bewilligung.

Bei der mehrmaligen Auszahlung nach Meilensteinen liegt dem Auszahlungsprozess nach diesen Meilensteinen in der Regel kein erneuter Antrags- und Bewilligungsprozess zu Grunde. Vielmehr handelt es sich um einen abgestimmten Prüfprozess zwischen Fördergeber und Fördernehmer, ob die definierten Meilensteine erreicht wurden. Im Rahmen des Gestaltungspotentials und der Ableitung des Handlungsbedarfes ist daher zu prüfen, welche der beiden aufgezeigten

655 Eigene Darstellung.
656 Vgl. Kapitel 4.1.2.1.

Möglichkeiten auch vor dem Hintergrund des Verwaltungsaufwandes zur Förderung nach Meilensteinen realisiert werden können. Auch wenn ein neuer Antrag nach Erreichung eines Meilensteins erforderlich ist, kann ein Förderprogramm-Controlling kontrollieren, ob der Fördernehmer die bereits bewilligten Mittel im Sinne des Ziels und Zwecks des Förderprogramms eingesetzt hat und Handlungsempfehlungen dafür aussprechen, ob eine erneute Bewilligung erteilt werden sollte.

Durch die Existenz von qualitativen Fördervoraussetzungen müssen die Antragsteller neben dem reinen Antrag, wie oben beschrieben, Merkmale erfüllen oder Unterlagen bzw. Dokumentationen einreichen. Dadurch soll der mögliche Kreis der Antragsteller bewusst eingeschränkt werden. Ferner kann der Fördergeber damit bei der Prüfung des Antrags die Fördervoraussetzungen bewerten und bei der Entscheidung über eine Förderung das Ergebnis der Prüfung mit einfließen lassen. Mit qualitativen Fördervoraussetzungen und deren Vorliegen wird sichergestellt, dass die Rahmenbedingungen für eine zweck- und zielorientierte Förderung gegeben sind. Wurden bisher keine qualitativen Fördervoraussetzungen definiert, kann dies ein Förderprogramm-Controlling als Gestaltungspotential von Förderprogrammen identifizieren (Feld II oder IV der Verfahrensanalysematrix).[657]

4.2.2 Instrumenteneinsatz im Rahmen der Verfahrensanalyse

Im Rahmen der Verfahrensanalyse bietet es sich wie schon in der Analyse der Förderart und Förderstruktur an, Meilensteine zu definieren, bei deren Erreichung der Antragsteller einen Antrag auf die Auszahlung der weiteren Förderung stellen kann.[658]

Ein weiterer Einsatz betriebswirtschaftlicher Instrumente bei der reinen Antragstellung und Bewilligungserteilung ist für die Grundlage eines Förderprogramm-Controllings nicht gesondert von Bedeutung. Vielmehr geht es darum, dass beim Ablauf des Verfahrens Rahmenbedingungen festgelegt werden, die die Gefahr minimieren, dass erst in der Kontrollphase gravierende Fehlentwicklungen identifiziert werden. Durch die vorherige Definition von Meilensteinen und Fördervoraussetzungen können qualitative Standards gesetzt werden, die zur Sicherstellung des Erfolgs eines Förderprogramms beitragen.

---

[657] Vgl. Kapitel 4.5.

[658] Vgl. zum Instrument, Meilensteine zu definieren: Kapitel 4.1.2.2.2.

4.2.3 Bedeutung für ein Förderprogramm-Controlling in Ausprägung der Verfahrensanalyse

Wie bereits aufgezeigt, ist für ein Förderprogramm-Controlling die Definition von Meilensteinen für eine nicht-wirkungsorientierte gleichermaßen wie für eine wirkungsorientierte Betrachtung von Bedeutung.[659]

Die zweite Analyse im Prozessabschnitt der Durchführungsphase ist für das Förderprogramm-Controlling aus zweierlei Gründen wichtig, unabhängig von einer wirkungsorientierten oder nicht-wirkungsorientierten Betrachtung.
Erstens kann bei einer solchen Analyse Kenntnis davon erlangt werden, ob es für das jeweilige Förderprogramm qualitative Fördervoraussetzungen gibt. Ist dies nicht der Fall (Feld I oder II), kann das Controlling ggf. eine Umgestaltung des Förderprogramms dahingehend empfehlen, dass Fördervoraussetzungen definiert werden.
Diese Fördervoraussetzungen sollten zweitens allerdings so definiert werden, dass sie von dem Controlling auch als zielorientiert und im Sinne des gewünschten Förderergebnisses eingestuft werden. Denn nur bei Vorliegen qualitativer Fördervoraussetzungen, die auf das Ziel des Förderprogramms ausgerichtet sind, haben diese eine Bedeutung für das Förderprogramm-Controlling. Durch Fördervoraussetzungen, die der Antragsteller grundsätzlich im Sinne des Förderziels und gewünschten Förderergebnisses vorab erfüllen bzw. nachweisen muss, können sich Fehlentwicklungen bzw. deren Ausmaß reduzieren. Hier kann als Fördervoraussetzung insbesondere die Einschränkung des Kreises möglicher Antragsteller ein wichtiger Grundstein für den Erfolg des Förderprogramms sein. Muss der Antragsteller vorab definierte grundsätzliche Merkmale und Charakteristika aufweisen bzw. erfüllen, die mit den einzelnen Zielen des Förderprogramms in Verbindung stehen oder darauf ausgerichtet sind, können solche Fördervoraussetzungen bereits einen wesentlichen Anteil zur Zielerreichung beitragen. Dies gilt verstärkt bei Förderprogrammen, bei denen die Zielgruppe der Förderung nicht den Fördernehmern entspricht (Indirekte Leistungswirkungsziele – Feld VII und VIII der Zielanalysematrix[660]). Hier ist der Fördernehmer Mittel zum Zweck, um ein Ziel bzw. eine Wirkung bei einer Zielgruppe zu erreichen.

Abschließend kann festgehalten werden, dass durch Fördervoraussetzungen im Allgemeinen der Aufwand der laufenden Erfolgskontrolle und der mögliche

---

[659] Vgl. Kapitel 4.1.2.3 zur umfangreicheren Darstellung der Bedeutung von Meilensteinen für ein Förderprogramm-Controlling.

[660] Vgl. Kapitel 4.1.1.1.

Aufwand beim Korrekturbedarf auf Grund von Fehlentwicklungen frühzeitig verringert werden kann.

4.3 Kontrollphase

Innerhalb der Kontrollphase wird nicht beurteilt, wie staatliche Aktivitäten optimal durchgeführt werden bzw. wurden. Mit Hilfe von Erfolgskontrollen kann vielmehr beurteilt und Kenntnis darüber erlangt werden, wie eine Aufgabe vollzogen wurde und welche Wirkung sie erzielt hat. Im Mittelpunkt der Erfolgskontrolle steht daher der Vergleich von einem Ist-Zustand mit einem geplanten bzw. beabsichtigten Zustand.[661]

Dabei ist die Kontrollphase nicht nur nach Abschluss eines Förderprogramms einzuordnen. Vielmehr geht es um Auswertungen, Kontrollen und Erfolgsbeurteilungen des Förderprogramms zu unterschiedlichen Zeitpunkten. Dies kann natürlich zum Ende bzw. nach Abschluss des Förderprogramms sein (finale Beurteilung), aber auch – und sinnvollerweise vor allem – im Laufe des Förderzeitraums (laufende Kontrolle).[662] Diese laufenden Kontrollen im Rahmen des Förderprogramm-Controllings können das Vorliegen von Fehlentwicklungen und Zielabweichungen aufzeigen. Das Förderprogramm-Controlling kann dadurch wiederum die Führungsebene dabei unterstützen, ggf. Änderungen an dem in der Planungs- und Durchführungsphase festgelegten Rahmen (z.B. Ziele, Förderstruktur, Fördervoraussetzungen) einzuleiten.[663] So können auch Erkenntnisse aus der laufenden Kontrolle eines Förderprogramms dazu führen, dass für dieses Förderprogramm die Analysen in der Planungs- und Durchführungsphase (erneut) durchgeführt werden.

Hat man sich zu Beginn eines Förderprogramms innerhalb der Planungs- und Durchführungsphase ggf. bewusst gegen die Ausschöpfung eines Gestaltungspotentials oder den Einsatz der empfohlenen betriebswirtschaftlichen Instrumente entschieden, können Erfolgsbeurteilungen aus der laufenden Kontrolle hier einen erneuten Überdenkens- bzw. Veränderungsprozess anstoßen.

Damit der Prozess der laufenden und abschließenden Erfolgsbeurteilung durch ein Förderprogramm-Controlling begleitet werden kann und ggf. Anstöße zur Veränderung für die vorgelagerten Prozessphasen erfolgen können, sollten in

---

661 Vgl. Bussmann (1995), S. 345.

662 Vgl. Kapitel 2.4.3 zur Kontrollphase im Fördermanagementprozess.

663 Vgl. Kapitel 3.1.5 zur Zusammenführung der Phasen des Controllings mit denen des Fördermanagementprozesses.

der Kontrollphase geeignete betriebswirtschaftliche Instrumente eingesetzt werden.

4.3.1 Kategorien im Rahmen der Kontrollphase

Bei der Analyse der Kontrollphase eines Förderprogramms wird anhand einer Matrix untersucht, ob dort das Instrumentarium Verwendungsnachweis und Berichtswesen eingesetzt wird. Da an dieser Stelle die reine Analyse der Kontrollphase im Vordergrund steht, sei zur ausführlicheren Darstellung dieser beiden Instrumente auf die nachfolgenden Kapitel verwiesen.[664]

Da beim Verwendungsnachweis dargelegt werden muss, wie die erhaltene finanzielle Förderung eingesetzt wurde, betrifft diese Analyse nur Förderprogramme mit der Förderart Zuschuss oder Darlehen.[665] Für diese beiden Förderarten kommen zur Kategorisierung alle vier Felder der Matrix in Frage, wohingegen bei den anderen Förderarten das Förderprogramm nur in Feld II oder IV eingeordnet werden könnte.

Im Berichtswesen werden Daten und Informationen zu einem Förderprogramm zusammengetragen.[666] Diese werden in Berichten ausgewertet. Der Verwendungsnachweis liefert zwar Daten und Informationen zum Förderprogramm, ist allerdings separat vom Berichtswesen zu betrachten und daher nicht dem Berichtswesen zuzuordnen.

Auf Basis der Informationen aus dem Verwendungsnachweis und dem Berichtswesen kann das Förderprogramm-Controlling Steuerungsempfehlungen aussprechen. Auf Grund dessen besteht bei denjenigen Förderprogrammen Gestaltungspotential, bei denen diese Instrumente bisher nicht eingesetzt wurden.

Ein Förderprogramm wird bei der Analyse der Kontrollphase immer nur in eines der vier Felder der Matrix einsortiert. Bei Förderprogrammen in Feld I muss der Fördernehmer einen Verwendungsnachweis erstellen. Darüber hinausgehende Informationen für ein Berichtswesen werden weder zusammengestellt noch beim Fördernehmer abgefragt. Im Feld II kommt keines der beiden Instrumente zum Einsatz. Förderprogramme, die in Feld III einsortiert werden, verfügen sowohl über einen Verwendungsnachweis als auch über ein zusätzliches Berichts-

---

[664] Vgl. zu tiefergehenden Erläuterungen zum Verwendungsnachweis Kapitel 4.3.2.1 und zum Berichtswesen Kapitel 4.3.2.2.

[665] Vgl. ANBest-P, Ziffer 6; ANBest-I, Ziffer 7 und ANBest-G, Ziffer 7.

[666] Vgl. Kapitel 4.3.2.2.

wesen. Bei Förderprogrammen aus Feld IV wird nur ein Berichtswesen eingesetzt. Ein Verwendungsnachweis kommt hingegen nicht zum Einsatz.

Die nachfolgende Abbildung visualisiert die Matrix zur Analyse der Kontrollphase.

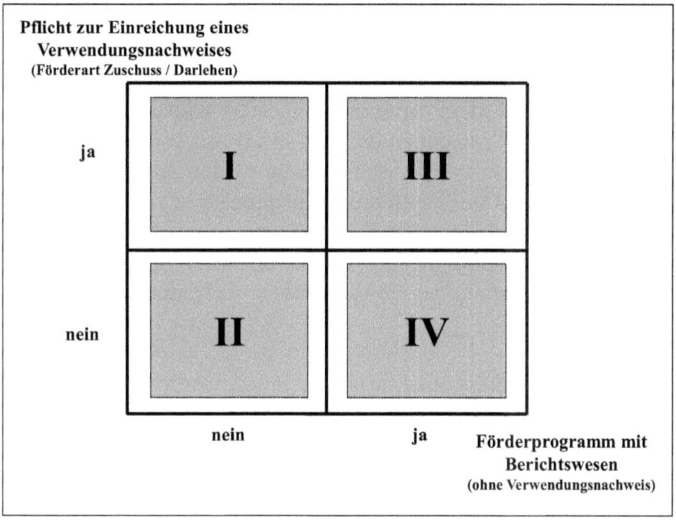

Abbildung 28: Matrix zur Analyse der Kontrollphase[667]

4.3.2 Instrumenteneinsatz im Rahmen der Kontrollphase

4.3.2.1 Verwendungsnachweis

Der Fördergeber verpflichtet dem Fördernehmer i.d.R. als Nebenpflicht zum eigentlichen Förderprogramm, nach Erhalt und Einsatz der Förderung (hier: Zuschuss oder Darlehen) einen Verwendungsnachweis einzureichen. Dies soll sicherstellen, dass die Mittel wie gewünscht und vorgegeben für den Zweck und das Ziel des Förderprogramms eingesetzt wurden.[668]

Grundsätzlich besteht beispielsweise nach den Verwaltungsvorschriften zu § 44 der Bundeshaushaltsordnung in diesen Fällen eine Pflicht einen Verwendungsnachweis einzureichen. Abweichungen von den Verwaltungsvorschriften zu

[667] Eigene Darstellung.
[668] Vgl. Henke (1979), S. 262.

§ 44 der Bundeshaushaltsordnung können nur in begründeten Fällen zugelassen werden. Eine solche abweichende Vorgehensweise muss ausdrücklich im Zuwendungsbescheid an den Fördernehmer beschrieben und konkretisiert werden.[669]

Der Verwendungsnachweis muss bis zu einem definierten Zeitpunkt nach Abschluss der Förderung bzw. Förderperiode erstellt werden. Der Verwendungsnachweis besteht aus einem Sachbericht und zahlenmäßigem Nachweis. Im Sachbericht soll erläutert werden, wie die monetären Fördermittel im Sinne des Ziels und Zwecks des Förderprogramms eingesetzt wurden und welches Ergebnis damit erreicht wurde. Im zahlenmäßigen Nachweis sollen die Einnahmen aus Fördermitteln und ggf. Ausweis des Eigenanteils den getätigten Ausgaben gegenübergestellt werden. Dabei sollen die Ausgaben soweit konkretisiert und benannt werden, dass eine beleghafte Prüfung grundsätzlich möglich ist. Darüber hinaus soll der Förderempfänger im Verwendungsnachweis bestätigen, dass die vorgenommene Verwendung der Fördermittel sowohl notwendig als auch sparsam war.[670]

Sollte aus dem Verwendungsnachweis ersichtlich werden, dass der Fördernehmer die Förderung nicht zweckgerecht im Sinne des Förderprogramms verwendet hat, kann der Fördergeber die Förderung zurückfordern. Dies gilt auch, wenn der Verwendungsnachweis nicht innerhalb der genannten Frist abgegeben wurde.[671]

Grundsätzlich ist der Verwendungsnachweis eine Form der Berichterstattung. Dieser konzentriert sich allerdings im Kern auf den verwaltungsrechtlichen Nachweis, dass und wie die Fördermittel eingesetzt wurden. Es handelt sich dabei um einen Nachweis im Nachgang der Förderung, so dass Informationen erst ex post vorliegen. Aus diesem Grund ist dieses Instrument losgelöst vom im kommenden Kapitel erläuterten Berichtswesen zu betrachten, da das Berichtswesen speziell auch dem laufenden Förderprogramm-Controlling und der laufenden Beurteilung des Erfolgs eines Förderprogramms dienen soll, um ggf. im Fördermanagementprozess Korrektur- bzw. Steuerungsmaßnahmen anzustoßen. Daher liegen Informationen aus Daten des Verwendungsnachweises und des Berichtswesen zu unterschiedlichen Zeitpunkten vor.

[669] Vgl. den ersten Abschnitt der ANBest-P und ANBest-I.
[670] Vgl. ANBest-P, Ziffer 6; ANBest-I, Ziffer 7 und ANBest-G, Ziffer 7.
[671] Vgl. ANBest-P, Ziffer 8; ANBest-I, Ziffer 9 und ANBest-G, Ziffer 9.

4.3.2.2 Berichtswesen

Um die jeweiligen Ziele bzw. Zielvereinbarungen hinsichtlich der Erreichung bewerten zu können, muss das Controlling der Führungsebene die entsprechenden Informationen bereitstellen. Damit ein Controlling diese Informationen auch strukturiert und aussagekräftig liefern kann, bedarf es eines Berichtswesens, mit dem das Controlling in der Lage ist, die Informationen für die Entscheidungsträger[672] zusammenzutragen.[673] Ergänzend kann ein Bericht für die Öffentlichkeit über die Tätigkeiten der Verwaltung informieren und zur Legitimation einzelner Vorhaben beitragen sowie Akzeptanz und Vertrauen beim Bürger schaffen.[674]

Die wesentlichen Merkmale bei der Ausarbeitung eines Berichtes lassen sich in fünf Fragestellungen formulieren, die vor Erstellung des Berichtes beantwortet und koordiniert werden müssen:

- Wozu soll der Bericht erstellt werden? - *(Zweck)*
- Wann soll der Bericht erstellt werden? - *(Zeit)*
- Für wen und von wem soll der Bericht erstellt werden? - *(Personen)*
- In welcher Form soll der Bericht erstellt werden? - *(Form)*
- Was soll der Inhalt des Berichts sein? - *(Inhalt)*.[675]

Zu Beginn des Erstellungsprozesses eines Berichts muss entschieden werden, zu welchem *Zweck* dieser aufbereitet werden soll. Dies kann einerseits die Verbreitung von Informationen sein, andererseits aber kann ein Bericht auch der Vorbereitung von Entscheidungen sowie der Kontrolle dienen.
Bei der Frage nach den *zeitlichen Aspekten* müssen sowohl der Berichtszeitraum als auch der Erstellungs- und Veröffentlichungstermin festgelegt werden. Darüber hinaus ist über die Taktung bzw. Regelmäßigkeit vergleichbarer Berichte zu entscheiden.
Bei den *Merkmalen zur Person* muss im Kern geklärt werden, wer die genaue Zielgruppe (z.B. intern vs. extern) des Berichts ist und wer den Bericht erstellen muss.
Bei den *formalen Aspekten* muss entschieden werden, wie das äußere Erscheinungsbild des Berichtes ausgestaltet sein soll. Dabei kann zwischen einem Bericht in Text- oder Präsentationsform mit überwiegend graphischen Darstellun-

---

[672] Als Entscheidungsträger kommen bei staatlichen Förderprogrammen die Verwaltungsebene und die politische Ebene in Form des Parlaments in Frage. Vgl. bzgl. des Parlaments als Adressat Rengers (2008), S. 36.

[673] Vgl. Baumann/Brändli (2006), S. 17; Böhmer/Krefeld (2006), S. 28; Saß/Krüger (2008), S. 29 und Stoklossa (2009), S. 535.

[674] Vgl. Caiden/Caiden (1999), S. 145.

[675] Vgl. Blohm (1974), S. 13f. und Koch (1994), S. 59.

gen unterschieden werden. Auch über die Bereitstellung des Berichtes (elektronisch vs. ausgedruckt in Schriftform) bedarf es einer Abstimmung.
Über den *Inhalt* des Berichts wird seine Aussagekraft definiert. Hier ist entscheidend, welche Daten und Informationen aufbereitet werden und in welchem Bezug diese Auswertungen zueinander stehen. Damit der Bericht die notwendige Aussagekraft erreichen kann und die richtigen Interpretationen sowie Entscheidungen vorgenommen werden können, sollte ein Bericht nicht nur die Ist-Situation beschreiben bzw. über die erreichten Werte informieren. Vielmehr sollte der Bericht auch Vergleiche (Soll-Ist-Vergleiche bzw. Vergleiche mit Benchmarks) enthalten, um eine Erfolgsbewertung zuzulassen.[676] Da ein Bericht oftmals sehr viele und umfangreiche Informationen liefert, können durch Formulierung geeigneter Kennzahlen die entscheidenden Aussagen strukturiert hervorgehoben werden.[677] Dabei sollten für Soll-Ist-Betrachtungen auf die ex ante im Zielvereinbarungsprozess definierten Kennzahlen bzw. Indikatoren zurückgegriffen werden und dann der Zielerreichungsgrad ex post beurteilt werden.[678]

Bei einem Berichtswesen lassen sich drei verschiedene Berichtstypen unterscheiden: Standardberichte, Abweichungsberichte und Bedarfsberichte (Ad-hoc Berichte).[679]

Standardberichte sind das wesentliche Instrument im Rahmen des Berichtswesens. Dabei wird zu festgelegten und ggf. wiederkehrenden Terminen ein Bericht mit einem vorab definierten und dadurch standardisierten bzw. normierten Inhalt erstellt. Diese Berichte sind in der Regel umfangreicher und für einen breiteren Adressatenkreis bestimmt, so dass die für den Einzelnen benötigten Informationen mit Bedeutung individuell gefiltert werden müssen. Daher ist es besonders wichtig, dass dieser Bericht strukturiert aufgebaut ist. Der Vorteil eines Standardberichtes liegt auf der Kostenseite, da der Bericht sowohl viele als auch die gleichen Informationen enthält und dadurch bei wiederholter Erstellung weniger aufwendig wird.[680]

Abweichungsberichte hingegen werden nur in Ausnahmefällen und unregelmäßig erstellt. Sie sollten erzeugt werden, wenn vorab definierte und kritische Schwellenwerte überschritten sind, bei denen Handlungsbedarf vorliegt. Diese Berichte dienen daher der Führungsebene dazu, die Abweichungen zu erkennen

---

676 Vgl. Koch (1994), S. 56-62 mit Verweis auf weiterführende Literatur und Glinder (2007), S. 579f.
677 Vgl. Prase (2005), S. 7.
678 Vgl. Kapitel 4.1.1.2.1 und 4.1.1.2.2.
679 Vgl. Homann (2005), S. 133f., Prase (2005), S. 7; Glinder (2007), S. 579 und Horváth (2011), S. 535.
680 Vgl. Homann (2005), S. 133f. und Horváth (2011), S. 535f.

und bei Bedarf Maßnahmen einzuleiten. Erfolgskritisch bei Abweichungsberichten ist der Zeitpunkt der Erstellung. Werden die kritischen Grenzwerte falsch definiert, kann der Abweichungsbericht entweder zu spät für Entscheidungen über Gegenmaßnahmen erfolgen oder zu früh. Im letzten Fall besteht das weitere Risiko, dass Berichte zu häufig und damit mehr als benötigt erstellt werden.[681] *Bedarfsberichte* kommen nur dann zum Tragen, wenn die Analysen und Auswertungen aus den bis dato vorliegenden Berichten den Informationsbedarf nicht befriedigen. Durch diese individuellen Berichte sind die Auswertungen auf den Adressaten zugeschnitten und liefern die benötigten Informationen. Allerdings verursacht die Erstellung den höchsten Aufwand, da die gewünschten Informationen und Daten erst zusammengestellt werden müssen.[682]

Jeder Bericht sollte in der Darstellung der Informationen, Analysen und Auswertungen übersichtlich und verständlich sein, damit er beim Empfänger die größtmögliche Akzeptanz erfährt. Daher sollte der optische Aufbau bei der Gestaltung von Textpassagen und Darstellungen einheitlich sein. Außerdem sollte ein Bericht in mehrere Abschnitte eingeteilt werden, die jeweils einen thematischen Bereich abdecken. Neben einem Bericht in Textform ist die Darstellungsweise in Tabellen und Abbildungen insbesondere für solche Berichte wichtig, denen eine umfangreiche Datenbasis zu Grunde liegt. Abbildungen und Tabellen haben im Vergleich zu Erläuterungen in Textform den Vorteil, dass dabei eine höhere Aussagekraft möglich ist und Zusammenhänge deutlicher werden.[683]

Für ein Förderprogramm-Controlling im Allgemeinen bedarf es grundsätzlich eines Berichtswesens, maßgeblich vor dem Hintergrund, dass Förderprogramme freiwillige Instrumente sind und keine gesetzliche Pflichtaufgabe darstellen.[684] Damit kann nach außen gegenüber den Bürgern dargestellt und gerechtfertigt werden, wie öffentliche Gelder im Rahmen von Förderprogrammen eingesetzt werden.[685]

Dabei sollten insbesondere *Standardberichte* eingesetzt werden, die über die Fördermaßnahmen und erreichten Ziele informieren. Diese Berichte können interne Auswertungen für die Verwaltung und/oder für die politische Ebene enthalten, damit diese auf Entwicklungen reagieren können. So können ggf. bei der Fördervergabe Schwerpunkte neu gesetzt oder Änderungsbedarf an dem Förderprogramm an sich erkannt und umgesetzt werden.

[681] Vgl. Horváth (2011), S. 536.
[682] Vgl. Horváth (2011), S. 536.
[683] Vgl. Homann (2005), S. 134.
[684] Vgl. Kapitel 2.1.1.5.
[685] Vgl. Kapitel 3.2.1.

Der Berichtszyklus sollte jährlich sein und entweder dem Haushaltsjahr bzw. Kalenderjahr oder dem ggf. abweichenden Förderjahr entsprechen. Letzteres wäre beispielsweise ein Kindergartenjahr und Schuljahr, die in der Regel nicht deckungsgleich mit dem Haushaltsjahr laufen. Ein Berichtszeitraum von einem Jahr bietet das Potential, die Fördermaßnahmen und erreichten Ziele von Jahr zu Jahr mit Hilfe von Zeitreihen zu vergleichen. Darüber hinaus können durch diese immer wiederkehrende gleiche Länge des Berichtszeitraums die Vergangenheitswerte auch als Grundlage für die Zielvereinbarungen in der Zukunft dienen.[686]
Es bietet sich an, Eckpunkte eines Standardberichtes parallel zur Festlegung des Ziels des Förderprogramms zu definieren, da zu diesem Zeitpunkt grundsätzlich die gleichen Kennzahlen und Indikatoren als Zielgröße festgelegt werden. Damit können parallel Eckpunkte für eine Berichts- bzw. Erhebungsstruktur festgelegt werden, wie die Zielerreichung in einem Berichtswesen analysiert werden kann.

Der Aufwand für zusätzliche *Abweichungsberichte* neben jährlichen Standardberichten bietet sich bei Förderprogrammen nur dort an, wo auch ein Nutzen aus diesen Analysen gezogen werden kann und auch unterjährig auf Entwicklungen reagiert werden soll. Dies kann insbesondere von zwei Faktoren abhängig sein, der Anzahl an Förderfällen und der Bedeutung eines Förderprogramms. Nur bei einem Förderprogramm, bei dem sich auf Grund der Anzahl von Förderfällen unterjährig eine bestimmte Entwicklung zeigt, liegt das Steuerungspotential vor, auf mögliche Fehlentwicklungen reagieren zu wollen. So können Toleranzgrenzen bzw. Schwellen definiert werden, bei deren Überschreitung ein Abweichungsbericht erstellt wird. Sollen z.B. durch ein Förderprogramm Mittel bedarfsgerecht auf Basis vorab definierter regionaler Verteilungsgrößen bewilligt werden (definierte Höchstgrenzen pro Region), sollte ein Abweichungsbericht spätestens erstellt werden, wenn in einer Region mehr als das definierte Volumen bewilligt wurde. Unter einem präventiven Aspekt wäre es sogar besser die Schwelle für einen Abweichungsbericht knapp unterhalb der Zielgröße zu legen, um noch ausreichend über Reaktionsmöglichkeiten und Steuerungspotential zu verfügen. Die Bedeutung eines Förderprogramms als weiterer Grund für die Durchführung von Abweichungsberichten lässt sich an zwei Aspekten festmachen. Erstens kann die politische Ebene – unabhängig von weiteren Faktoren – einem Förderprogramm eine Bedeutung beimessen, wenn das Förderprogramm im besonderen politischen Interesse[687] liegt. Zweitens sollte bei der Beurteilung mit herangezogen werden, ob es sich um ein Förderprogramm mit einem vergleichsweise hohen Fördervolumen handelt. Bei dieser Beurteilung sollten so-

[686] Vgl. zu Vergangenheitswerten als Grundlage einer Zielvereinbarung: Kapitel 4.1.1.2.1.
[687] Vgl. zu dem Aspekt des politischen Interesses auch Kapitel 2.2.3 als Anlass und Grund für Auflage eines Förderprogramms.

wohl Relationen der Fördervolumen einzelner Förderprogramme untereinander aber auch das Verhältnis des einzelnen Fördervolumens zum gesamten Haushaltsvolumen berücksichtigt werden.

Bedarfsberichte bei Förderprogrammen müssen auf Grund von Anfragen der politischen Ebene (z.B. des Parlamentes) erstellt werden, um Auskunft über den Erfolg eines Förderprogramms bzw. den eingesetzten Mitteln geben zu können. Dabei müssen oftmals individuelle Fragestellungen beantwortet werden, die nicht in einem Standardbericht enthalten sind.

Sollte der Fördernehmer unabhängig vom Verwendungsnachweis auch Daten darüber hinaus zum Berichtswesen beitragen müssen, sollte dies explizit als Nebenpflicht in der Form einer Auskunftspflicht zum Förderprogramm definiert werden.[688] Dabei muss aus juristischer Sicht geprüft werden, welche Daten vom Fördernehmer bzw. über den Fördernehmer überhaupt erfasst werden dürfen. Darüber hinaus ist zu klären, in welcher Form, zu welchem Zeitpunkt und auf welchem Wege die Daten zu erfassen und mitzuteilen sind.

Um die zuletzt genannte Herausforderung zu meistern, alle relevanten Daten für die benötigten Berichte von den Beteiligten an einem Förderprogramm zusammenzutragen, bietet sich der Einsatz einer E-Government-Lösung an.[689] In einem solchen Verfahren – aber auch außerhalb einer E-Government-Lösung – könnte ein Berichtswesen bei einer Institution als Fördernehmer exemplarisch wie folgt gegliedert werden und strukturiert folgende Daten und Informationen erfassen:[690]

- Stammdaten des Fördernehmers: Trägerart des Fördernehmers, Größe des Fördernehmers (z.B. Mitarbeiterzahl)
- Strukturdaten des Fördernehmers: Personalstruktur der mit dem Förderprogramm betrauten Personen (Personalanzahl bzw. Vollzeitäquivalente, Voll- oder Teilzeitbeschäftigte, Qualifikationsprofil)
- Infrastruktur des Fördernehmers: Standorte, Ausstattung
- Regionale Strukturdaten: Kreisangehörigkeit, volkswirtschaftliche Eckdaten der Region (z.B. Arbeitslosenquote, Angaben aus der Bevölkerungsstatistik)

688 Vgl. Henke (1979), S. 253.

689 Vgl. hierzu das nachfolgende Kapitel 4.3.2.3.

690 Die nachfolgende Aufzählung soll *eine* mögliche Struktur eines Berichtswesens darstellen und keinesfalls abschließenden oder allgemeingültigen Charakter haben. Den einzeln aufgelisteten Gliederungsebenen eines Berichtes werden Beispiele für mögliche Angaben im Rahmen eines Berichtswesens zugeordnet. Diese müssen allerdings im Kontext des einzelnen Förderprogramms festgelegt werden.

- Leistungsangebot des Fördernehmers: z.B. bei Beratung Angabe von Tätigkeitsschwerpunkten, bei Durchführung von Veranstaltungen Angabe von Tätigkeitsschwerpunkten, bei Netzwerkarbeit Art der Kontakte
- Erbrachte Leistungen: Anzahl der durchgeführten Beratung (Angabe von Schwerpunkten), Anzahl der durchgeführten Veranstaltungen (Angabe von Schwerpunkten), Anzahl und Art der Kontakte im Rahmen der Netzwerkarbeit
- Finanzen: Mittelherkunft (z.B. Fördergelder, Eigenmittel, Spenden), Mittelverwendung (z.B. Personalkosten, Sachkosten, Verwaltungskosten) und Gegenüberstellung von Mittelherkunft und -verwendung
- Informationen über Wirkungen der Förderung bei einer vom Fördernehmer zu unterscheidenden Zielgruppe: z.B. Umfrage der Veranstaltungsteilnehmer mit gezielten Fragestellungen.

4.3.2.3 E-Government-Lösungen zur Unterstützung eines Berichtswesens

E-Government hat seit Beginn des 21. Jahrhunderts sowohl in der Verwaltungspraxis als auch in der wissenschaftlichen Forschung an Bedeutung gewonnen.[691]

Unter dem Begriff E-Government wird vielfach nur eine Dienstleistung für den Bürger verstanden, auf die er über Internetseiten einer staatlichen Institution Zugriff erhält.[692] Diese Sichtweise entspricht allerdings nur einem Ziel von E-Government-Lösungen. Ein anderes Ziel ist es, interne Abläufe und Tätigkeiten einer Verwaltung effizienter und effektiver zu gestalten.[693]

VON LUCKE/REINERMANN definieren den Begriff wie folgt: „Unter Electronic Government verstehen wir die Abwicklung geschäftlicher Prozesse im Zusammenhang mit Regieren und Verwalten (Government) mit Hilfe von Informations- und Kommunikationstechniken über elektronische Medien.“[694]

Diese Definition schließt sowohl reine verwaltungsinterne Abläufe als auch Prozesse zwischen staatlichen Institutionen und Dritten (z.B. Bürger, Unternehmen) mit ein. Es können mit Hilfe von E-Government-Lösungen beispielsweise reine Kommunikationsplattformen oder Dienstleistungen angeboten werden. Weiter

---

691 Vgl. Scholl (2007), S. 35 mit weitergehenden Ausführungen zum Stand des E-Governments in Deutschland und den USA sowie Erläuterungen im akademischen Kontext.

692 Vgl. Bock (2004), S. 235 und Doering (2005), S. 31.

693 Vgl. Doering (2005), S. 33 und Ege (2007), S. 11.

694 von Lucke/Reinermann (2000), S. 1.

können aber auch gesamte vorgangsbearbeitende Geschäftsprozesse (E-Workflows[695]) abgebildet werden. Elektronische und online-basierte Formulare bieten die Möglichkeit einer direkten Erfassung im Internet, wodurch die eingegebenen Daten direkt in Datenbanken überführt werden. Der Vorteil liegt nicht nur darin, dass auf eine manuelle Datenverarbeitung verzichtet werden kann. Vielmehr können in dem Formular auch Plausibilitäts- und Vollständigkeitsprüfungen enthalten sein, mit Hilfe derer die Validität der gemachten Angaben geprüft wird.[696] Darüber hinaus können Kennzahlen leichter und mit weniger Aufwand berechnet werden.[697] Insgesamt sind daher Online-Erhebungen kostengünstiger und schneller durchführ- und auswertbar als eine papierbasierte Erhebung. Voraussetzung ist allerdings ein Internetanschluss. Sollte dieser nicht allen Beteiligten zugänglich sein, kann eine papierbasierte Erhebung das elektronische Berichtswesen ergänzen.[698]

Die zuletzt genannte Variante einer E-Government-Lösung in Form von webbasierten Formularen bietet ein erhebliches Potential zur Erstellung und Unterstützung eines Berichtswesens im Rahmen des Förderprogramm-Controllings. Mit diesem Instrument können Fördergeber die erforderlichen Daten standardisiert und plausibilitätsgestützt bei Fördernehmern oder weiteren Beteiligten am Förderprogramm abfragen. Durch diese standardisierte Erfassung und automatische Verarbeitung von Daten lassen sich nicht nur bei der Erstellung von Standardberichten Automatisierungen vornehmen, wodurch der Aufwand für Datenbeschaffung und Aufbereitung bei der Berichterstellung reduziert wird. Ergänzend können zur laufenden Steuerung und Erstellung von Abweichungsberichten auch die zentralen Kennzahlen auf Knopfdruck erzeugt sowie bei Bedarfsberichten auf eine systematisch erfasste Datenbasis zurückgegriffen werden, wodurch Auswertungen für Ad-hoc-Anfragen schneller möglich sind.

[695] Beispiele für umfangreiche E-Workflow-Lösungen: Die Bundesländer Bayern (KiBiG.web), Niedersachsen (kita.web) und Nordrhein-Westfalen (KiBiz.web) haben jeweils eine E-Government-Lösung im Einsatz, über die Träger von Kindertagesstätten bzw. teilweise auch Jugendämter die Förderung der institutionellen Kindertagesbetreuung beantragen können und die Förderung auch bewilligt bekommen. Zu weiteren Informationen vgl. zu KiBiG.web Bayerisches Staatsministerium für Arbeit und Sozialordnung, Familie und Frauen (2011), zu kita.web Niedersächsischer Bildungsserver (2012) und zu KiBiz.web BMS Consulting (2012a) und d-NRW (2012).

[696] Vgl. von Lucke/Reinermann (2000), S. 1-5.

[697] Vgl. Hunziker (2011), S. 73.

[698] Vgl. Cerci/Matheis (2009), S. 32f.

4.3.2.4 Befragungen als Bestandteil des Berichtswesens

Mit Hilfe von Befragungen kann der Fragende einen aktuellen Stand bzw. Wahrnehmungen in Erfahrung bringen und Informationen zusammentragen. Die Kenntnis der aktuellen Position ist Grundvoraussetzung, wenn Korrekturmaßnahmen und Weiterentwicklungen angestoßen werden sollen. Wichtig für die Befragung ist, dass die jeweilige Führungsebene sich bewusst für das Instrument der Befragung entscheidet. Die Ausarbeitung der individuellen Fragen ist auf der fachlich zuständigen Ebene anzusiedeln. Diese kann die Fragen je nach Zweck der Befragung und gewünschten Erkenntnisse ausformulieren. Damit bei wiederkehrenden Befragungen im Zeitablauf eine Entwicklung beurteilt werden kann, sollten nur die nötigsten Veränderungen an den Fragen vorgenommen werden. Ein konstanter Fragenkatalog erhöht die Vergleichbarkeit der Ergebnisse in einer Zeitreihe. Bei der Befragung kann zwischen drei Fragetypen unterscheiden werden:

- geschlossene Fragen;
- Fragen, deren Antwort eine Bewertung/Einstufung ist;
- offene Fragen.[699]

Das Instrument der Befragung kann insbesondere dort zum Einsatz kommen, wo Wirkungen überprüft werden sollen.[700] Im Rahmen des Förderprogramm-Controllings können Befragungen des Fördernehmers ein Bestandteil des Berichtswesens sein. Sie können daher beispielsweise in eine E-Government-Lösung eingebunden werden. Insbesondere können dabei Fragen mit Bewertungen zur Wirkung einer Förderung gestellt werden. Durch Auswertung dieser Fragen kann ggf. eine Messgröße oder Kennzahl entwickelt werden, die eine Wirkung messbarer bzw. beurteilbarer macht. Diese Vorgehensweise kann bei Förderprogrammen als Hilfestellung bzw. Variante zum Einsatz kommen, bei denen keine andere beobachtbare Größe oder Kennzahl vorliegt oder die bereits aufgezeigten Restriktionen eines wirkungsorientierten Controllings greifen.[701] Mit Hilfe von Befragungen hinsichtlich der Wirkung eines Förderprogramms beim Förderempfänger im Rahmen eines Berichtswesens können diese Restriktionen überwunden und Informationen gesammelt werden, die eine Beurteilung der Wirkung gleichwohl ermöglichen.

Dieser Vorgehensweise folgt beispielsweise die Landeszentrale für politische Bildung des Bundeslandes Nordrhein-Westfalen. Die Landeszentrale fördert

---

699 Vgl. Jung (2000), S. 284-289.

700 Vgl. Atteslander (2003), S. 2.

701 Vgl. zu diesen beiden Restriktionen insbesondere die Ausführungen zu Fußnote 544 und 545 in Kapitel 3.4.3.

Einrichtungen der politischen Bildung in Nordrhein-Westfalen, damit diese mit den Fördergeldern Veranstaltungen durchführen können. Das Förderprogramm ist erfolgreich, wenn die Veranstaltungsteilnehmer einen Nutzen aus den Veranstaltungen mitnehmen bzw. die Veranstaltungen einen Mehrwert darstellen. Aus diesem Grund müssen die geförderten Einrichtungen der politischen Bildung eine Einschätzung über den Nutzen der Veranstaltung bei den jeweiligen Teilnehmern erfragen. Im Rahmen dieser Umfrage werden Aussagen standardisiert vorgegeben, wie beispielsweise „Die Veranstaltung hat mich motiviert, mich künftig gesellschaftlich zu engagieren". Die Antwortmöglichkeiten können vom befragten Veranstaltungsteilnehmer ausgewählt werden. Letztendlich müssen die geförderten Einrichtungen das Ergebnis der Umfrage systematisch in ein webbasiertes Berichtswesen erfassen, so dass die Landeszentrale für politische Bildung mit Hilfe dieses Verfahrens aggregiert über den Erfolg und die Wirkung der eingesetzten Fördergelder informiert wird.[702]

4.3.2.5 Unterstützung durch externe Berater

Externe Berater können sowohl privatwirtschaftliche Unternehmen als auch öffentliche Verwaltungen bei betriebswirtschaftlichen Fragestellungen unterstützen. Im Bereich der öffentlichen Verwaltung kann der Einsatz von externen Beratern insbesondere dort sinnvoll sein, wo bisher betriebswirtschaftliche Fachexpertise noch nicht in der Breite vorhanden ist.[703]

Zum Thema externe Beratung in öffentlichen Verwaltungen wurde 2003 eine Studie einer Forschungsgruppe an der FHTW und FHVR Berlin unter der Leitung von BRÜGGEMEIER veröffentlicht.[704] In Umfragen bei Verwaltungen und Beratungsunternehmen wurden unter anderem die Gründe für eine externe Beratung und die im Jahr 2003 als zukünftige Beratungsschwerpunkte charakterisierten Bereiche erfragt.

Als Hauptgründe für die Motivation der Verwaltung, externe Berater einzusetzen, wurde beispielsweise die „Legitimation nach außen mit Veränderungsabsichten", „bessere Durchsetzbarkeit", „unzureichende eigene zeitliche Ressourcen" aber auch die „unzureichende Fach- und Methodenkompetenz der Verwaltung" genannt. Als Themenschwerpunkte für die kommenden Jahre in der Zu-

702 Vgl. Landeszentrale für politische Bildung des Landes Nordrhein-Westfalen (2010) hinsichtlich der Ergebnisse der Befragung.

703 Vgl. Brüggemeier (2005), S. 86.

704 Die komplette Studie kann unter dem folgenden Link im Internet abgerufen werden: http://www.f3.htw-berlin.de/Professoren/Brueggemeier/pdf/Projektbericht_PuMaConsulting.pdf (abgerufen am 07.02.2012).

sammenarbeit mit externen Beratern wurden im Jahr 2003 aus Sicht der Verwaltung „Electronic Government“, „Geschäftsprozessoptimierung“, „Outsourcing/Privatisierung“ und „Controlling und Berichtswesen“ eingestuft.[705]

Die im Jahr 2003 genannten Themenschwerpunkte und Gründe für den Einsatz von externen Beratern gelten nach wie vor und auch im Kontext von Förderprogrammen, da diese zu den Aufgaben der Verwaltung gehören. Für Förderprogramme kann der Einsatz externer Berater sowohl bei der Konzeption und Entwicklung von E-Government-Lösungen als auch beim Berichtswesen sinnvoll sein, da hier spezifische Fach- und Methodenkompetenz eingebracht werden kann. Aber auch bei grundlegenden über das Berichtswesen hinausgehenden Controlling-Fragestellungen im Zusammenhang mit Förderprogrammen kann die öffentliche Verwaltung auf externe Berater zurückgreifen. Insgesamt können externe Berater daher die öffentliche Verwaltung beim Förderprogramm-Controlling in unterschiedlichen Bereichen unterstützen.

4.3.2.6 Evaluation als Abschlussbeurteilung einer Förderperiode

Eine Evaluation ist „eine wissenschaftliche Dienstleistung, die sich mit der systematischen und transparenten Bewertung eines Gegenstandes befasst“.[706] Als Evaluierung im speziellen Kontext der öffentlichen Verwaltung werden Analysen verstanden, die darauf gerichtet sind, die Wirkungen politischen und administrativen Handelns, insbesondere von politischen Interventionen, Programmen, Projekten oder Maßnahmen zu erfassen und zu ermitteln, ob die beobachtbaren Veränderungen – intendierte wie nicht-intendierte Wirkungen – auf die Interventionen, Programme etc. kausal zurückzuführen sind.[707]

Das Instrument der Evaluation kann eingesetzt werden, wenn eine Wirkung ex post beurteilt werden soll. Dabei soll die Evaluation herausarbeiten, wie sich ein Zustand durch eine Maßnahme entwickelt hat und wie sich die Situation ohne diese Maßnahme eingestellt hätte. Bei der gesamten Evaluation der Wirkung muss versucht werden, Einflussfaktoren auf den beobachteten Zustand (z.B. saisonale Schwankungen, Konjunktur) zu isolieren, um eine Wirkung auch der konkreten Maßnahme in einem kausalen Zusammenhang zuschreiben zu können.[708] Dabei stellt es eine Herausforderung dar, eine Vergleichsbasis dafür zu schaffen, wie sich eine Situation ohne die Maßnahme entwickelt hätte.[709]

705 Vgl. Brüggemeier (2005), S. 87 und S. 90.
706 Widmer (2002), S. 102.
707 Vgl. Wollmann (2000), S. 197.
708 Vgl. Bussmann (1995), S. 346 und Mattner (2012).
709 Vgl. Mattner (2012).

Gegenstand einer Evaluation ist in dieser Arbeit das jeweils zu evaluierende Förderprogramm. Bei einer Evaluation als Abschlussbeurteilung einer Förderperiode besteht eine enge Verzahnung zum Berichtswesen eines Förderprogramms, da wesentliche Informationen zum Förderprogramm für eine abschließende Evaluation bereits im laufenden Berichtswesen zusammengestellt wurden. Auf diese kann bei der abschließenden Evaluation zurückgegriffen werden.

Dabei geht eine Evaluation einen Schritt weiter als der reine Soll-Ist-Vergleich, die Ermittlung des Zielerreichungsgrades oder die Durchführung von Abweichungsanalysen. Bei einer Evaluation liegt ein Schwerpunkt auf der Beurteilung der Wirkung. Dabei sollen sowohl die direkten Wirkungen der Maßnahmen als auch die indirekten Wirkungen (positive und negative Nebenwirkungen) in einer Gesamtwirkungsbilanz beurteilt werden.[710]

Eine Evaluation kann vier Ziele verfolgen:

- Erkenntnisse erlangen;
- Kontrolle durchführen;
- Transparenz schaffen;
- Legitimation durch Dokumentation des Erfolgs erreichen.[711]

Eine Evaluation soll Informationen über den zu evaluierenden Gegenstand (hier: Förderprogramm) liefern. Von Interesse ist, wie das Programm umgesetzt und durchgeführt wurde, sowie die Ergebnisse der Maßnahme.[712] Demnach ist das zentrale Ziel einer Evaluation die Beurteilung, ob und wie die geplanten Ziele erreicht wurden. Dabei stellt sie ebenfalls die Entwicklung im Zeitablauf des Förderprogramms dar.[713] Da die Evaluation die Ergebnisse aufbereitet, wird dadurch auch eine Kontrolle ermöglicht. Hierunter ist nicht die Kontrolle der Ergebnisse hinsichtlich der Zielerreichung zu verstehen, sondern die Kontrolle der beteiligten Akteure. Mit Hilfe der erlangten Erkenntnisse können Rückschlüsse auf die Fähigkeiten der Beteiligten gezogen werden, was eine indirekte Kontrollmöglichkeit darstellt. Werden die Evaluationsergebnisse offen gelegt, kann Transparenz über das Geleistete geschaffen werden. Dies dient einerseits als Diskussionsgrundlage für die Entscheidungsträger. Andererseits wird über eine transparente Evaluation eine Legitimationsfunktion erfüllt, indem offengelegt wird, mit welchem Input der erzielte Output und die erreichten Wirkungen geschaffen wurde.[714]

---

[710] Vgl. Stockmann (2004), S. 7f.
[711] Vgl. Stockmann (2004), S. 3.
[712] Vgl. Stockmann (2004), S. 3f.
[713] Vgl. Geyer/Arnold/Good/Jörg (2009), S. 7.
[714] Vgl. Stockmann (2004), S. 4.

Um die vorbenannten Ziele zu erreichen, werden bei einer Evaluation Daten und Informationen aufbereitet und bewertet, um anschließend Entscheidungen treffen zu können.[715] Eine Evaluation als Abschlussbewertung eines Förderprogramms nach einer Förderperiode ist demnach eine Entscheidungsgrundlage, ob für ein Förderprogramm ein neuer Förderzeitraum beschlossen und damit das Förderprogramm fortgesetzt wird. Darüber hinaus kann eine Evaluation Grundlage dafür sein, ein Förderprogramm für eine zukünftige Förderperiode zu verändern.[716] Dieser zeitliche Zusammenhang zwischen Evaluation und anstehender Entscheidung unter Berücksichtigung der Evaluationsergebnisse muss beachtet werden. Die Evaluation ist daher mit einer Vorlaufzeit zu erstellen, so dass das Ergebnis im Entscheidungsprozess berücksichtigt werden kann. Es bietet sich ggf. bei einem engen zeitlichen Zusammenhang zwischen Evaluation und Notwendigkeit der Entscheidung an, bereits Zwischen- oder Teilergebnisse der Evaluation für die Entscheidungsträger aufzubereiten.[717]

Auf Grund des Zeitaufwandes einer Evaluation und der oftmals fehlenden Methodenkompetenz sowie der mangelnden Distanz der eigenen Mitarbeiter kann es sinnvoll sein, die Evaluation von unabhängigen Externen (einem Evaluator) durchführen zu lassen. Dabei bedarf es allerdings gleichwohl einer intensiven Zusammenarbeit zwischen Evaluator und den internen Personen, die für den zu evaluierenden Gegenstand verantwortlich sind.[718, 719] Hier bietet sich die Unterstützung von externen und spezialisierten Beratern an.[720] Dies zeigt, dass mehrere der vorbeschriebenen Maßnahmen und Instrumente im Rahmen der Kontrollphase ineinandergreifen und sich ergänzen können.

4.3.3 Bedeutung für ein Förderprogramm-Controlling in Ausprägung der Matrix zur Analyse der Kontrollphase

Die Matrix zur Analyse der Kontrollphase betrachtet zunächst die notwendigen Rahmenbedingungen, die für ein Förderprogramm-Controlling vorliegen müssen, um überhaupt eine Beurteilung des Förderprogramms vornehmen zu können. Denn nur durch Analysen bzw. Auswertungen können Erfolgsbewertungen

---

715 Vgl. Stockmann (2004), S. 2.

716 Vgl. Geyer/Arnold/Good/Jörg (2009), S. 7.

717 Vgl. Nideröst (2002), S. 44.

718 Vgl. Stockmann (2004), S. 8f. und S. 13f. zum partizipativen Ansatz bei der Zusammenarbeit zwischen externen Evaluatoren und den Evaluierten.

719 Vgl. Schmidt (2002), S. 197-202 zur detaillierten Methodenkompetenz, über die ein Evaluator verfügen muss. SCHMIDT hebt insbesondere die Kompetenzen in folgenden Fachbereichen hervor: Grundzüge der empirischen Sozialforschung, Datenerhebung, deskriptive und schließende Statistik, Datenverarbeitung, Datenaufbereitung und -interpretation.

720 Vgl. Kapitel 4.3.2.5.

vorgenommen werden, um Steuerungsmaßnahmen abzuleiten. Daher sollte jedes Förderprogramm über ein Berichtswesen verfügen, weil gerade mit einem Berichtswesen die notwendigen Informationen hierfür bereitgestellt werden.

Ergänzend sollte bei Förderprogrammen mit einer monetären Förderart (Zuschuss und Darlehen) zusätzlich ein Verwendungsnachweis eingesetzt werden, der aber durchaus im Rahmen des gesamten Berichtswesens eingebettet bzw. betrachtet werden kann. Für ein Förderprogramm-Controlling ist es demnach wichtig, dass Förderprogramme mit der Förderart Zuschuss und Darlehen in Feld III und die restlichen Förderprogramme in Feld IV der Analysematrix zur Kontrollphase kategorisiert werden. Ist dies nicht der Fall, sollte das Gestaltungspotential, diese Instrumente auch einzusetzen, entsprechend genutzt werden.

Durch dieses Zusammenspiel zwischen dem Einsatz der Instrumente Verwendungsnachweis und Berichtswesen, deren Analysen und Auswertungen sowie den daraus abgeleiteten Steuerungsmaßnahmen kann ein Förderprogramm erfolgreich umgesetzt und die gewünschten bzw. beabsichtigten Ziele erreicht werden.

Die Aussagefähigkeit hinsichtlich einer Erfolgsbeurteilung des Förderprogramm-Controllings ist allerdings durch den reinen Einsatz des Verwendungsnachweises und eines Berichtswesens grundsätzlich noch nicht gegeben. Daher bedarf es für jedes Förderprogramm einer individuellen Ausgestaltung des Berichtswesens, um die im Kontext des Förderprogramms passenden Auswertungen vornehmen zu können. Dabei sollte der Bezug zu den definierten Zielen des Förderprogramms hergestellt werden, da eine zentrale Aufgabe des Förderprogramm-Controllings sowohl die laufende als auch finale Analyse des Zielerreichungsgrades ist (Soll-Ist-Vergleiche).[721] Wurden quantitative Ziele mit Hilfe von Kennzahlen[722] direkt definiert oder Indikatoren[723] festgelegt, die indirekt Ziele messbar machen, sollte ein Berichtswesen diese Kennzahlen- und Indikatorstruktur aufgreifen und so aufgebaut sein, dass zur Analyse des Zielerreichungsgrades diese Kennzahlen und/oder Indikatoren mit möglichst wenig Aufwand auswertbar sind. In dem Zusammenhang kann der Einsatz einer E-Government-Lösung sinnvoll sein, in der die Beteiligten (Fördergeber und Fördernehmer) Daten für das Berichtswesen pflegen, so dass die Datenbank auf Knopfdruck ausgewertet werden kann und die Kennzahlen sowie Indikatoren (z.B. auch im Zeitablauf) angezeigt werden.

---

[721] Vgl. Kapitel 3.2.3.1 zum Aspekt der Zieldefinition als Basis für ein Controlling von Förderprogrammen.
[722] Vgl. Kapitel 4.1.1.2.2.
[723] Vgl. Kapitel 4.1.1.2.2.

Die Bedeutung ist hinsichtlich einer nicht-wirkungsorientierten und wirkungsorientierten Betrachtung des Förderprogramm-Controllings nicht zu differenzieren bzw. für jede dieser Ebenen bei der Vorgehensweise gleichbedeutend. Diese Ebenen müssen allerdings jeweils getrennt betrachtet werden. Sollte ein Förderprogramm-Controlling input-, output-, impact- und/oder outcome-orientierte Analysen vornehmen wollen (von einer bis zu allen vier Ebenen), muss ein individuelles Berichtswesen so aufgebaut werden, dass zu jeder der gewünschten Ebene eine Aussage hinsichtlich des Erfolgs des Förderprogramms getroffen werden kann. Damit ist auch hier die Existenz eines Berichtswesens nur eine notwendige Voraussetzung. Bei der individuellen Ausgestaltung müssen dann alle für das entsprechende Förderprogramm erforderlichen Aspekte berücksichtigt werden.

4.4 Fördermanagementprozess-übergreifende Beziehungsanalyse

Der Fördermanagementprozess ist in die Planungs-, Durchführungs- und Kontrollphase zu unterteilen.[724] Die im Folgenden beschriebene Beziehungsanalyse setzt zwar an der grundsätzlich geplanten Struktur eines Förderprogramms an, ist aber losgelöst von allen Phasen des Fördermanagementprozesses zu sehen, da das Beziehungsgeflecht zwischen den Beteiligten eines Förderprogramms keiner Phase direkt zuzuordnen ist, sondern vielmehr alle Prozessphasen begleitet. Es handelt sich daher um eine fördermanagementprozess-übergreifende Betrachtung.

4.4.1 Kategorien im Rahmen der Beziehungsanalyse

Die fördermanagementprozess-übergreifende Beziehungsanalyse betrachtet die Verflechtung zwischen drei Akteuren des Förderprogramms, dem Fördergeber, der Gruppe der Fördernehmer und der Zielgruppe.[725]
Bevor dieses Zusammenspiel detaillierter beschrieben wird, können der folgenden Abbildung die vier Kategorien der Beziehungsanalyse entnommen werden, in die ein Förderprogramm eingeordnet werden kann.

[724] Vgl. Kapitel 2.4.
[725] Vgl. Kapitel 2.3.4.

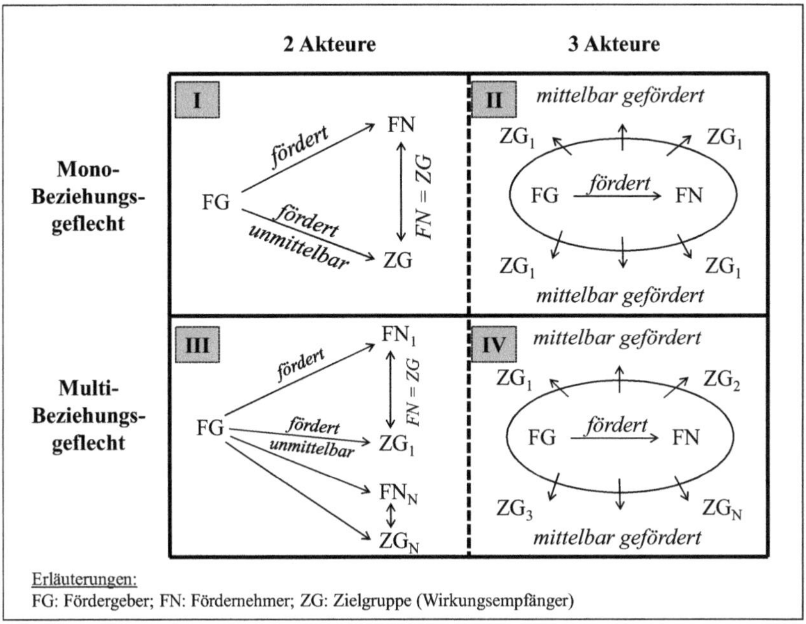

Abbildung 29: Beziehungsanalysematrix[726]

Der Fördergeber wird im Rahmen der Beziehungsanalyse als eine Institution bzw. eine Einheit verstanden. Die Abwicklung des Förderprogramms erfolgt immer über einen Fördergeber, den sogenannten eigentlichen Fördergeber. Aus Sicht dieses Fördergebers wird die Beziehungsanalyse vorgenommen, wenn keine Abstimmung zwischen mehreren Beteiligten erfolgt. Die Analyse der Förderart und Förderstruktur bezog die Möglichkeit mit ein, dass nicht nur eine staatliche Institution, sondern auch mehrere Fördergeber Fördermittel bereitstellen können.[727] Sollten sich über ein Projektmanagement und ein Projektcontrolling alle beteiligten Fördergeber zum Ablauf und beim Controlling des Förderprogramms abstimmen, treten alle Beteiligten als eine Einheit auf und sind damit auch als eine Einheit im Beziehungsgeflecht zu verstehen.
Unter dem Fördernehmer ist auch hier derjenige zu verstehen, dem gegenüber die Leistung aus dem Förderprogramm vom Fördergeber bewilligt wird. Bei der Zielgruppe soll ein Ergebnis bzw. eine Wirkung aus der Förderung des Fördergebers eintreten.

---

726 Eigene Darstellung.
727 Vgl. Kapitel 4.1.2.1.

Bei dieser Beziehungsanalyse wird im Kern eine *Abgrenzung zwischen dem Födernehmer und der Zielgruppe des Förderprogramms* betrachtet. Auf der einen Ebene wird eine Differenzierung zwischen zwei und drei Akteuren vorgenommen, wobei in beiden Ausprägungen Fördergeber, Fördernehmer und Zielgruppe betrachtet werden. Auf der Seite mit zwei Akteuren fällt die Zielgruppe eines Förderprogramms mit dem Fördernehmer in einer Person zusammen, so dass der Fördergeber die Zielgruppe unmittelbar fördert, wohingegen bei drei Akteuren der Fördernehmer nicht die eigentliche Zielgruppe des Förderprogramms darstellt. Bei dieser Variante fördert der Fördergeber den Fördernehmer, damit durch die Tätigkeiten bzw. Maßnahmen des Fördernehmers das Ziel bei der Zielgruppe erreicht wird. Der Fördergeber fördert demnach die Zielgruppe nur mittelbar.

Diese Differenzierung ist eng mit der Zielgestaltung des Förderprogramms verbunden. In der Zielanalyse wurden Zielarten unterschieden.[728] Zu dieser Kategorisierung nach Art des Ziels aus der Zielanalysematrix kann hier eine Querverbindung gezogen und diese Unterteilung aufgegriffen werden. Werden für ein Förderprogramm Leistungserbringungsziele beim Leistungsempfänger und/oder direkte Leistungswirkungsziele beim Leistungsempfänger vereinbart (Feld III bis VI aus der Zielanalysematrix), handelt es sich um zwei Akteure, da die Zielgruppe mit den Fördernehmern (= Leistungsempfängern) deckungsgleich ist. Sollen mit einem Förderprogramm auch indirekte Leistungswirkungsziele bei Dritten (Feld VII und VIII der Zielanalysematrix) erreicht werden, handelt es sich um ein Förderprogramm mit drei Akteuren. Da für ein Förderprogramm sowohl Leistungserbringungsziele beim Leistungsempfänger als auch direkte und indirekte Leistungswirkungsziele festgelegt werden können, ist keine scharfe Trennlinie zwischen den Kategorien von zwei oder drei Akteuren bei einem Förderprogramm zu ziehen. Daher kann ein Förderprogramm in der Beziehungsanalysematrix sowohl in Feld I (III) als auch additiv in Feld II (IV) eingruppiert werden. Wo also ein Förderprogramm bei der Kategorisierung nach zwei oder drei Akteuren platziert wird, hängt demnach von der bewusst vorgenommenen individuellen Zielformulierung für ein Förderprogramm ab, wo und bei wem durch die Förderung ein Ziel erreicht werden soll.

Die Kategorisierung auf der senkrechten Achse zwischen einem Mono- und Multi-Beziehungsgeflecht bildet die Breite eines Förderprogramms auf Ebene der Fördernehmer- und Zielgruppenstruktur ab.

Im *Feld I* der Beziehungsanalysematrix handelt es sich um Förderprogramme, die eine homogene Struktur bei den Fördernehmern und damit auch bei der mit

[728] Vgl. Kapitel 4.1.1.1.

den Fördernehmern identischen Zielgruppe aufweisen. Dies ist in der Regel der Fall, wenn bei einem Förderprogramm die Fördernehmer z.B. entweder ausschließlich Privatpersonen, Hochschulen oder Unternehmen sind. Diese können ggf. noch mit bestimmten Eigenschaften eingeschränkt werden (z.B. Branche bei Unternehmen). Wichtig ist, dass der Fördergeber bei diesen Fördernehmern auch direkt ein Ziel erreichen möchte.
Dies ist z.B. beim regionalen Wirtschaftsförderprogramm des Landes Nordrhein-Westfalen der Fall.[729]

In *Feld II* der Beziehungsanalysematrix handelt es sich ebenfalls um eine homogene Struktur einerseits der Fördernehmer und andererseits der Zielgruppe, wobei Fördernehmer im Vergleich zur Zielgruppe sehr unterschiedlich sein können. Die Homogenität bei diesen Förderprogrammen ist in dieser Kategorie innerhalb der Fördernehmer und Zielgruppe gegeben.
So fördert beispielsweise das Investitionsprogramm „Abwasser NRW" Unternehmen mit Zuwendungen, um eine abwassertechnische Infrastruktur zu erhalten bzw. zu schaffen, wodurch Gewässer und Umwelt geschützt werden. Die Zielgruppe der Förderung ist demnach die Allgemeinheit und Gesellschaft, bei der eine Wirkung eintreten soll.[730]

Im *Feld III und IV* der Beziehungsanalysematrix werden Förderprogramme kategorisiert, die sich durch eine breite heterogene Struktur bei den Fördernehmern und bei den Zielgruppen auszeichnen.
Durch ein Förderprogramm zur Anregung von Innovations- und Forschungstätigkeiten des Landes Nordrhein-Westfalen werden etwa verschiedenste Fördernehmer (z.B. Unternehmen, verschiedene Träger von Einrichtungen und Instituten, Hochschulen, Kommunen) gleichzeitig gefördert. Der Fördergeber beabsichtigt, mit der Förderung bei diesen Fördernehmern ein Ziel bzw. eine Wirkung zu erreichen.[731] Daher ist dieses Förderprogramm in Feld III der Beziehungsanalysematrix einzuordnen.
Ein Beispiel für ein Förderprogramm, bei dem es sowohl verschiedene Fördernehmer als auch Zielgruppen gibt (Feld IV), ist das Förderkonzept für Interkulturelle Zentren und niedrigschwellige Integrationsvorhaben des Landes Nordrhein-Westfalen. Fördernehmer können unterschiedliche Verbände, Organisationen oder Träger sein. Zu den Zielgruppen gehören private Personen mit und

---

729 Vgl. Ministerium für Wirtschaft, Mittelstand und Energie des Landes Nordrhein-Westfalen (2009a).

730 Vgl. Ministerium für Umwelt und Naturschutz, Landwirtschaft und Verbraucherschutz des Landes Nordrhein-Westfalen (2006).

731 Vgl. Ministerium für Innovation, Wissenschaft, Forschung und Technologie des Landes Nordrhein-Westfalen/Staatskanzlei des Landes Nordrhein-Westfalen/Ministerium für Wirtschaft, Mittelstand und Energie des Landes Nordrhein-Westfalen (2008).

ohne Zuwanderungshintergrund, Entscheidungsträger in Migrantenorganisationen und Multiplikatoren.[732]

Das Beziehungsgeflecht in *Feld IV* wurde zwischen Fördergeber und Fördernehmer vereinfacht dargestellt. Es kann hier durchaus nochmals eine Unterscheidung in zwei Fälle geben. Einerseits ist es möglich, dass, wie dargestellt, die Zielgruppen heterogen sind und die Fördernehmer eine homogene Struktur untereinander aufweisen. Andererseits können sowohl Fördernehmer untereinander als auch die einzelnen Zielgruppen sehr heterogen sein. Diese weitere Unterscheidung ist aber für die Einordnung eines Förderprogramms in das Feld IV (3 Akteure – Multi-Beziehungsgeflecht) nicht relevant.

4.4.2 Bedeutung für ein Förderprogramm-Controlling in Ausprägung der Beziehungsanalysematrix

Für ein Förderprogramm-Controlling stellt das Ergebnis der Beziehungsanalysematrix einen übergreifenden Komplexitätsfaktor dar. Die Kategorisierung innerhalb dieser Matrix wirkt sich auf den Schwierigkeitsgrad bei der Umsetzung eines aussagekräftigen Förderprogramm-Controllings aus.

Förderprogramme, die in Feld I der Beziehungsanalysematrix positioniert werden können, stellen für ein Förderprogramm-Controlling einen geringeren Komplexitätsfaktor dar als Förderprogramme aus Feld II. Eine reduzierte Komplexität bei der Durchführung des Förderprogramm-Controllings bzw. hinsichtlich der Beurteilung von Zielen der Förderprogramme aus Feld I im Vergleich zu Feld II ist dadurch gegeben, dass der Fördergeber bei Förderprogrammen aus Feld I durch die Förderung des Fördernehmers direkt die Zielgruppe fördert. Es besteht daher seitens des Fördergebers quasi ein direkter Durchgriff auf die Zielgruppe, so dass bei Einsatz eines Berichtswesens für das Controlling alle erforderlichen Informationen über die Zielgruppe direkt von Fördernehmern geliefert werden könnten. Die erhöhte Komplexität für ein Controlling von Förderprogrammen aus Feld II im Vergleich zu Feld I ist also darin begründet, dass Informationen hinsichtlich der Beurteilung der Zielerreichung schwieriger und ggf. auch mit einem erhöhten Aufwand beschafft werden können. Dies gilt entsprechend für Förderprogramme, die in Feld III eingruppiert werden. Dort ist aus dem aufgezeigten Grund die Komplexität geringer als bei Förderprogramme aus Feld IV.

---

[732] Vgl. Ministerium für Generationen, Familien, Frauen und Integration des Landes Nordrhein-Westfalen (2009), S. 5-7.

Als erstes Fazit stellt sich bei einer differenzierten Betrachtung von entweder dem Mono-Beziehungsgeflecht oder dem Multi-Beziehungsgeflecht ein Förderprogramm-Controlling mit drei Akteuren grundsätzlich komplexer dar als eines mit zwei Akteuren. Eine generelle Aussage darüber, dass Förderprogramme aus Feld II eine erhöhte Komplexität für ein Controlling aufweisen als aus Feld III (oder umgekehrt) ist darüber hinaus jedoch nicht möglich und muss durch den Vergleich im jeweiligen Einzelfall beurteilt werden.

Über eine Differenzierung von Förderprogrammen anhand der Anzahl der beteiligten Akteure lassen sich ebenfalls Komplexitätsgrade ableiten, die Auswirkungen auf ein Förderprogramm-Controlling haben. Sollen mit einem Förderprogramm unterschiedliche Zielgruppen erreicht werden, ist im Verhältnis zu Förderprogrammen mit dem Fokus auf eine Zielgruppe von einer erhöhten Komplexität im Rahmen des Förderprogramm-Controllings auszugehen. Dies liegt darin begründet, dass sich das Controlling bei Auswertungen und einer Erstellung des Berichtswesens nicht auf eine spezielle Zielgruppe fokussieren kann. Vielmehr müssen auf Grund der Heterogenität je Zielgruppe ggf. unterschiedliche Vorgehensweisen bei der Beurteilung der Zielerreichung eingeschlagen und die Instrumente im Rahmen der Kontrollphase differenziert nach Zielgruppe eingesetzt werden. So bedarf es bei einem Förderprogramm mit unterschiedlichen Zielgruppen insgesamt einer umfangreicheren Palette an Kennzahlen, Indikatoren oder Befragungen. Daher ist die Komplexität des Förderprogramm-Controllings von Förderprogrammen aus Feld III höher zu bewerten als bei Förderprogrammen aus Feld I. Die gleiche Beziehung liegt zwischen Feld IV und II vor.

Eine pauschale Aussage darüber, ob Förderprogramme, die in Feld III positioniert wurden, für ein Förderprogramm-Controlling einen höheren Komplexitätsgrad inklusive eines höheren Aufwands erfordern als Förderprogramme aus Feld II, ist nicht möglich. Hier bedarf es ebenfalls einer individuellen Betrachtung konkreter Förderprogramme. Einflussfaktor auf die Komplexität bei dem Beziehungsverhältnis von Förderprogrammen aus Feld II und III ist einerseits die Anzahl und Heterogenität der Zielgruppen aus Feld III. Andererseits ist ein Komplexitätstreiber in Feld II der Zugang zu der Zielgruppe bzw. die Verfügbarkeit von Informationen über die Zielerreichung bei der Zielgruppe.

Die abschließende Abbildung stellt die Komplexitätsabstufungen für ein Förderprogramm-Controlling als das Ergebnis der Beziehungsanalyse zusammen.

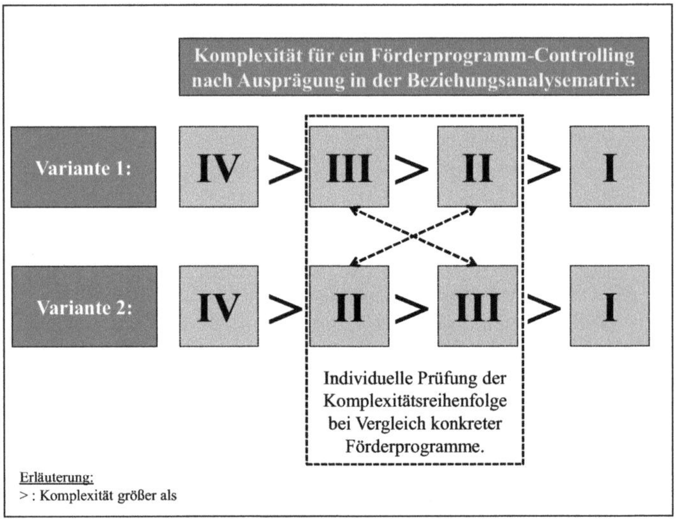

Abbildung 30: Komplexitätsreihenfolge für ein Förderprogramm-Controlling nach Ausprägung der Beziehungsanalysematrix[733]

Die Analyse der Gesamtkomplexität eines Förderprogramms zur Durchführung eines Förderprogramm-Controllings, die durch die Beziehungsanalyse zum Ausdruck gebracht wird, sollte als Merkmal für den Aufwand eines Förderprogramm-Controllings herangezogen werden. Dies gilt sowohl bei der Einführung eines Förderprogramm-Controllings als auch bei der Ausschöpfung von Gestaltungspotentialen aus vorangegangenen Analysen. Wichtig ist, dass durch diese Analyse die Komplexität und damit auch der zu erwartende Aufwand ex ante aufgezeigt werden können und dies dem Fördergeber und der dazugehörigen politischen Ebene deutlich wird. Die Erkenntnis hierüber kann in den Entscheidungsprozess beim Fördergeber bzw. bei der politischen Ebene einfließen und bei der Festlegung über das Ausmaß eines Förderprogramm-Controllings Berücksichtigung finden. Eine Entscheidung in Kenntnis des Sachverhaltes kann daher auch sein, dass sich bewusst gegen eine bestimmte Tiefe des Förderprogramm-Controllings entschieden wird, da seitens des Fördergebers und der politischen Ebene der erhöhte Aufwand im Verhältnis zu erwarteten Erkenntnissen eines Förderprogramm-Controllings als unverhältnismäßig eingestuft wird.[734]

[733] Eigene Darstellung.

[734] Vgl. zur Thematik, dass Aufwand und Nutzen für Controlling im angemessenen Verhältnis stehen müssen: Mosiek/Gerhardt (2003), S. 289 und für die generelle Einführung allgemeiner betriebswirtschaftlicher Instrumente Berens/Mosiek/Röhrig/Gerhardt (2004), S. 324.

4.5 Ermittlung des Gestaltungspotentials von Förderprogrammen und Überleitung in Handlungsbedarfe

4.5.1 Allgemeine und analyseübergreifende Vorgehensweise

Gestaltungspotentiale zur Optimierung der Rahmenbedingungen für ein Förderprogramm-Controlling im Fördermanagementprozess liegen immer dort vor, wo diese Rahmenbedingungen noch nicht optimal sind. Darüber hinaus kann ein Förderprogramm-Controlling auch grundsätzliches Gestaltungspotential bei einem Förderprogramm ermitteln. Konkret bedeutet dies, dass bei Festlegungen im Zusammenhang mit dem Förderprogramm und der Ausgestaltung des Förderprogramms im Fördermanagementprozess bei Identifizierung von Gestaltungspotentialen Änderungen vorgenommen werden sollten, damit die Potentiale eines Förderprogramm-Controllings hinsichtlich Erfolgsbeurteilung und Empfehlungen zu Steuerungsmöglichkeiten im Fördermanagementprozess ausgeschöpft werden oder das Förderprogramm grundlegend hinsichtlich der Zweck- und Zielfokussierung optimiert wird.

Grundsätzlich können die in den vorstehenden Abschnitten erläuterten Analysen mit jedem Förderprogramm durchgeführt werden, um Gestaltungspotentiale aufzuzeigen. Bei Förderprogrammen, die in naher Zukunft auslaufen (z.B. im letzten Förderjahr sind) und bei denen der Fördermanagementprozess nicht noch einmal durchlaufen wird, können diese Analysen aufzeigen, an welchen Stellen im Fördermanagementprozess man das Förderprogramm anders hätte gestalten können. Daraus können ggf. für die Auflage neuer Förderprogramme oder anderer, laufender Förderprogramme Erkenntnisse gewonnen werden, die dort Berücksichtigung finden können. Die aufgezeigten Potentiale können daher nur bei den Förderprogrammen ausgeschöpft werden, bei denen die noch ausstehende Laufzeit des Förderprogramms Veränderungen ermöglicht, um mindestens eine Förderperiode mit neuen Rahmenbedingungen (z.B. Bewilligung nach Meilensteinen) und Instrumenten (Berichtswesen) durchlaufen zu können. Daher sollte in einem ersten Schritt nach Förderprogrammen differenziert werden, deren Restlaufzeit Umgestaltungen zulässt, so dass Controlling-Aktivitäten in allen Phasen des Fördermanagementprozesses greifen können.[735]

Die in den vorangegangenen Abschnitten vorgenommene Kategorisierung von Förderprogrammen und durchgeführten Analysen identifizieren in Gänze das Gestaltungspotential bei einem Förderprogramm. Dadurch wird dem Fördergeber transparent aufgezeigt, an welchen Stellen er Änderungen am Förderprogramm vornehmen sollte, um ein erfolgreiches und aussagekräftiges Förderpro-

[735] Vgl. zum Zusammenspiel des Fördermanagementprozesses mit den Controlling-Aktivitäten Kapitel 3.1.5.

gramm-Controlling betreiben zu können, das zu einem erfolgreichen Förderprogramm beiträgt. Da es sich bei der Ermittlung der Gestaltungspotentiale um eine theoretische Modellierung handelt, muss jeder Fördergeber für sich das einzelne Förderprogramm bewerten und entscheiden, welche Gestaltungspotentiale praktisch genutzt werden sollen. Kommt der Fördergeber zur Optimierung des Förderprogramm-Controllings zu der *Entscheidung, dass ein Gestaltungspotential ausgeschöpft werden soll*, wird ein theoretisches Gestaltungspotential in einen praktischen Handlungsbedarf umgewandelt. Dieser Handlungsbedarf muss dann durch die beteiligten Ebenen auf Seiten des Fördergebers (Verwaltung und Politik) umgesetzt werden. Wird auf die Transformation von Gestaltungspotentialen in Handlungsbedarfe verzichtet, muss dem Fördergeber bewusst sein, dass hier Möglichkeiten nicht genutzt werden, die ein Förderprogramm-Controlling bieten kann und auch vor der zu Anfang dargelegten Notwendigkeit eines Controllings bieten muss.[736] Dies kann ggf. dazu führen, dass Fehlentwicklungen bei der Fördervergabe nicht erkannt werden und darauf auch nicht reagiert werden kann, sowie keine aussagekräftige Erfolgsbeurteilung nach Abschluss des Förderprogramms möglich ist.

Wird der ermittelte Handlungsbedarf jedoch umgesetzt, muss ggf. die dem Förderprogramm zugrunde liegende Verwaltungsvorschrift, die Förderprogramm-Richtlinie, geändert werden. Diese Änderung kann aus sachlichen Gründen jederzeit vorgenommen werden.[737] Dies kann sich daher die politische Ebene und die Verwaltung zu Nutze machen, wenn ein Förderprogramm umgestaltet werden soll, um ein Förderprogramm-Controlling zu optimieren.

4.5.2 Konkrete Gestaltungspotentiale und Handlungsbedarfe der einzelnen Analysen

Das grundsätzliche theoretische Gestaltungspotential im Rahmen der *Zielanalyse*[738] ergibt sich dort, wo Ziele nicht messbar quantifiziert wurden.[739] Da die Zielanalyse vier verschiedene Zielarten betrachtet, liegen Gestaltungspotentiale überall dort, wo zu der jeweiligen Zielart kein quantitatives Ziel formuliert wurde (Feld I, III, V und VII der Zielanalysematrix). Wurde dieses Gestaltungspotential aufgezeigt, muss auf Seiten des Fördergebers bewertet und entschieden werden, ob das Förderprogramm-Controlling eine auf quantifizierten Größen basierende Erfolgsbeurteilung hinsichtlich des Ziels, bei dem ein Gestaltungspo-

[736] Vgl. zur Notwendigkeit des Controllings Kapitel 3.2.1.
[737] Vgl. BVerwG (1997), juris Orientierungssatz.
[738] Vgl. Kapitel 4.1.1.1.
[739] Vgl. zur Notwendigkeit, Ziele zu quantifizieren, die Erläuterungen zu Fußnote 386: Ott (1992), S. 88.

tential aufgezeigt wurde, vornehmen soll. Wird diese Fragestellung bejaht, kann das Gestaltungspotential in einen Handlungsbedarf überführt werden. Andernfalls kann ein Förderprogramm-Controlling zu der entsprechenden Zielart (Input, Output, Impact oder Outcome) keine eindeutig messbare Erfolgsbeurteilung hinsichtlich der Zielerreichung vornehmen. An diesen Stellen bleibt dann das Gestaltungspotential hinsichtlich einer konkret messbaren Zielanalyse offen. Die Fragestellungen zur Ermittlung des Gestaltungspotentials und Handlungsbedarfes können folgender Abbildung entnommen werden.

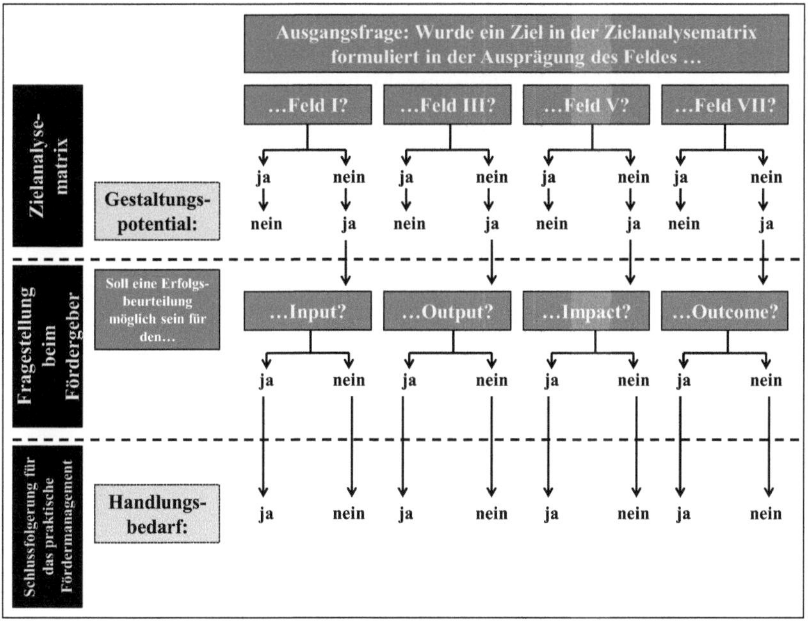

Abbildung 31: Schema zur Ermittlung des Gestaltungspotentials und Handlungsbedarfes in Ausprägung der Zielanalysematrix[740]

Für die Zielarten ohne quantitative Vorgabe sollte der Fördergeber zumindest in Erwägung ziehen, seine Zielvorstellungen qualitativ zu formulieren (Feld II, IV, VI und VIII der Zielanalysematrix). Dann besteht ggf. die Möglichkeit, durch den Einsatz geeigneter Instrumente (z.B. Indikatoren[741] und Befragungen[742]) die qualitative Aussage im Rahmen des Förderprogramm-Controllings zu überprü-

[740] Eigene Darstellung.
[741] Vgl. Kapitel 4.1.1.2.2.
[742] Vgl. Kapitel 4.3.2.4.

fen. Allerdings bleibt das Ausmaß der Zielerreichung offen, da auf eine operationalisierte Zielvorgabe verzichtet wurde.

Gestaltungspotentiale und Handlungsbedarfe aus der *Analyse der Förderart und Förderstruktur* ergeben sich bei der Förderart Zuschuss und Darlehen. Bei diesen beiden Förderarten besteht die theoretische Möglichkeit, die Bewilligung und damit die Auszahlung der gesamten Fördersumme aufzuteilen und in Abhängigkeit von Meilensteinen vorzunehmen, die der Fördernehmer vor der Auszahlung der Fördermittel erreichen und nachweisen muss. Dies erhöht das Steuerungspotential im laufenden Bewilligungsprozess, wenn durch das Förderprogramm-Controlling Fehlentwicklungen und die Nichterreichung von Meilensteinen identifiziert werden.[743] Wird diese Methode bisher nicht praktiziert, liegt zunächst ein Gestaltungspotential vor. Soll dieses Gestaltungspotential genutzt werden, muss auch eine Überführung des Gestaltungspotentials in einen Handlungsbedarf erfolgen. Dabei bedarf es unter Umständen einer Anpassung der Förderprogramm-Richtlinie. Der Zusammenhang wird in der anschließenden Abbildung visualisiert.

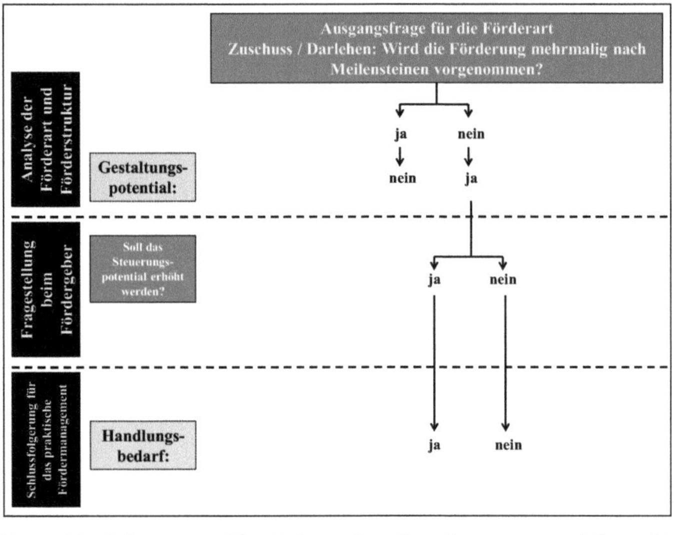

Abbildung 32: Schema zur Ermittlung des Gestaltungspotentials und Handlungsbedarfes in Ausprägung der Analyse der Förderart und Förderstruktur[744]

[743] Vgl. zur Bedeutung der Meilensteine für ein Förderprogramm-Controlling Kapitel 4.1.2.3.

[744] Eigene Darstellung.

Die *Verfahrensanalyse*[745] im Hinblick auf ein bereits in der Umsetzung befindliches Förderprogramm setzt an zwei Fragestellungen bei der Antragstellung an, die Gestaltungspotentiale bei der Durchführung des Förderprogramms aufzeigen, um eine verbesserte Ausgangslage für das Förderprogramm-Controlling zu schaffen.

Als erstes kann als Gestaltungspotential eingeordnet werden, dass bei der Förderart Zuschuss und Darlehen der Antragsteller nicht nur einen Antrag für die gesamte Fördersumme stellt, sondern nach Meilensteinen Folgeanträge stellen muss, um die komplette Fördersumme ausgezahlt zu bekommen. In diesem Zusammenhang müsste ggf. ebenfalls die Förderprogramm-Richtlinie angepasst werden. An dieser Stelle sei darauf hingewiesen, dass dieses Gestaltungspotential in Zusammenhang mit dem Gestaltungspotential bei der bereits bei Auflage des Förderprogramms vorgesehenen Bewilligung nach Meilensteinen aus der Analyse der Förderart und Förderstruktur zu sehen ist. Es kann aber nur das Gestaltungspotential zur Einführung von Meilensteinen entweder im Bewilligungs- oder im Antragsverfahren genutzt werden. Die beiden Potentiale können also nie zusammen ausgeschöpft werden, da deren Systematik im Widerspruch zueinander steht. Bei der Gestaltung des Förderprogramms mit Meilensteinen muss sich demnach für eine der beiden Varianten entschieden werden, wenn Meilensteine zur Abwicklung der Förderung eingesetzt werden sollen.

Das zweite Gestaltungspotential in der Durchführungsphase liegt vor, wenn der Antragsteller bislang keine qualitativen Fördervoraussetzungen erfüllen muss. Ist dies der Fall und wird dies auch seitens des Fördergebers als Handlungsbedarf erkannt und umgesetzt, sollten für das entsprechende Förderprogramm gezielt qualitative Fördervoraussetzungen definiert werden. Passende qualitative Fördervoraussetzungen können die Basis dafür schaffen, dass Fehlentwicklungen bzw. das Ausmaß der Fehlentwicklungen hinsichtlich der Zielerreichung reduziert wird.

Das Schema zur Ermittlung der beiden Gestaltungspotentiale und Handlungsbedarfe aus der Verfahrensanalyse werden in nachfolgender Darstellung abgebildet.

---

[745] Vgl. Kapitel 4.2.1.

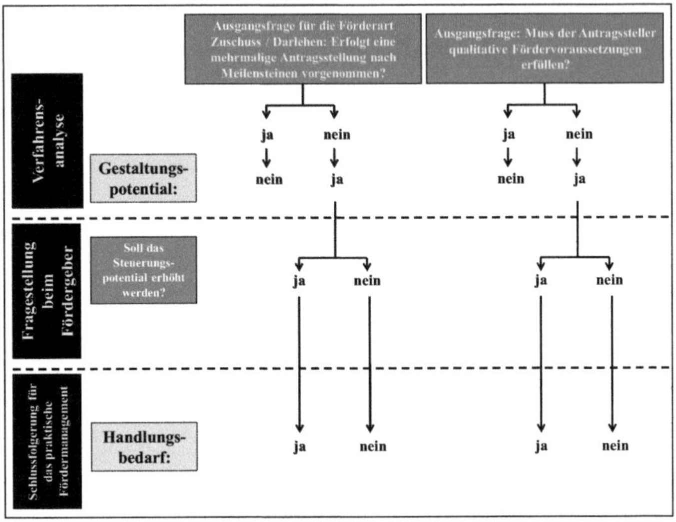

Abbildung 33: Schema zur Ermittlung des Gestaltungspotentials und Handlungsbedarfes in Ausprägung der Verfahrensanalysematrix[746]

Die *Analyse* zur Ermittlung des Gestaltungspotentials *innerhalb der Kontrollphase*[747] untersucht, ob zwei Instrumente eingesetzt werden. Mit Hilfe des Verwendungsnachweises und eines Berichtswesens kann das Förderprogramm-Controlling Daten und Informationen auswerten und die Zielerreichung kontrollieren, die für die Steuerung des Förderprogramms wichtig sind. Aus diesem Grund liegt ein Gestaltungspotential hinsichtlich des Einsatzes eines Verwendungsnachweises vor, wenn dieser bei Förderprogrammen mit der Förderart Zuschuss oder Darlehen noch nicht zum Einsatz kommt. Sollte bei einem Förderprogramm auf ein strukturiertes Berichtswesen bislang verzichtet worden sein, liegt ebenfalls ein Gestaltungspotential vor, das durch Einsatz eines Berichtswesens gehoben werden kann. Mit Hilfe des Berichtswesens für ein Förderprogramm können Daten und Informationen für zukünftige Entscheidungen aufbereitet werden.

Die abschließende Abbildung fasst die Fragestellungen zur Ermittlung des Gestaltungspotentials und Ableitung des Handlungsbedarfes im Rahmen der Kontrollphase zusammen.

---

746 Eigene Darstellung.
747 Vgl. Kapitel 4.3.1.

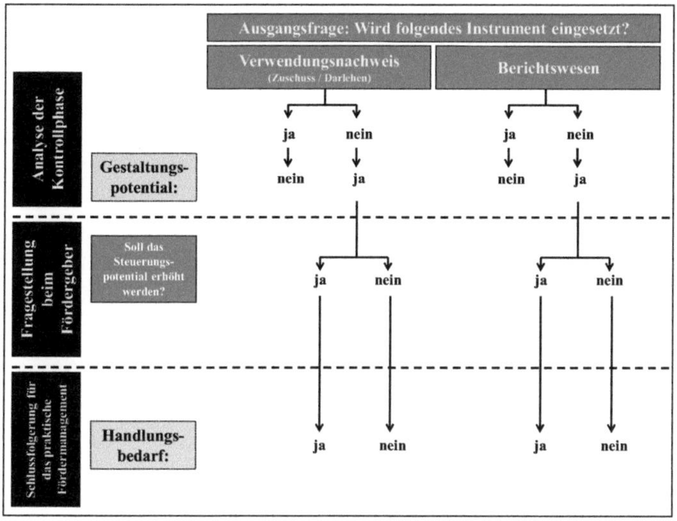

Abbildung 34: Schema zur Ermittlung des Gestaltungspotentials und Handlungsbedarfes in Ausprägung der Matrix zur Analyse der Kontrollphase[748]

Bei jedem einzelnen Förderprogramm kann daher mit Hilfe der Fragestellungen ein theoretisches Gestaltungspotential zur Optimierung des Förderprogramm-Controllings ermittelt werden. In dieser theoretischen Modellierung sollten optimaler Weise Gestaltungspotentiale immer und bestmöglich genutzt werden. Durch bewusstes Hinterfragen in der Praxis muss allerdings entschieden werden, ob das Gestaltungspotential tatsächlich genutzt und Veränderungen in Zusammenhang mit dem Förderprogramm vorgenommen werden sollten. Dabei ist nicht allein das Vorliegen eines Gestaltungspotentials ausschlaggebend, das hinterfragt werden sollte. Es sind vielmehr auch andere Einflussfaktoren auf die Fragestellung, ob ein Gestaltungspotential genutzt werden sollte, zu berücksichtigen. So spielt einerseits, wie bereits angesprochen, die Restlaufzeit einer Förderperiode und damit diejenige eines Förderprogramms eine Rolle. Es kann bei Förderprogrammen mit einer aus Sicht des Fördergebers zu kurzen Restlaufzeit auf eine Umsetzung der Gestaltungspotentiale verzichtet werden, obwohl die aufgezeigten Änderungsmöglichkeiten grundsätzlich als sinnvoll erachtet werden. In diesem Zusammenhang, aber auch im Allgemeinen, sollte beachtet werden, dass Aufwendungen zur Optimierung des Controllings und der daraus re-

[748] Eigene Darstellung.

sultierende Nutzen in einem angemessenen Verhältnis stehen müssen.[749] Zuletzt kann auch die bewusste Ablehnung, Gestaltungspotentiale auszuschöpfen, ein Grund sein, warum die aufgezeigten Potentiale nicht genutzt werden, um eine erhöhte Transparenz durch das Förderprogramm-Controlling zu vermeiden. Dem steht allerdings die grundsätzlich geforderte Transparenz über Tätigkeiten in der öffentlichen Verwaltung gegenüber.[750] Eine staatliche Institution sollte zur Rechtfertigung und Darstellung nach außen (z.B. gegenüber dem Bürger) bewusst möglichst viel Transparenz schaffen, insbesondere weil Förderprogramme freiwillige Instrumente und keine gesetzliche Pflichtaufgabe darstellen, aber gleichwohl öffentliche Gelder vergeben werden.[751]

4.6 Zusammenführung der Analysen zur Ermittlung des gesamten Gestaltungspotentials und Handlungsbedarfs von Förderprogrammen

Bisher wurden im vorangegangenen Kapitel die Fragestellungen zur Ermittlung des theoretischen Gestaltungspotentials und dem daraus abgeleiteten praktischen Handlungsbedarf für ein Förderprogramm getrennt nach der Kategorisierung in der Zielanalyse[752], Analyse der Förderart und Förderstruktur[753], Verfahrensanalyse[754] und der Analyse der Kontrollphase[755] ermittelt. Damit für ein Förderprogramm die Erkenntnisse hinsichtlich der Gestaltungspotentiale und ermittelten Handlungsbedarfe nicht separiert voneinander betrachtet und Maßnahmen eingeleitet werden, bedarf es je Förderprogramm in einem ersten Schritt einer aggregierten Betrachtung der Ergebnisse der vier durchgeführten Analysen. Anschließend sollte das Ergebnis der Beziehungsanalyse mit einbezogen werden, um unter Berücksichtigung der Komplexität eine abschließende Gesamtbetrachtung für ein Förderprogramm vornehmen zu können.

Diese Gesamtbetrachtung soll in folgender Abbildung an einem fiktiven Förderprogramm zunächst einmal dargestellt und anschließend detaillierter erläutert werden.

---

[749] Vgl. zur Thematik, dass Aufwand und Nutzen für Controlling im angemessenen Verhältnis stehen müssen: Mosiek/Gerhardt (2003), S. 289 und für die generelle Einführung allgemeiner betriebswirtschaftlicher Instrumente: Berens/Mosiek/Röhrig/Gerhardt (2004), S. 324.

[750] Vgl. Ausführungen zu Fußnote 387 bis 390.

[751] Vgl. Kapitel 2.1.1.5 und Kapitel 3.2.1.

[752] Vgl. Kapitel 4.1.1.1.

[753] Vgl. Kapitel 4.1.2.1.

[754] Vgl. Kapitel 4.2.1.

[755] Vgl. Kapitel 4.3.1.

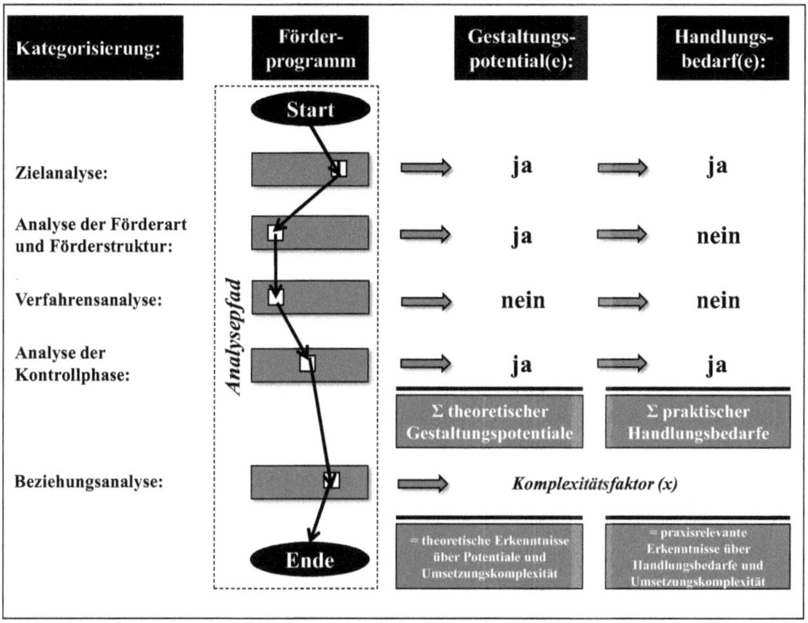

Abbildung 35: Analysepfad zur Ermittlung der gesamten Gestaltungspotentiale und Handlungsbedarfe eines Förderprogramms unter Berücksichtigung der Komplexität[756]

Anhand des *Analysepfads eines Förderprogramms* werden zunächst die vier fördermanagementprozess-spezifischen Analysen durchgeführt. Dabei wird das einzelne Förderprogramm in jeder Analyse kategorisiert. Die Gesamtheit der Ausprägungsmöglichkeiten einer Analyse (symbolisch für die jeweilige Matrix bzw. den Würfel der Analyse) wird abstrakt durch das komplette graue Kästchen zum Ausdruck gebracht. Je nach Ergebnis der Analyse wird das Förderprogramm mit seiner individuellen Ausprägung positioniert. Dies wird abstrakt durch die Positionierung des kleineren weißen Kästchens innerhalb jeder Analyse (graues Kästchen) symbolisiert. Da jedes Förderprogramm innerhalb jeder der vier Analysen anders positioniert werden kann, kann der Analysepfad von Förderprogramm zu Förderprogramm einen unterschiedlichen Weg nehmen. Die hier vorgenommene Darstellung ist daher rein exemplarisch zu sehen.
Das Ergebnis jeder Analyse ist, ob theoretische Gestaltungspotentiale vorliegen oder nicht.[757] Dies wird durch „ja“ oder „nein“ zum Ausdruck gebracht. An-

[756] Eigene Darstellung.
[757] Vgl. Kapitel 4.5.

schließend können vorliegende theoretische Gestaltungspotentiale in praktische Handlungsbedarfe transformiert werden.[758] Dazu muss zur Optimierung eines Förderprogramm-Controllings die Notwendigkeit zur Umsetzung eines theoretischen Gestaltungspotentials erkannt werden. Dies ist der Fall, wenn der praktische Handlungsbedarf bejaht wird.

Nach Abschluss der vier Analysen kann je Förderprogramm sowohl für das theoretische Gestaltungspotential als auch für den praktischen Handlungsbedarf eine Summe gezogen werden. Durch diese Vorgehensweise kann für jedes Förderprogramm das theoretische als auch das praktisch relevante Gesamtergebnis gewürdigt werden. Dabei ist die Gesamtheit der Gestaltungspotentiale nicht als mathematische Größe zu verstehen, da sowohl eine direkte als auch eine gewichtete Summierung der mit „ja“ beantworteten Analysen und Fragestellungen der Individualität eines jeden Förderprogramms in diesem aggregierten Modellrahmen nicht gerecht werden kann bzw. Ergebnisse der einzelnen Analysen nicht allgemeingültig betrachtet werden können. Vielmehr wird durch diese Summe das Gesamtergebnis aller Analysen zum Ausdruck gebracht.

Der Analysepfad setzt sich nach Durchführung der ersten vier Analysen und Bildung der Summe von theoretischen Gestaltungspotentialen und praktischen Handlungsbedarfen fort und endet erst nach *Durchführung der Beziehungsanalyse*. Innerhalb der Beziehungsanalyse wird je Förderprogramm das Verhältnis von Fördergeber zu Fördernehmer(n) und Zielgruppe(n) analysiert und das Förderprogramm nach dieser Ausprägung kategorisiert.[759] Das Ergebnis der Beziehungsanalyse bringt die Komplexität zum Ausdruck, die bei der Ausschöpfung der Gestaltungspotentiale und Umsetzung der Handlungsbedarfe auftritt und daher als Komplexitätsfaktor des Gesamtergebnisses der ersten vier Analysen berücksichtigt werden muss. Das Ergebnis nach der abschließenden Beziehungsanalyse offenbart theoretische und praxisrelevante Erkenntnisse hinsichtlich der Gestaltungspotentiale und Handlungsbedarfe unter Berücksichtigung der Komplexität eines Förderprogramms.

Dieses finale Gesamtanalyseergebnis schafft hinsichtlich der erforderlichen Maßnahmen unter Berücksichtigung der Komplexität eine Transparenz, die jedem Beteiligten auf Seiten des Fördergebers (Verwaltung bzw. politischer Ebene) aufzeigt, welche Maßnahmen noch umzusetzen sind, um ein aussagekräftiges Förderprogramm-Controlling durchführen zu können.

---

[758] Vgl. Kapitel 4.5.

[759] Vgl. Kapitel 4.4.1.

Dabei ist bei der Umsetzung des Handlungsbedarfs in der Praxis wichtig, dass die einzelnen betriebswirtschaftlichen Instrumente, die den Phasen und Analysen zugeordnet wurden, methodisch richtig und gezielt eingesetzt werden.

Hat eine staatliche Institution mehrere Förderprogramme begeben, kann bzw. sollte sie diese Analysen für das gesamte Förderprogramm-Portfolio durchführen, um Optimierungsansätze für das Förderprogramm-Controlling insgesamt zu identifizieren. Mit dieser Vorgehensweise liegt der staatlichen Institution ein Überblick über Gestaltungspotentiale und abgeleitete Handlungsbedarfe bzgl. aller Förderprogramme der Portfolios vor. Da es in der staatlichen Institution bei der gleichzeitigen praktischen Umsetzung aller Handlungsbedarfe unter Umständen Kapazitäts- bzw. Ressourcenengpässe gibt, kann eine Übersicht aller Gestaltungspotentiale und Handlungsbedarfe auch eine gute Entscheidungsgrundlage dafür bilden, bei welchem Förderprogramm mit der Umsetzung begonnen wird, um so Schritt für Schritt alle Förderprogramme hinsichtlich eines aussagekräftigen Förderprogramm-Controllings optimieren zu können.

4.7 Nutzen des Modells anhand eines Beispiel-Förderprogramms im Zeitablauf

Anhand eines praktischen Beispiels soll dargestellt werden, dass bei Anwendung dieser strukturierten und transparenten Analysen Chancen in Form von Gestaltungspotentialen hinsichtlich der Optimierung des Förderprogramm-Controllings von Beginn an identifiziert werden können. Beispielhaft wurde das Förderprogramm des Landes Nordrhein-Westfalen zur Gewährung von Zuwendungen für Investitionen in Kindertageseinrichtungen und Kindertagespflege zum Ausbau von Plätzen von Kindern unter drei Jahren herausgegriffen. Das Beispiel basiert auf öffentlich zugänglichen Informationen in Form von Richtlinie, Rundschreiben und Berichten verschiedener involvierter Institutionen. Hätte man dabei die entsprechenden Analysen des Modells von Beginn an durchführen können, hätten potentielle Instrumente zur Verfügung stehen können, die Steuerungsbedarfe aufzeigen, so dass darauf aufbauend bei Bedarf Steuerungsmaßnahmen hätten eingeleitet werden können. Bevor die Chancen des in dieser Arbeit vorgestellten Modells erläutert werden, soll zunächst chronologisch die Entwicklung bei diesem Förderprogramm aufgezeigt werden.

4.7.1 Chronologie des Beispiel-Förderprogramms

Beim Start im Jahre 2008 besagte die Richtlinie des Förderprogramms als zentrales Ziel, dass das Land im Rahmen des Investitionsprogramms „Kinderbetreuungsfinanzierung“ des Bundes und des Ausbauprogramms „U3“ des Landes

Nordrhein-Westfalen Investitionszuschüsse zum Auf- und Ausbau von zusätzlichen Betreuungsplätzen von Kindern unter drei Jahren gewährt. Dabei war das allgemeine Ziel, Betreuungsplätze für Kinder unter drei Jahren in Höhe des bundesweiten Bedarfs von 35 Prozent zu erreichen. Für das Land Nordrhein-Westfalen wurde dieses Ziel auf 144.000 Betreuungsplätze für Kinder unter drei Jahren quantitativ operationalisiert.

Die Förderung ist für die meisten Fördertatbestände ein Zuschuss in Form der Anteilsfinanzierung. Für einen Fördertatbestand wird ein Festbetrag gewährt. Die direkten Fördernehmer und Antragsteller sind die Jugendämter, welche für den Ausbau der U3-Plätze in Einrichtungen des Jugendamtsbereiches verantwortlich sind. Die Antragsteller müssen vorab qualitative Fördervoraussetzungen in Form von beizubringenden Unterlagen über das jeweilige Projekt erfüllen und zu bestimmten Stichtagen über die durch die Förderung ausgebauten Plätze berichten. Ebenfalls muss ein Verwendungsnachweis erstellt werden.[760]

Der Jahresbericht 2011 des Landesrechnungshofs des Landes Nordrhein-Westfalen über das Geschäftsjahr 2010 greift dieses Förderprogramm auf. Es wird beschrieben, dass von 2008 bis Mitte 2010 – also innerhalb der ersten zweieinhalb Jahre – bereits 335 Millionen (von den geplanten 510 Millionen Euro für den gesamten sechsjährigen Förderzeitraum 2008 bis 2013)[761] bewilligt wurden. Der Landesrechnungshof beurteilt die Situation dahingehend, dass das zuständige Ministerium weder geeignete Steuerungsinstrumente zur Verteilung eingesetzt noch eine begleitende Erfolgskontrolle des Förderprogramms durchgeführt hat.[762] Solange mit den bis dahin eingesetzten Mitteln ziel- und bedarfsgerecht der Ausbau von Betreuungsplätzen für Kinder unter drei Jahren gefördert wurde, hätte eine laufende Erfolgskontrolle keine Abweichungen identifiziert, die Handlungsbedarfe erfordert hätten. Eine Erfolgskontrolle und Instrumente zur laufenden Steuerung sind demnach als laufende Prävention zu sehen, um eine Fehlallokation von Fördergeldern zu verhindern. Da diese Instrumente bis Mitte 2010 nicht optimal zum Einsatz kamen, sollte das Potential dieser Instrumente, genutzt werden, um Fördermittel zielorientiert und bedarfsgerecht steuern zu können.

Im Juni 2010 wurden folglich Steuerungskriterien definiert, um die noch zur Verfügung stehenden Mittel gezielt bewilligen zu können. Diese Kriterien sollten zunächst in den folgenden Monaten bei der Bewilligung eingesetzt werden.

---

[760] Vgl. Ministerium für Generationen, Familien, Frauen und Integration des Landes Nordrhein-Westfalen (2008).

[761] Vgl. Ministerium für Generationen, Familien, Frauen und Integration des Landes Nordrhein-Westfalen (2010a).

[762] Vgl. Landesrechnungshof des Landes Nordrhein-Westfalen (2011), S. 133-142.

Es sollten nun bevorzugt Anträge der Jugendämter bewilligt werden, die bislang nur wenig von diesem Förderprogramm profitiert haben. Zur Unterstützung dieser Entscheidung sollte sich die Bewilligung an drei Kennzahlen orientieren:

- Anteil eines Jugendamtes am Gesamtantragsvolumen,
- Verhältnis des Bewilligungsvolumens zum Antragsvolumen und
- Anzahl der U3-Kinder in den Jugendamtsbezirken (ausgehend von einer Bevölkerungsstatistik zum 31.12.2008).[763]

4.7.2 Nutzen des Modells zur Kategorisierung des Förderprogramms

Betrachtet man zunächst die Analyse der Kontrollphase[764], Verfahrensanalyse[765] und die Analyse der Förderart und Förderstruktur[766], werden außer bei der Fragestellung nach einer Auszahlung nach Meilensteinen keine Gestaltungspotentiale aufgezeigt. Dies liegt daran, dass alle theoretischen Gestaltungspotentiale bereits ausgeschöpft wurden. Ob eine Auszahlung der Fördermittel nach Meilensteinen (z.B. nach Baufortschritt) vorliegt oder nicht, ist der Richtlinie nicht zu entnehmen und soll an dieser Stelle auch nicht weiter berücksichtigt werden. Es könnte daher grundsätzlich die Erkenntnis erlangt werden, dass für ein Förderprogramm-Controlling bereits gute Rahmenbedingungen geschaffen wurden.

Allerdings zeigt die Zielanalyse bzgl. dieses Förderprogramms noch ein nicht gehobenes, aber wichtiges Gestaltungspotential auf. Positioniert man nämlich das Förderprogramm anhand des ursprünglichen Ziels des Förderprogramms in der Zielanalysematrix[767], wird deutlich, dass dies zwar ein quantifiziertes Ziel ist, aber ausschließlich ein rein output-orientiertes. Das Ziel, 144.000 Betreuungsplätze für Kinder unter 3 Jahren zu schaffen, ist dem Feld III der Zielanalysematrix zuzuordnen. Es bleiben aber sowohl direkte als auch indirekte Leistungswirkungsziele zunächst offen. Letzteres Ziel wäre z.B. eine bedarfsgerechte Verteilung der Förderung im Bundesland Nordrhein-Westfalen und damit der Ausbau der Betreuungsplätze für Kinder unter drei Jahren, damit alle Eltern mit Kindern unter drei Jahren gleichermaßen von dem Ausbau profitieren und somit insoweit eine Wirkung erreicht wird. Dieses Wirkungsziel wurde im Laufe des Förderprogramms im Juni 2010 konkretisiert und Kennzahlen zur Steuerung dieses Ziels definiert.

---

763 Vgl. Ministerium für Generationen, Familien, Frauen und Integration des Landes Nordrhein-Westfalen (2010a).

764 Vgl. Kapitel 4.3.1.

765 Vgl. Kapitel 4.2.1.

766 Vgl. Kapitel 4.1.2.1.

767 Vgl. Kapitel 4.1.1.1.

Hier wird erneut deutlich, dass die Basis eines jeden aussagekräftigen Förderprogramm-Controllings eine operationalisierte Zielformulierung für alle Zielarten ist. So sollten sich staatliche Institutionen bei der Operationalisierung von Zielen an Kennzahlen orientieren, die im Rahmen des Controllings beurteilbar sind.[768] Da ein Berichtswesen an den Zielen ansetzt, sollten bereits bei der Zielformulierung die Eckpunkte des Berichtswesens definiert werden.[769]

Fazit dieser Betrachtung ist, dass die Anwendung der Zielanalyse im Jahr 2008 das Gestaltungspotential bereits transparent aufgezeigt und ein Bewusstsein dafür geschaffen hätte, welche Potentiale der Einsatz betriebswirtschaftlicher Instrumente und Methoden bietet. Mit Hilfe eines Förderprogramm-Controllings hätte so der Erfolg des Förderprogramms für alle Zielarten beurteilt werden können. So hätte das zuständige Ministerium bereits bei Bedarf frühzeitig Steuerungsmaßnahmen einleiten können, falls eine Zielabweichung identifiziert worden wäre. Mit dem Einsatz einer Erfolgskontrolle und ggf. Einleitung von Steuerungsmaßnahmen von Beginn an wäre dieses Förderprogramm nicht so kritisch in den Fokus des Landesrechnungshofes gelangt.

4.8 Allgemeine Würdigung und Anwendungspotentiale des Modells

Das hier entwickelte Modell zur Kategorisierung von Förderprogrammen setzt zunächst mit vier zentralen Analysen an den herausgearbeiteten Phasen des Fördermanagementprozesses an. Anhand der Ergebnisse können gezielt und prozessbezogen Gestaltungspotentiale ermittelt werden, bei deren Nutzung die Steuerbarkeit und darüber mittelbar die Wirkungen eines Förderprogramm-Controllings verbessert werden können. Um bei der praktischen Ausschöpfung dieser Gestaltungspotentiale geeignete betriebswirtschaftliche Instrumente zu nutzen, wurden geeignete Instrumente mit dem Fokus auf die durchgeführte Kategorisierung den einzelnen Analysen zugeordnet.

So ist die Zielanalyse und Analyse der Förderart und Förderstruktur der Planungsphase zuzuordnen. Die dort vorgenommene Kategorisierung lässt bereits zum Start des Fördermanagementprozesses Merkmale und Gestaltungspotentiale identifizieren, die in dieser Phase relevant sind sowie vor dem Hintergrund der Steuerung und Controlling-Aktivitäten bei einem Förderprogramm Berücksichtigung finden sollten. Diese Relevanz mit dem Bezug zur Steuerung und zu den Controlling-Aktivitäten eines Förderprogramms lässt sich sowohl auf die dritte Kategorisierung in der Verfahrensanalyse für die Durchführungsphase als auch

768 Vgl. Kapitel 4.1.1.2.2.

769 Vgl. Kapitel 4.3.2.2.

auf die vierte Kategorisierung mit Hilfe der Analyse der Kontrollphase übertragen.

Zwar sind die Analysen einzelnen Phasen zugeordnet, da die Ergebnisse insbesondere dort zum Tragen kommen. Dennoch ist das Modell auch für Förderprogramme geeignet, die bereits manche Phasen durchlaufen haben. Dies ist durch die vorhandene Prozessdynamik (in der Regel wiederkehrende Antragstellung und Bewilligungsverfahren) und Rückkopplungsschleifen im Rahmen des Controllings sichergestellt.[770] So können durch die gewonnenen Erkenntnisse ggf. auch bei laufenden Förderprogrammen Veränderungen an den Rahmenbedingungen im Antrags- und Bewilligungsprozess angestoßen werden.

Daher kann bei neuen Förderprogrammen das Modell bereits begleitend zur Gestaltung des Förderprogramms bei der Auflage der Richtlinie herangezogen werden, wohingegen bei laufenden Förderprogrammen Erkenntnisse über den Veränderungsbedarf in der jeweiligen Prozessphase gewonnen werden können. Aber auch bei beendeten Förderprogrammen können die Analysen ex post aufzeigen, wo Optimierungspotential vorgelegen hat. Erkenntnisse aus einer solchen Vorgehensweise können ggf. auf zukünftige Förderprogramme übertragen werden und dort von Beginn an eine verbesserte Ausgangsbasis schaffen. So wird deutlich, dass das Modell unabhängig von der Position eines Förderprogramms im Lebenszyklus (zum Start, während der Umsetzung, nach Abschluss) geeignet ist.

Den durchgeführten einzelnen Analysen und Phasen im Fördermanagementprozess wurden betriebswirtschaftliche Instrumente zugeordnet. Diese können zum Einsatz kommen, wenn das aufgezeigte Gestaltungspotential genutzt werden soll. Durch das Aufzeigen von theoretischen Gestaltungspotentialen, die in der Praxis in Handlungsbedarfe überführt werden können, und der entsprechenden Zuordnung praktischer Instrumente, wird die Anwendungsorientierung des Modells verdeutlicht.

Dabei beschränkt sich die Arbeit bei dem modellinhärenten Aggregationsniveau bewusst auf die reine Zuordnung von betriebswirtschaftlichen Instrumenten bzw. Methoden. Eine konkretere Ausgestaltungs- und Vorgehensweise beim praktischen Einsatz ist auf Grund der dann benötigten individuellen Umsetzung je Förderprogramm nicht möglich. Das gewählte Aggregationsniveau des Modells erlaubt es, sowohl alle Förderprogramme zu analysieren als auch Erkenntnisse aus dem Modell zu gewinnen.

---

[770] Vgl. die Ausführungen in Kapitel 3.1.5 hinsichtlich des Zusammenspiels von Controlling- und Steuerungsaktivitäten im Fördermanagementprozess.

Darüber hinaus führt der reine Einsatz dieser Instrumente nicht automatisch zu einer optimalen Ausnutzung des Gestaltungspotentials und zur Verbesserung und Optimierung des Steuerungspotentials und Förderprogramm-Controllings. Dies entscheidet sich vielmehr durch die Art und Weise des operativen Einsatzes dieser Instrumente. Das Risiko einer fehlerhaften bzw. nicht optimalen Verwendung der Instrumente liegt in der praktischen Anwendung und kann weder im Modell berücksichtigt noch verhindert werden. Es handelt sich hierbei vielmehr um eine praktische Herausforderung im Umgang mit den Analyseergebnissen und betriebswirtschaftlichen Instrumenten.

Durch die Einführung einer fünften Analyse zur Kategorisierung von Förderprogrammen wird den prozessbegleitenden Analysen eine prozessübergreifende Betrachtung hinzugefügt und demnach beide Perspektiven in einem Modell verbunden. Diese Analyse bringt die Beziehung und Verflechtung von Fördergeber, Fördernehmer und Zielgruppe des Förderprogramms zum Ausdruck. Dadurch wird eine Komplexität deutlich, die bei der Steuerung und Durchführung eines Controllings greift und daher bei der Umsetzung von Gestaltungspotentialen Berücksichtigung finden sollte.

Bei einer rein prozessbezogenen Betrachtung können beispielsweise verschiedene Förderprogramme nach den ersten vier Analysen vor dem gleichen theoretischen Gestaltungspotential stehen. Unter Berücksichtigung der Komplexität der Beziehungsanalyse hingegen wird das Bewusstsein dafür geschaffen, bei welchem Förderprogramm sich die laufende Steuerung des Förderprogramms und ein Förderprogramm-Controlling als komplexer bzw. aufwendiger abzeichnet, was wiederum bei einer Umsetzung der Gestaltungspotentiale zu berücksichtigen ist.

Hiermit wird zum Ausdruck gebracht, dass das Modell, wie in der folgenden Fallstudie umgesetzt, zwar zunächst insbesondere ein Förderprogramm im Speziellen analysiert. Dennoch eignet sich das Modell nach Durchführung der Analysen auch zum Vergleich der Ergebnisse einzeln zu analysierender Förderprogramme. Bei einer solchen Vorgehensweise können die Analyseergebnisse der einzelnen Förderprogramme eines Portfolios miteinander verglichen werden. Auf Basis eines solchen Vergleiches können in der Praxis ggf. Förderprogramme bei der Umsetzung von Gestaltungspotentialen priorisiert werden. Dies ist ebenfalls als wesentlicher Mehrwert des Modells zu sehen.

5 Darstellung des Förderprogramms „Frau und Beruf“ des Ministeriums für Gesundheit, Emanzipation, Pflege und Alter des Landes Nordrhein-Westfalen entlang des Fördermanagementprozesses und Beurteilung anhand der Analysen

5.1 Vorgehensweise im Rahmen der Fallstudie

Anhand des Förderprogramms „Frau und Beruf“ des Ministeriums für Gesundheit, Emanzipation, Pflege und Alter des Landes Nordrhein-Westfalen (MGE-PA) soll entlang des Fördermanagementprozesses die grundsätzliche Umsetzung des Förderprogramms dargestellt und das vorab entwickelte theoretische Modell angewandt werden. Im Fokus der Analyse soll in allen Phasen – also der Planungs-, Durchführungs- und Kontrollphase –[771] die Umsetzung eines Förderprogramm-Controllings stehen. Dabei werden der Ist-Zustand dargelegt sowie Potentiale aufgezeigt, die das Controlling optimieren und damit die Steuerung des Förderprogramms „Frau und Beruf“ verbessern können. Nach den Erläuterungen zu den einzelnen Phasen wird eine Kategorisierung in der jeweiligen Analyse – wie in dem im vorhergehenden Kapitel 4 skizzierten Modell – durchgeführt. Im Anschluss an die Durchführung der prozessunabhängigen Kategorisierung in der Beziehungsanalyse wird eine Gesamtbeurteilung der Ergebnisse vorgenommen. Bereits an dieser Stelle soll angemerkt werden, dass der Fördergeber vor dem Start der eigentlichen Förderung berücksichtigt hat, seine organisatorischen Entscheidungen und die strukturelle Ausgestaltung des Förderprogramms auf ein Förderprogramm-Controlling hin auszurichten. Dabei wurde das MGEPA durch eine externe Beratung unterstützt, die Erfahrung aus vergleichbaren Projekten und Methodenkompetenz eingebracht haben.[772]

5.2 Hintergrund und Aufbau des Förderprogramms

Das Förderprogramm „Frau und Beruf“ soll zu einer Verbesserung der Situation von Frauen im Berufsleben in Nordrhein-Westfalen beitragen. In diesem Zusammenhang liegen aktuell noch verschiedenste Umstände vor, in denen Frauen gegenüber Männern benachteiligt sind bzw. die Arbeitsbedingungen spezifischen Lebenssituationen und Bedürfnissen einer Frau nicht gerecht werden. Diese generellen Umstände beschreibt das für Gesundheit, Emanzipation, Pflege und Alter zuständige Landesministerium wie folgt als *Ausgangssituation* für das

[771] Vgl. Kapitel 2.4.

[772] Der Verfasser war an der Erstellung der Wirtschaftlichkeitsanalyse im Rahmen der Planungsphase federführend beteiligt, deren Ergebnisse in BMS (2011) ausführlich dargestellt sind. Darüber hinaus hat der Verfasser den weiteren Prozess begleitet.

Förderprogramm „Frau und Beruf“: Frauen haben oft mit Schwierigkeiten und Hindernissen zu kämpfen, wenn sie Beruf und Familie miteinander verbinden wollen oder nach einer Auszeit für die Familie wieder in den Beruf einsteigen möchten. Auch beim Vergleich des Durchschnittsverdienstes von berufstätigen Männern und Frauen oder der Positionen in Führungsebenen schneiden Frauen durchweg schlechter ab als Männer. Darüber hinaus üben Frauen aktuell noch zu selten Berufe im natur- und ingenieurwissenschaftlichen Bereich aus. Gerade diese Berufe bieten aber gute Karriereperspektiven.[773]

Als Bestandteil der landesweiten Gesamtinitiativen „Frau und Wirtschaft“ hat die Landesregierung Nordrhein-Westfalen mit dem MGEPA als Beitrag zu dieser Gesamtinitiative das Förderprogramm „Frau und Beruf“ aufgelegt.[774] Zur Operationalisierung dieses Förderprogramms sollen 16 regionale *Kompetenzzentren*, die ihre Arbeit zu Beginn 2012 aufgenommen haben bzw. noch im Laufe des Jahres 2012 beginnen werden, eingerichtet und gefördert werden.[775] Damit Frauen in allen Regionen des gesamten Bundeslandes Nordrhein-Westfalen von den Maßnahmen der Kompetenzzentren gleichermaßen profitieren, werden diese 16 Kompetenzzentren über das Land verteilt eingerichtet. Die Verteilung erfolgt so, dass jede arbeitsmarktpolitische Region über ein Kompetenzzentrum verfügt. Das Verfahren zur Auswahl der 16 Kompetenzzentren wurde am 14. Juni 2011 in Form eines Interessenbekundungsverfahrens gestartet.[776]

Eine *zentrale Aufgabe* ist es, zu einer Steigerung der Erwerbstätigkeit von Frauen in Nordrhein-Westfalen beizutragen.[777] Hintergrund dieses gesetzten Schwerpunktes ist, dass zwar die Erwerbsquote von Frauen in Nordrhein-Westfalen in den letzten Jahren gestiegen ist, sich Nordrhein-Westfalen im Bun-

---

773 Vgl. Ministerium für Gesundheit, Emanzipation, Pflege und Alter des Landes Nordrhein-Westfalen (2012a) und zur Unterlegung dieser Aussagen mit statistischen Auswertungen für den Zeitraum 1997 bis 2008 Ministerium für Gesundheit, Emanzipation, Pflege und Alter des Landes Nordrhein-Westfalen (2010). Diese Auswertungen wurden im vorgenannten Datenreport über die Qualifikation und Erwerbsbeteiligung von Frauen in Nordrhein-Westfalen 1997-2008 aufbereitet.

774 Vgl. Ministerium für Gesundheit, Emanzipation, Pflege und Alter des Landes Nordrhein-Westfalen (2011a), S. 1.

775 Vgl. Ministerium für Gesundheit, Emanzipation, Pflege und Alter des Landes Nordrhein-Westfalen (2012b): Im Februar 2012 sind bereits 11 Kompetenzzentren an den Start gegangen. Weitere drei Kompetenzzentren sollen noch im ersten Quartal 2012 bewilligt werden.

776 Vgl. Steffens (2011).

777 Vgl. Ministerium für Gesundheit, Emanzipation, Pflege und Alter des Landes Nordrhein-Westfalen (2012a).

desvergleich aber dennoch im letzten Drittel befindet.[778] Darüber hinaus sollen die Kompetenzzentren mitwirken, dass spezielle Angebote auf dem Arbeitsmarkt entwickelt werden, um beispielsweise Alleinerziehende, Migrantinnen oder Frauen, die nach Geburt und Erziehung wiederkehren möchten, den Einstieg in einen Beruf zu ermöglichen sowie Gründerinnen von Unternehmen zu unterstützen.[779] Dabei sollen die Kompetenzzentren in erster Linie als Impulsgeber die arbeitsmarkt- und wirtschaftspolitischen Akteure[780] beraten, dort Wissen und Kompetenz vermitteln, Projekte konturieren und Initiativen anregen. Die Akteure sollen als Multiplikatoren vor Ort dann wiederum konkrete Maßnahmen initiieren, um Frauen im Arbeitsmarkt zu fördern.[781]

Das MGEPA stellt für die Förderung dieser Kompetenzzentren jedes Jahr *Fördermittel* in Höhe von fünf Millionen Euro bereit. Diese Landesmittel werden ergänzt durch Mittel aus dem Europäischen Fonds für regionale Entwicklung (EFRE).[782] Das Förderprogramm ist in dieser Form und Finanzierung zunächst bis Mitte 2015 angesetzt.[783]

Zur Unterstützung der Arbeit und Zielerreichung der Kompetenzzentren bis Mitte 2015 ist eine *Koordinierungsstelle* eingerichtet worden. Neben diesen koordinierenden Tätigkeiten soll die Koordinierungsstelle das MGEPA bei der Steuerung und Evaluation des Förderprogramms unterstützen. Dafür werden in Summe knapp eine Million Euro für den gesamten Förderzeitraum bereitgestellt.[784]

Die nachfolgende Abbildung verdeutlicht den Ablauf und die Zusammenhänge zwischen allen Beteiligten an dem Förderprogramm „Frau und Beruf“.

---

778 Vgl. Ministerium für Gesundheit, Emanzipation, Pflege und Alter des Landes Nordrhein-Westfalen (2010), S. 34.

779 Vgl. Steffens (2011).

780 Vgl. BMS Consulting (2011), S. 13 und Ministerium für Gesundheit, Emanzipation, Pflege und Alter des Landes Nordrhein-Westfalen (2011b), S. 3f. Diese arbeitsmarkt- und wirtschaftspolitischen Akteure können beispielsweise Kommunen, Agenturen für Arbeit, Jobcenter, STARTCENTER NRW, Industrie- und Handelskammern, sonstige Wirtschaftskammern, Einrichtungen der Wirtschaftsförderung, Arbeitgeber- und Branchenverbände, Unternehmerinnenverbände, Gewerkschaften, Integrationsagenturen oder Träger beruflicher Rehabilitation sein.

781 Vgl. Ministerium für Gesundheit, Emanzipation, Pflege und Alter des Landes Nordrhein-Westfalen (2011b), S. 4f. und o.V. (2012a).

782 Vgl. Steffens (2011).

783 Vgl. BMS Consulting (2011), S. 8.

784 Vgl. o.V. (2012b).

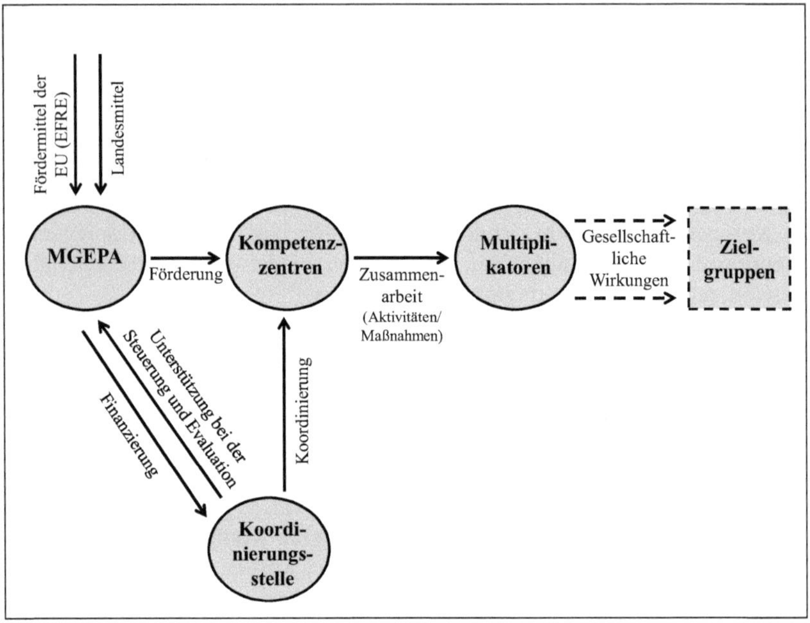

Abbildung 36: Aufbau und Ablauf des Förderprogramms „Frau und Beruf“[785]

5.3 Analyse der Planungsphase

5.3.1 Allgemeine Vorgehensweise

Im Rahmen der Planungsphase sollten alle zentralen Eckpunkte eines Förderprogramms festgelegt und in der Richtlinie bzw. in einer Verwaltungsvorschrift niedergeschrieben werden. Ein weiterer wesentlicher Punkt ist die Durchführung einer Wirtschaftlichkeitsuntersuchung.[786]

Für das Förderprogramm „Frau und Beruf“ wurde eine solche *Wirtschaftlichkeitsanalyse* durchgeführt. Diese verdeutlicht als Ausgangssituation sowohl die grundsätzlichen Problemstellungen von Frauen im Berufsleben als auch die für Nordrhein-Westfalen speziellen Aspekte.[787] In diesen Kontext wurde das zum Zeitpunkt der Wirtschaftlichkeitsanalyse geplante Förderprogramm „Frau und

785 Eigene Darstellung.
786 Vgl. die detaillierten Ausführungen zur Planungsphase in Kapitel 2.4.1.
787 Vgl. zu beiden Punkten Kapitel 5.2.

Beruf" als notweniges Instrument eingeordnet, um Frauen im Berufsleben zu fördern und die vorhandenen Ungleichgewichte zu beseitigen.

In einem nächsten Schritt wurden die grundlegenden *qualitativen Ziele* herausgearbeitet, mögliche Zielkonflikte und alternative Vorgehensweisen und deren Eignung kritisch gewürdigt. Im Rahmen einer *Kosten-Nutzen-Analyse* wurden nicht nur die direkten Kosten sondern auch die indirekten Kosten betrachtet. Als direkte Kosten wurden die eindeutig zu identifizierenden Kosten erfasst, die auf Grund des Förderprogramms neu anfallen und direkt zuzuordnen sind. Darunter ist die Gesamtsumme der Fördermittel für Kompetenzzentren und Koordinierungsstelle, Kosten für Sach- und Dienstleistungen (z.B. Internetauftritt, Broschüren) und das Controlling zu verstehen. Als indirekte Kosten wurden Kosten für das Personal identifiziert, das bereits im MGEPA und in der Bezirksregierung vorhanden ist und nun Aufgaben in der Abwicklung des Förderprogramms übernimmt. Um die Kosten hierfür bemessen zu können, wurden die zu erwartenden Zeitanteile geschätzt. Unter verschiedensten Annahmen und Szenarien wurde der Nutzen in Form von Steuerrückflüssen aus einem angestiegenen Bruttoinlandsprodukt ermittelt und den Kosten gegenübergestellt.[788, 789] Die quantitative Kosten-Nutzen-Analyse ermittelte als Break-Even-Ansatz die Anzahl von Frauen in unterschiedlichen Einkommenssegmenten (Wiedereinstieg in den Beruf oder Qualifizierung), die durch das Förderprogramm einen Einkommensanstieg (z.B. durch Qualifizierung 4.000 € p.a.; durch eine neu entstandene Halbtagstätigkeit 17.500 € p.a.) erreichen müssten, um über Steuerrückflüsse die staatlichen Fördermittel kompensieren zu können. Es wurde hervorgehoben, dass Steuerrückflüsse aber auch die berufliche Entwicklung von Frauen verschiedensten Einflussfaktoren unterliegen, so dass der ermittelte Break-Even-Punkt nur einen mengenmäßigen ersten Eindruck vermittelt, ob sich das Förderprogramm wirtschaftlich lohnen könnte.[790] Diese quantitative Kosten-Nutzen-Analyse wurde für eine Gesamtbewertung um eine qualitative Nutzenbetrachtung ergänzt und insbesondere die Bedeutsamkeit der Entwicklung einer Infrastruktur und Netzwerkstruktur mit dem Schwerpunkt Frauen und Beruf hervorgehoben.[791]

Bereits zu diesem Zeitpunkt in der Planungsphase wurden in der Wirtschaftlichkeitsuntersuchung erste Kriterien und das Verfahren zur Erfolgskontrolle festgelegt und die weitere Vorgehensweise zur Konkretisierung der Erfolgskontrolle

---

788 Bei den Annahmen und Szenarien wurden mögliche Mehreinkommen von Frauen, die Steuerquote und der Diskontierungssatz festgelegt.

789 Vgl. Credit Suisse (2007). Laut Credit Suisse bewirkt ein Anstieg der Frauenerwerbstätigkeit von 1 % eine Erhöhung des realen Bruttoinlandsproduktes um 0,75%.

790 Vgl. BMS Consulting (2011), S. 5-45.

791 Vgl. BMS Consulting (2011), S. 5-45.

in einem Zeitplan zur Umsetzung aller noch anstehenden Aufgaben und Maßnahmen beim Förderprogramm „Frau und Beruf" eingebunden.[792]

Die nachfolgende Tabelle zeigt, dass in der Wirtschaftlichkeitsuntersuchung zu allen Punkten Stellung genommen wurde, die nach § 7 LHO NRW und BHO mindestens zu analysieren sind.

Mindestanforderungen an eine Wirtschaftlichkeitsuntersuchung[793]	**Berücksichtigt beim Förderprogramm „Frau und Beruf"**
Analyse der Ausgangslage und des Handlungsbedarfs	ja
Ziele, Prioritätsvorstellungen und mögliche Zielkonflikte	ja
Relevante Lösungsmöglichkeiten und deren sämtliche Kosten und Nutzen	ja
Finanzielle Auswirkungen auf den Haushalt	ja
Eignung der jeweiligen Lösungsmöglichkeiten zur Zielerreichung unter Einbeziehung der rechtlichen und personellen Rahmenbedingungen	ja
Zeitplan für die Durchführung der Maßnahme	ja
Kriterien und Verfahren der Erfolgskontrolle	ja

Tabelle 8: Wirtschaftlichkeitsuntersuchung beim Förderprogramm „Frau und Beruf"[794]

Neben diesem speziellen Aspekt der Wirtschaftlichkeitsuntersuchung wurden weitere zentrale *Ziele des Förderprogramms formuliert und fixiert*. So besteht der eigentliche Förderzweck des Förderprogramms darin, die berufliche Gleichstellung von Frauen voranzutreiben und die Erwerbstätigkeit von Frauen in Nordrhein-Westfalen zu verbessern und zu steigern.[795] Dieser grundsätzliche Förderzweck definiert damit auch die wichtigsten qualitativen Ziele des Förderprogramms. Eine weitere operationalisierte und quantifizierte Zielformulierung wurde im Rahmen der Planungsphase nicht vorgenommen.

Neben dieser Zweck- und Zielformulierung wurde die *Fördersystematik konkretisiert*. Der Kreis der Förderempfänger sind 16 Kompetenzzentren, wobei als Träger dieser 16 Kompetenzzentren verschiedenste Institutionen in Frage ka-

792 Vgl. BMS Consulting (2011), S. 5-45.
793 Vgl. Kapitel 2.4.1.
794 Eigene Darstellung.
795 Vgl. BMS Consulting (2011), S. 14.

men.[796] Die Förderung von Personal-, Sach- und Verwaltungskosten der Kompetenzzentren erfolgt als Zuschuss in Form einer Anteilsfinanzierung.[797] Die tatsächlichen Förderbeträge werden als Erstattung geleistet, wenn die Aufwendungen beleghaft nachgewiesen werden können.[798]

Die *Bekanntgabe* der Vorgehensweise erfolgte am 14. Juni 2011 durch Veröffentlichung des Interessenbekundungsverfahrens.[799]

Die abschließende Tabelle fasst die zu Beginn dieser Arbeit herausgearbeiteten Punkte zusammen, die in einer Planungsphase grundsätzlich zu berücksichtigen sind und zeigt auf, dass bis auf eine operationalisierte Zielformulierung beim Förderprogramm „Frau und Beruf" alle Aspekte berücksichtigt wurden.

Zu beachtende Aspekte in der Planungsphase[800]	**Berücksichtigt beim Förderprogramm „Frau und Beruf"**
Festlegung eines Förderzwecks	ja
Definition eines operationalisierbaren Ziels	nein
Eingrenzung des Kreises der Förderempfänger	ja
Festlegung der Förderbedingungen	ja
Konkretisierung des Fördervolumens und der Förderart	ja
Durchführung einer Wirtschaftlichkeitsuntersuchung	ja
Entscheidung über die Durchführung der Bekanntgabe	ja

Tabelle 9: Abgleich der zentralen Punkte in der Planungsphase beim Förderprogramm „Frau und Beruf"[801]

---

796 Vgl. Ministerium für Gesundheit, Emanzipation, Pflege und Alter des Landes Nordrhein-Westfalen (2011b), S. 9. Als Träger möglich sind insbesondere Gebietskörperschaften und interkommunale Zusammenschlüsse, Kammern und Wirtschaftsförderungseinrichtungen, Wirtschaftsverbände und Gewerkschaften, Hochschulen und Weiterbildungseinrichtungen, Einrichtungen der wissenschaftlichen Infrastruktur, freie Träger, Trägerverbünde und Unternehmen.

797 Vgl. Kapitel 2.3.2.2.1.

798 Vgl. Ministerium für Gesundheit, Emanzipation, Pflege und Alter des Landes Nordrhein-Westfalen (2011b), S. 8-12.

799 Vgl. Steffens (2011).

800 Vgl. Kapitel 2.4.1.

801 Eigene Darstellung.

5.3.2 Kategorisierung und Ermittlung des Gestaltungspotentials im Rahmen der Zielanalyse

Die Kategorisierung eines Förderprogramms im Rahmen der Zielanalyse setzt an der Ausgestaltung einer qualitativen sowie einer quantitativen Zielformulierung an. Dabei wird diese Unterscheidung für die vier in der Zielanalyse relevanten Zielarten vorgenommen.[802]

Das *qualitative Leistungserbringungsziel beim Fördergeber* ist im vorliegenden Fall, dass die vorhandenen Ressourcen beim Ministerium und in der Bezirksregierung bei der Wahrnehmung der Aufgaben und Erbringung der Leistungen wirtschaftlich und sparsam eingesetzt werden sollen. Aus diesem Grund wurde im Rahmen der Planungsphase des Förderprogramms „Frau und Beruf" eine Wirtschaftlichkeitsuntersuchung durchgeführt, um als Schwerpunkt dieser Untersuchung eine systematische Analyse der Kosten vorzunehmen. Dabei wurden auch sämtliche zu erwartende Kosten bis in die Mitte des Jahres 2015 *quantitativ prognostiziert.* So wurden nicht nur die zur Verfügung stehenden Fördermittel je Haushaltsjahr geplant, sondern auch geplante Ausgaben sowohl für übergreifende Sach- und Dienstleistungen als auch für ein begleitendes Controlling angesetzt. Neben diesen direkten Ausgaben wurden auch die in diesem Zusammenhang anfallenden Kosten für den Personaleinsatz im Ministerium und bei der Bezirksregierung Düsseldorf zur Begleitung und Abwicklung des Förderprogramms „Frau und Beruf" als geplante Zielgröße konkretisiert.[803]

Neben diesem Ziel beim Fördergeber werden auch Ziele formuliert, die für den Leistungsempfänger bzw. Fördernehmer, also die Kompetenzzentren, gelten.

Als *Leistungserbringungsziele beim Leistungsempfänger* – also dem jeweiligen Kompetenzzentrum – wurde qualitativ definiert, dass die Kompetenzzentren Impulse bei den primär verantwortlichen arbeitsmarkt- und wirtschaftspolitischen Akteuren[804] vor Ort setzen sollen. Die Kompetenzzentren sollen die Akteure vor Ort beratend unterstützen und Maßnahmen (z.B. Orientierungskurse, Praktikavermittlung, Weiterbildung und Qualifizierung, Präsentation von Vorbildern) konzeptionell entwickeln bzw. diese gemeinsam auf den Weg bringen.[805]

---

[802] Vgl. Kapitel 4.1.1.1.
[803] Vgl. BMS Consulting (2011), S. 34.
[804] Vgl. Fußnote 780 zur Aufzählung der zentralen Akteure vor Ort.
[805] Vgl. Ministerium für Gesundheit, Emanzipation, Pflege und Alter des Landes Nordrhein-Westfalen (2011b), S. 2-6.

Direkte Leistungswirkungsziele beim Förderempfänger als eine weitere Zielart wurden nicht definiert.

Indirekte Leistungswirkungsziele durch die Förderung der Kompetenzzentren und deren Zusammenarbeit mit den arbeitsmarkt- und wirtschaftspolitischen Akteuren vor Ort sollen bei Frauen in Nordrhein-Westfalen eintreten. Frauen sind in dem Förderprogramm „Frau und Beruf" demnach als Zielgruppe (ungleich Fördernehmer) einzuordnen, die mittelbar durch das Förderprogramm profitieren sollen. Als qualitative Zielformulierung der indirekten Leistungswirkungsziele stehen zwei verdichtete Oberziele im Fokus, zum einen die berufliche Gleichstellung von Frauen voranzutreiben und zum anderen die Erwerbstätigkeit von Frauen in Nordrhein-Westfalen nachhaltig zu verbessern und zu steigern. Die verdichteten Oberziele stammen aus den Einzelzielen, neue Zugänge zum Arbeitsmarkt zu schaffen, Hemmnisse beim Berufseinstieg abzubauen, Entgeltungleichheit zu bekämpfen, zeitliche und qualitative Unterbeschäftigung zu vermeiden, Gründerinnen zu unterstützen, Unternehmerinnen zu fördern, Aufstiegschancen von Frauen zu erhöhen und die Position von Führungsfrauen zu stärken.[806] Die nachfolgende Abbildung zeigt die auf das Förderprogramm „Frau und Beruf" angewandte Zielanalysematrix. Es wird zusammengefasst deutlich, welche Zielarten quantitativ und/oder qualitativ formuliert wurden.

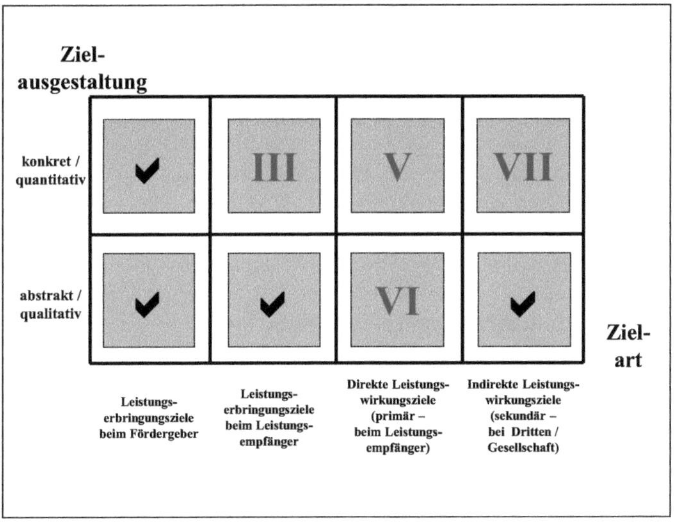

Abbildung 37: Zielanalysematrix beim Förderprogramm „Frau und Beruf"[807]

[806] Vgl. BMS Consulting (2011), S. 14.
[807] Eigene Darstellung.

Aus diesem Ergebnis der Zielanalysematrix lassen sich für den Bereich der Zieldefinition *Gestaltungspotentiale*[808] ableiten. Diese sollten genutzt werden, wenn ein Controlling des Förderprogramms „Frau und Beruf" aussagekräftige(re) Erfolgsbeurteilungen vornehmen und Steuerungsmaßnahmen empfehlen können soll.

Auf Ebene des Fördergebers wurde das Budget (Personalressourcen) konkretisiert, das im Ministerium und in der Bezirksregierung für die Umsetzung (Antrags- und Bewilligungsverfahren) und Begleitung des Förderprogramms (Abstimmung, Veranstaltungen, laufendes Controlling) eingesetzt werden soll. Diese einzelnen Tätigkeiten wurden definiert und somit das Leistungserbringungsziel beim Fördergeber konkret formuliert. Diese Vorgehensweise schafft zur Beurteilung der Leistungserbringungsziele beim Fördergeber eine gute Ausgangssituation. Hier liegen keine weiteren Gestaltungspotentiale vor.

Allerdings wurden bei den drei weiteren Zielarten bisher keine Ziele konkretisiert bzw. quantifiziert. Hier liegen zunächst objektiv theoretische Gestaltungspotentiale vor, die jeweiligen Ziele zu operationalisieren. Diese müssen nun im Zusammenhang mit dem Förderprogramm „Frau und Beruf" gewürdigt werden.

Unter Berücksichtigung der individuellen Förderstruktur kann ggf. bei einer Zielart auf eine weitere Zielformulierung verzichtet werden. Ob die Definition direkter Wirkungsziele beim Leistungsempfänger (= Kompetenzzentren) sinnvoll wäre, ist vor dem Hintergrund der Fördersystematik in Frage zu stellen. Erreichte Leistungswirkungsziele sollen vor allem langfristig und dauerhaft zu einer Wirkung führen. Da aber die Kompetenzzentren zunächst nur temporär für die Dauer des Förderprogramms bis Mitte 2015 eingerichtet bzw. gefördert werden, ist eine Definition von Wirkungszielen bei den direkten Leistungsempfängern aus Sicht des theoretischen Modells durchaus verzichtbar. Hier wird insbesondere deutlich, dass das theoretische Modell in der praktischen Anwendung immer vor dem Hintergrund jeder einzelnen, individuellen Förderstruktur gewürdigt werden muss.

Nach der *Anwendung des theoretischen Modells und Berücksichtigung der individuellen Fördersystematik* sind demnach nur noch die operationalisierte Formulierung von Leistungserbringungszielen beim Leistungsempfänger und indirekte Leistungswirkungsziele, die mittelbar durch die Kompetenzzentren bei der Zielgruppe erreicht werden sollen, als Gestaltungspotential vorhanden.

808 Vgl. Kapitel 4.5.2 und die Erläuterungen zu Abbildung 31.

Wenn diese theoretischen Gestaltungspotentiale auch als *praktischer Handlungsbedarf erkannt* werden, sollten diese Ziele operationalisiert werden. Dabei können die Instrumente der Zielvereinbarung und die Festlegung von Kennzahlen und Indikatoren als Leistungsmaße den Prozess der Zieldefinition unterstützen.[809]

Um akzeptable Ziele zwischen allen Beteiligten (Kompetenzzentren, Koordinierungsstelle und dem MGEPA) weiter zu spezifizieren und messbar zu formulieren, wurde bereits ein Zielvereinbarungsprozess angestoßen. Am Ende der Zielvereinbarung sollen kurz-, mittel- und langfristige Ziele der Kompetenzzentren stehen. Kurzfristige Ziele verfolgen eine Ein-Jahres-Perspektive, wohingegen die mittel- und langfristigen Ziele für die dreieinhalbjährige Dauer des Förderprogramms angelegt werden. Dabei sollen die Kompetenzzentren zunächst ausgewählte Schwerpunkte benennen, sich für die wichtigsten Kooperationspartner entscheiden und sich in der Informations- und Öffentlichkeitsarbeit festlegen, welche Maßnahmen in einem bestimmten Zeitraum umgesetzt werden. Diese Zielvereinbarung, die bei Bedarf ggf. im Laufe der Zeit modifiziert werden kann, soll als Grundlage für jährliche Überprüfungsgespräche mit den Kompetenzzentren und der abschließenden Evaluation des Förderprogramms dienen.[810]

5.3.3 Kategorisierung und Ermittlung des Gestaltungspotentials im Rahmen der Analyse der Förderart und Förderstruktur

Anhand der Charakteristika bei der Förderart und Förderstruktur kann das Förderprogramm „Frau und Beruf“ in dem Quader zur Analyse der Förderart und Förderstruktur positioniert werden.[811]

Die *Förderart* des Förderprogramms „Frau und Beruf“ ist der *Zuschuss*. Das Land bezuschusst Personal-, Sach- und Verwaltungskosten der geförderten Kompetenzzentren als nachträgliche Erstattung, wenn die Aufwendungen beleghaft nachgewiesen wurden.[812] Unabhängig davon, ob die Belege zur Bezuschussung der Aufwendungen innerhalb der dreieinhalbjährigen Förderperiode am Ende, jährlich oder unterjährig eingereicht werden, besteht keine Verbindung der Bezuschussung mit parallel zu erreichenden Meilensteinen durch die Kompetenzzentren.

---

809 Vgl. Kapitel 4.1.1.2.2 und Kapitel 4.1.1.2.1.

810 Vgl. Landeskoordinierungsstelle des Förderprogramms „Frau und Beruf“/Ministerium für Gesundheit, Emanzipation, Pflege und Alter des Landes Nordrhein-Westfalen (2012).

811 Vgl. Kapitel 4.1.2.1.

812 Vgl. Ministerium für Gesundheit, Emanzipation, Pflege und Alter des Landes Nordrhein-Westfalen (2011b), S. 8-12.

Der *eigentliche Fördergeber* beim Förderprogramm „Frau und Beruf" ist das MGEPA des Landes Nordrhein-Westfalen. In der Verantwortung dieses Landesministeriums liegt die Auflegung und Durchführung des Förderprogramms „Frau und Beruf". Neben den jährlichen fünf Millionen Euro Landesmittel des eigentlichen Fördergebers fließen auch Fördergelder der Europäischen Union aus dem EFRE-Fonds in das Förderprogramm „Frau und Beruf".[813] Trotz des Fehlens von offiziellen Zahlen ist davon auszugehen, dass die jährlichen Mittel aus dem EFRE-Fonds die jährlichen Landesmittel übersteigen. Daher handelt es sich bei der Förderung des eigentlichen Fördergebers unter Berücksichtigung der Herkunft der Fördergelder um eine *Minderheitsförderung*.

Die nachfolgende Abbildung zeigt auf Grundlage der vorangegangenen Beschreibung die Einordnung des Förderprogramms „Frau und Beruf" in den halbierten Quader.

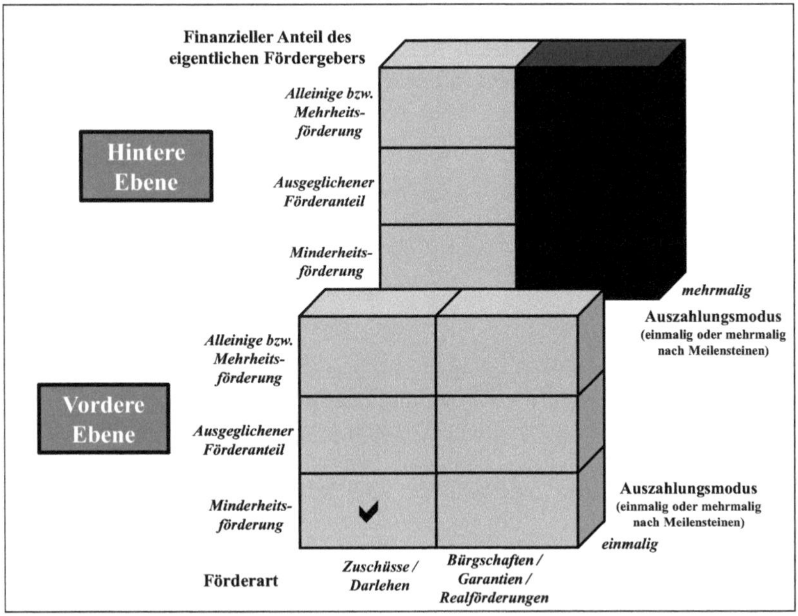

Abbildung 38: Analyse der Förderart und Förderstruktur beim Förderprogramm „Frau und Beruf"[814]

[813] Vgl. Steffens (2011).
[814] Eigene Darstellung.

Die Positionierung der Förderung des eigentlichen Fördergebers als Minderheitsförderung sollte für die Abstimmung der Vorgehensweise bei einem Förderprogramm-Controlling berücksichtigt werden. So ist ggf. auch eine *Berichterstattung* des Landesministeriums gegenüber der Europäischen Union für die erhaltenen Fördergelder aus dem EFRE-Fonds erforderlich. Da auch die Europäische Union mit ihren Fördermitteln Ziele erreichen und die Zielerreichung im Laufe der Zeit überprüfen möchte, müssen auch durch das jeweilige Bundesland Berichtspflichten zur Bewertung der Förderung gegenüber der Europäischen Union erfüllt werden.[815] In diesem Zusammenhang ist es sinnvoll, das Förderprogramm-Controlling beim eigentlichen Fördergeber zur Beurteilung der Förderung der Kompetenzzentren mit der Struktur der erforderlichen Berichterstattung an die Europäische Union abzustimmen oder an deren Struktur auszurichten. Eine solche Abstimmung kann den Aufwand im Rahmen der Berichterstattung auf allen Ebenen reduzieren.
Ein mögliches *theoretisches Gestaltungspotential* liegt vor, wenn bei der Förderart „Zuschuss“ oder „Darlehen“ die Förderung nur einmalig erfolgt anstatt mehrmalig in Abhängigkeit von erreichten Meilensteinen.[816] Dies gilt bei dem Förderprogramm „Frau und Beruf“ v.a. aus betriebswirtschaftlich theoretischer Perspektive. Die Gestaltungsmöglichkeit besteht darin, die Bezuschussung der geförderten Kompetenzzentren mit der Erstattung von Personal-, Sach- und Verwaltungskosten an Meilensteine zu koppeln und die Förderung in Abhängigkeit zu der Erreichung von Meilensteinen auszuzahlen. So könnte beispielsweise der Zuschuss an die Kompetenzzentren jährlich ausgezahlt werden, wenn vorab definierte Fallzahlen (z.B. Beratungen, Kontakte, durchgeführte Projekte) erreicht wurden. Aus betriebswirtschaftlicher Sicht kann mit der Verknüpfung von Meilensteinen und Fördergeldern eine Anreizstruktur geschaffen werden, vorab vereinbarte Ziele zu erreichen und damit aus Sicht des Förderprogramm-Controllings Strukturen zu schaffen, die die Gefahr einer Fehlentwicklung beim Förderprogramm „Frau und Beruf“ reduzieren.

Das an dieser Stelle aufgezeigte theoretische Potential ist aus betriebswirtschaftlicher Sicht sinnvoll. Eine juristisch verwaltungsrechtliche Würdigung hinsichtlich der Realisierbarkeit einer solchen Vorgehensweise bleibt an dieser Stelle aber offen. Diese Perspektive müsste jedoch mit einbezogen werden, wenn die Auszahlung von Fördergeldern rechtswirksam und rechtlich einwandfrei an Meilensteine gekoppelt werden soll. Auch bei der Fragestellung, ob dieses theoretische Gestaltungspotential in einen praktischen Handlungsbedarf übergeleitet und umgesetzt werden soll, sind in der Praxis durchaus weitere Aspekte – wie

---

[815] Vgl. Amtsblatt der Europäischen Gemeinschaften (1999), Kapitel 3.

[816] Vgl. Kapitel 4.5.2 und die Erläuterungen zur Abbildung 32. Zu Erläuterung von Meilensteinen als Instrument vgl. Kapitel 4.1.2.2.2.

z.B. der ggf. zunehmende Verwaltungsaufwand bei Prüfung der Meilensteine und mehrmaliger Bewilligung – zu berücksichtigen. Im vorliegenden Fall wurde sich aus vorgenanntem Grund gegen die Hebung des theoretischen Gestaltungspotentials ausgesprochen.

5.4 Analyse der Durchführungsphase

5.4.1 Allgemeine Vorgehensweise

Im Rahmen der Durchführungsphase werden die Anträge auf Förderung gestellt, diese durch die zuständige Bewilligungsbehörde geprüft und anschließend bewilligt oder abgelehnt.[817]

Beim Förderprogramm „Frau und Beruf" wurde dem Antrags- und Bewilligungsprozess ein sogenanntes *Interessenbekundungsverfahren* vorweg geschaltet. Im Rahmen dieses Verfahrens sollten potentielle Träger von Kompetenzzentren ihr Interesse an einer Förderung darlegen und erläutern. Dazu mussten Angaben zu Kriterien wie Profil des Trägers, frauenpolitische Expertise, regionale Expertise und Akzeptanz, Netzwerkerfahrung, Finanzierung und Wirtschaftlichkeit gemacht werden. Insbesondere zu der Finanzierung und der Akzeptanz in der Region mussten weiterführende detaillierte Erläuterungen erfolgen. Die Finanzierung war mit einem Finanzierungsplan mit den anfallenden geplanten Kosten und benötigten Einnahmen aufzustellen. Da die arbeitsmarkt- und wirtschaftspolitischen Akteure vor Ort eng mit den Kompetenzzentren zusammenarbeiten müssen, sollten die Träger von Kompetenzzentren bei diesen Akteuren vor Ort eine hohe Akzeptanz genießen. Aus diesen Gründen waren sogenannte Letters of Intent der Interessenbekundung beizulegen, in denen die Akteure vor Ort die Zusammenarbeit mit dem potentiellen Träger des Kompetenzzentrums begrüßen und befürworten mussten.[818]

Zur Bewertung und zum Vergleich der Interessenbekundungen wurden die oben angeführten Kriterien gewichtet und mit Hilfe eines *Scoring-Verfahrens* bewertet. Die nach der Interessenbekundungen ausgewählten Träger der potentiellen Kompetenzzentren je Region wurden *aufgefordert, einen Antrag auf Förderung* als Kompetenzzentrum des Förderprogramms „Frau und Beruf" *zu stellen.*

---

[817] Vgl. Kapitel 2.4.2.

[818] Vgl. Ministerium für Gesundheit, Emanzipation, Pflege und Alter des Landes Nordrhein-Westfalen (2011b), S. 7-12.

5.4.2 Kategorisierung und Ermittlung des Gestaltungspotentials im Rahmen der Verfahrensanalyse

Aufbauend auf den allgemeinen Ausführungen zur Vorgehensweise in der Durchführungsphase kann das Förderprogramm „Frau und Beruf" in die Verfahrensanalysematrix[819] einsortiert werden.

Nachdem die zur Antragstellung aufgeforderten Akteure einen Antrag auf Förderung als Kompetenzzentrum bei der Bezirksregierung Düsseldorf gestellt haben, prüft diese die eingegangenen Anträge. Im Falle einer Bewilligung wird diese zunächst befristet bis zum 30. Juni 2015 ausgesprochen. Als Förderung können, wie schon erläutert, Ausgaben nach Vorlage von Belegen in Form der Anteilsfinanzierung bezuschusst werden.[820] Da nur eine *einmalige Antragstellung* erfolgt, wird das Förderprogramm „Frau und Beruf" in der Verfahrensanalysematrix auf der vertikalen Achse bei der Ausprägung „einmalig" positioniert. Die Teilnahme am Interessenbekundungsverfahren war eine Voraussetzung, um zu einer Antragstellung aufgefordert zu werden. In diesem Verfahren mussten die im vorangegangenen Abschnitt aufgeführten Angaben (Profil des Trägers, frauenpolitische Expertise, regionale Expertise und Akzeptanz durch Letters of Intent, Netzwerkerfahrung, Finanzierung und Wirtschaftlichkeit) gemacht werden, die als *qualitative Fördervoraussetzungen* einzuordnen sind.

Darüber hinaus besteht die quantitative Voraussetzung, dass alle Beschäftigten eines Kompetenzzentrums an einem Ort zusammenarbeiten. Eine Ausnahme davon bedarf der expliziten Genehmigung. Als Personal der Kompetenzzentren sollen überwiegend Personen eingesetzt werden, die über wissenschaftliche Qualifikationsprofile verfügen.[821]

Durch diese Fördervoraussetzungen wurden bereits vorab Kriterien definiert, die vorliegen müssen und auf das Ziel und die beabsichtigte Wirkung des Förderprogramms ausgerichtet sind. Der Nachweis, dass der Träger bereits über eine frauenpolitische Expertise verfügt, soll aufzeigen, welche Kenntnisse und Erfahrungen (z.B. durch Projekte) ein Träger mit der Hauptzielgruppe des Förderprogramms bereits gemacht hat. Ob ein Träger auf umfangreiche Erfahrungswerte aufbauen kann und Kenntnisse vorliegen, ist demnach ein Indikator für den potentiellen Erfolg seiner Tätigkeiten im Rahmen des Förderprogramms „Frau und Beruf". Auch der Nachweis der regionalen Akzeptanz durch die Letters of Intent

---

[819] Vgl. Kapitel 4.2.1.

[820] Vgl. Ministerium für Gesundheit, Emanzipation, Pflege und Alter des Landes Nordrhein-Westfalen (2011b), S. 10-12.

[821] Vgl. Ministerium für Gesundheit, Emanzipation, Pflege und Alter des Landes Nordrhein-Westfalen (2011b), S. 7.

der Akteure vor Ort ist wichtig, da die Kompetenzzentren mit diesen Akteuren als Multiplikatoren eng zusammenarbeiten müssen. Liegt eine hohe Akzeptanz und Bereitschaft zur Unterstützung bzw. Mitarbeit vor, trägt dies ebenfalls zum erfolgreichen Zielerreichung bei. Durch diese exemplarisch dargelegten Fördervoraussetzungen kann der Grundstein für ein erfolgreiches Förderprogramm gelegt werden.

Die folgende Abbildung zeigt die Position des Förderprogramms „Frau und Beruf“ in der Verfahrensanalysematrix.

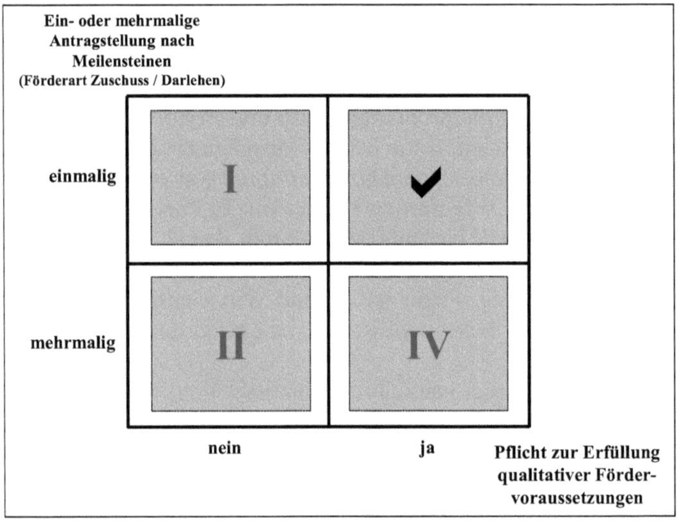

Abbildung 39: Verfahrensanalysematrix beim Förderprogramm „Frau und Beruf“[822]

Aus der Anwendung der Verfahrensanalysematrix lassen sich allgemein – wie bereits beschrieben – zwei Gestaltungspotentiale ableiten. Zum einen kann dem Antragsteller aufgegeben werden, vorab bestimmte Fördervoraussetzungen zu erfüllen und nachzuweisen. Zum anderen kann eine Möglichkeit sein, dass der Antragsteller bei der Förderart Zuschuss oder Darlehen zum Erhalt der gesamten Förderung mehrere Anträge nach Erreichung von Meilensteinen stellen muss.[823]

[822] Eigene Darstellung.
[823] Vgl. Kapitel 4.5.2 und die Erläuterungen zu Abbildung 33.

Zuerst genannte Option eines Gestaltungspotentials liegt beim Förderprogramm „Frau und Beruf" nicht vor, da *qualitative Fördervoraussetzungen bei der Antragstellung bereits erfüllt* werden mussten. Das heißt, das Gestaltungspotential wurde bereits gehoben. Ein zumindest theoretisches Gestaltungspotential stellt jedoch dar, dass die *Förderung nicht nach Meilensteinen beantragt werden muss*. Insoweit zeigt sich also bei der Betrachtung der Analyseergebnisse ein Gestaltungspotential, das bei dem Förderprogramm „Frau und Beruf" vorliegt. Es wird allerdings ein theoretisches Gestaltungspotential bleiben und in der praktischen Umsetzung keine Rolle spielen, wenn die bisher festgelegte individuelle Fördersystematik berücksichtigt wird. Denn die Fördersystematik sieht nur eine einmalige Antragstellung vor und die bewilligten Kompetenzzentren haben bereits eine Bewilligung für den gesamten Förderzeitraum bis Mitte 2015 erhalten.

Mit diesem bestandskräftigen Bewilligungsbescheid haben die Kompetenzzentren auch einen rechtlichen Anspruch auf die grundsätzliche Förderung im Rahmen des Förderprogramms „Frau und Beruf".[824] Eine Umstrukturierung des Förderprogramms mit einer weiteren Antragsphase ist daher nicht möglich. An dieser Stelle wird nochmals deutlich, dass es bei der Fragestellung, ob ein theoretisches Gestaltungspotential in einen praktischen Handlungsbedarf überführt werden soll bzw. werden kann, einer individuellen Prüfung im Kontext des betrachteten Förderprogramms bedarf. Diese kann ggf. aber auch zu der Erkenntnis führen, dass ein Gestaltungspotential nicht gehoben werden soll.

Diese individuelle Würdigung gilt auch insbesondere, wenn für das Förderprogramm erst neu zu gründende Institutionen gefördert werden, wie hier die Kompetenzzentren. In diesen Fällen sollte bewusst mit der Kopplung von Meilensteinen an den Fortbestand der Förderung umgegangen werden, da bei jeder neu gegründeten Institution einmalige Gründungsaufwendungen entstehen. Diese Aufwendungen könnten potentielle Antragsteller davon abhalten, sich auf eine Förderung zu bewerben, wenn der Fortbestand der Förderung von kurzfristigen Meilensteinen abhängig ist. Da der Förderzeitraum beim Förderprogramm „Frau und Beruf" zunächst dreieinhalb Jahre beträgt, wären Meilensteine im Zusammenhang mit dem Fortbestand der Förderung nicht sinnvoll gewesen. In solchen Fällen bieten sich vielmehr gezielt überlegte Fördervoraussetzungen an. Beim Förderprogramm „Frau und Beruf" wurden, wie zu Beginn dieses Abschnittes erläutert wurde, umfangreiche Fördervoraussetzungen definiert. Durch zielorientierte Fördervoraussetzungen kann bei einem zunächst nicht langfristig angeleg-

[824] Vgl. Ministerium für Gesundheit, Emanzipation, Pflege und Alter des Landes Nordrhein-Westfalen (2011b), S. 12.

tem Förderprogramm auf die Definition von Meilensteinen zur weiteren Auszahlung verzichtet wird.

Unabhängig von der individuellen Würdigung bei dem Förderprogramm „Frau und Beruf" könnte eine mögliche Ausübung dieses Gestaltungspotentials sein, dass der Antragsteller jährlich mit Einreichung der Belege zur Erstattung der Kosten gleichzeitig seine erbrachte Leistung als Nachweis eines Meilensteins vorlegen muss und damit seine Förderung für das kommende Jahr beantragt. Auf Basis dieses Meilensteins könnte dann über eine weitere Förderung entschieden werden.

Abschließend lässt sich festhalten, dass in der Durchführungsphase bei der Antragstellung und Bewilligungserteilung ein theoretisches Gestaltungspotential vorliegt, dieses aber erstens auf Grund der rechtlichen Bestandskraft der Bewilligungsbescheide nicht mehr ausgeübt werden kann. Grundsätzlich ist zweitens auch das Verfahren der Antragstellung und Bewilligungserteilung für den Förderzeitraum bis Mitte 2015 bereits abgeschlossen, so dass hier keine praktischen Handlungsspielräume für Änderungen vorliegen und diese auch aus den geschilderten Gründen nicht sinnvoll erscheinen.

5.5 Analyse der Kontrollphase

5.5.1 Allgemeine Vorgehensweise

Im Rahmen der Kontrollphase werden Förderprogramme hinsichtlich der Zielerreichung analysiert, um bei einer laufenden Kontrolle eines länger angelegten Förderprogramms Fehlentwicklungen zu identifizieren und Steuerungsmaßnahmen einleiten zu können bzw. bei einer abschließenden Beurteilung eine Aussage über den Gesamterfolg treffen zu können.[825]

Beim Förderprogramm „Frau und Beruf" wird direkt durch die Fördersystematik eine ordnungsgemäße Verwendung der Fördergelder im Sinne des Förderprogramms sichergestellt, da die Fördergelder erst ex post in Form einer Erstattung ausgezahlt werden. Denn die Auszahlung der Fördergelder erfolgt erst, nachdem die Kompetenzzentren die Aufwendungen für Personal-, Sach- und Verwaltungskosten vorab beleghaft nachgewiesen haben.[826]

Bereits in der Planungsphase wurde festgelegt, dass zum Förderprogramm „Frau und Beruf" ein *Berichtswesen* entwickelt und nach Abschluss des Förderpro-

[825] Vgl. Kapitel 2.4.3 und die Einleitung im Kapitel 4.3.

[826] Vgl. Ministerium für Gesundheit, Emanzipation, Pflege und Alter des Landes Nordrhein-Westfalen (2011b), S. 8-12.

gramms eine *finale Evaluation* durchgeführt werden soll. Dies wurde während der Planungsphase bereits in der Wirtschaftlichkeitsanalyse dokumentiert, um die laufende Erfolgskontrolle unterstützen zu können.[827] Die Bereitschaft, sich an dem laufenden Förderprogramm-Controlling und der abschließenden Evaluation zu beteiligen, mussten die potentiellen Fördernehmer bereits im Interessenbekundungsverfahren signalisieren. Diese Zustimmung war Bestandteil des Interessenbekundungsverfahrens und Voraussetzung, um bei der Auswahl als zu förderndes Kompetenzzentrum Berücksichtigung zu finden.[828]

Im Laufe des Jahres 2012 soll ein *webbasiertes Berichtswesen* zur Unterstützung des Förderprogramm-Controllings des Förderprogramms „Frau und Beruf" entwickelt werden. Ziel dieses webbasierten Berichtswesens ist – neben der Erstellung jährlicher Managementberichte zur Steuerung des Förderprogramms – die Lieferung von Informationen und Daten für eine finale Evaluation. Darüber hinaus soll der zukünftige Zielvereinbarungsprozess unterstützt und zur Optimierung der Arbeit der Kompetenzzentren Vergleiche und die Identifikation von sogenannten Good Practice-Ansätzen ermöglicht werden.[829] Nach dem aktuellen Diskussionsstand sollen die Kompetenzzentren im webbasierten Berichtswesen zur Unterstützung des laufenden Controllings zu verschiedenen Berichtskategorien Angaben machen. Um zunächst strukturelle Angaben vergleichen zu können, müssen neben den Stammdaten eines Kompetenzzentrums (z.B. Adressdaten, Ansprechpartner, Rechtsform) auch Strukturdaten der Region (z.B. Daten aus der Bevölkerungsstatistik, Arbeitsmarktdaten, Kennzahlen zur Darstellung der Beschäftigungssituation von Frauen, Indikatoren[830]) erfasst sowie Angaben zum eingesetzten Personal (z.B. Qualifikation, Beschäftigungsumfang, Berufserfahrung) gemacht werden. Diese Informationen dienen einerseits dazu, die Ausgangssituation einer Region zum Start des Förderprogramms zu erfassen und die Entwicklung im Laufe des Förderzeitraums zu betrachten. Andererseits bieten diese Daten auch Potentiale, um Vergleiche mit den anderen Kompetenzzentren vorzunehmen. So kann beispielsweise auf Basis der Indikatoren für eine Region im Vergleich zu anderen Regionen bei einem Kompetenzzentrum in einem Themenbereich (z.B. Frauen mit Migrationshintergrund) erhöhter Handlungsbedarf erkannt werden. Diese Erkenntnisse wiederum können in einem Zielverein-

---

827 Vgl. BMS Consulting (2011), S. 39.

828 Vgl. Ministerium für Gesundheit, Emanzipation, Pflege und Alter des Landes Nordrhein-Westfalen (2011c).

829 BMS Consulting (2012b), S. 5.

830 Als Indikatoren, die speziell für Frauen und Männer getrennt vorhanden sind, können beispielsweise folgende Daten hinterlegt werden: Erwerbstätige, Erwerbsquote, Teilzeitbeschäftigte, geringfügig Beschäftigte, Erwerbstätigenquote von Alleinerziehenden, Erwerbstätige mit Kindern in bestimmten Altersstufen, Anteil von Migrant(inn)en, Erwerbslosenquote, Angaben zu Qualifikationsgraden in Form von abgeschlossener Berufsausbildung oder Hochschulstudium, sozialpolitische Infrastruktur wie Betreuungsangebot für Kinder oder Pflegeplätzen in Pflegeheimen.

barungsprozess mit einem Kompetenzzentrum aufgegriffen werden, um den Schwerpunkt der Aktivitäten und Maßnahmen auf den Themenfeld mit dem ermittelten Handlungsbedarf auszurichten.

Neben den bisher erläuterten aktivitätsunabhängigen und übergreifenden Merkmalen sollen die Kompetenzzentren *jährliche Angaben* machen müssen. So soll jedes Kompetenzzentrum die jährliche Netzwerkarbeit erfassen, indem es neben der Charakterisierung einzelner Netzwerke seine eigene Funktion darstellt und die Ziele der Zusammenarbeit in einem Netzwerk nennt. Mit Hilfe dieser Angaben kann individuell je Region, aber auch landesweit bei der Netzwerkarbeit der Kompetenzzentren sowohl der aktuelle Stand als auch die Entwicklung über mehrere Jahre hinweg ausgewertet werden. Neben der Netzwerkarbeit sollen die Kompetenzzentren auch ihre Aktivitäten strukturiert im Berichtswesen darlegen. So gilt es zunächst, die Gesamtarbeitszeit des Kompetenzzentrums auf gewisse Aufgabenbereiche (z.B. Information und Unterstützung, Grundlegende Analysen und Projektentwicklung, Öffentlichkeitsarbeit, interne Organisation) zu verteilen. Im Rahmen einer Aktivitätserfassung sollen die durchgeführten Einzelaktivitäten der Kompetenzzentren systematisch erhoben und diese beispielsweise Handlungsfeldern und Zielgruppen zugeordnet werden. Form und Inhalte bei Erhebung dieser Einzelaktivitäten sollen in einem direkten Bezug zu den noch festzulegenden Zielvereinbarungen erfolgen.[831] Dabei müssen Aktivitäten auch bestimmten Zielen zugeordnet werden. Diese Vorgehensweise ermöglicht ein jährliches Monitoring der Zielvereinbarung sowie eine Beurteilung der Entwicklung im Zeitablauf.[832] Dieser direkte Zusammenhang zwischen dem Berichtswesen und einer vorangegangenen Zieldefinition bzw. Zielvereinbarung verdeutlicht nochmals das Zusammenspiel der einzelnen Phasen im Fördermanagementprozess.[833]

Sowohl bei der konzeptionellen Abstimmung des Berichtswesens zwischen allen Beteiligten und der Entwicklung wird das MGEPA durch *externe Berater* unterstützt und begleitet. Die ausgewählten externen Berater können auf Erfahrungswerte vergleichbarer Projekte zurückgreifen und ihre Methodenkompetenz einbringen.

[831] Vgl. zum geplanten Zielvereinbarungsprozess mit den Kompetenzzentren den letzten Abschnitt im Kapitel 5.3.2.

[832] Vgl. BMS Consulting (2012b), S. 23-35.

[833] Vgl. Kapitel 4.1.1.2.1 und 4.1.1.2.2. In diesen beiden Kapiteln werden die Zielvereinbarung sowie die dabei festgelegten Kennzahlen und Indikatoren als Leistungsmaße im Rahmen der Planungsphase als Grundlage für ein Berichtswesen als Bestandteil der Kontrollphase hervorgehoben.

5.5.2 Kategorisierung und Ermittlung des Gestaltungspotentials im Rahmen der Kontrollphase

Als Kategorisierung von Förderprogrammen in der Kontrollphase und Ableitung des Gestaltungspotentials kann die Matrix zur Analyse der Kontrollphase herangezogen werden.[834]

Bei der Förderart Zuschuss kann die ordnungsgemäße Verwendung der Fördergelder durch die Pflicht, einen Verwendungsnachweis einreichen zu müssen, sichergestellt werden. Dies ist beim Förderprogramm „Frau und Beruf" direkt durch die im letzten Kapitel beschriebene grundsätzliche Fördersystematik gegeben. Die Kompetenzzentren erhalten die Fördergelder erst im Anschluss an den Nachweis ihrer Aufwendungen. Somit ist das Vorhandensein eines *Verwendungsnachweises* zu bejahen und das Förderprogramm „Frau und Beruf" dementsprechend in der Matrix zur Analyse der Kontrollphase zu positionieren.

Wie im letzten Kapitel ausführlich beschrieben, sind sowohl die Eckpunkte des Berichtswesens als auch die weitere Vorgehensweise zur Konkretisierung bei der Erfassung der einzelnen Aktivitäten des Kompetenzzentrums festgelegt. Aktuell befindet sich die Erhebungssystematik und Struktur des Berichtswesens in der Feinabstimmung. Abschließend sollen die Ergebnisse der noch ausstehenden Zielvereinbarung bei der Ausgestaltung der Erfassungssystematik berücksichtigt werden und das Berichtswesen an den vereinbarten Zielen ausgerichtet werden. Der finale Aufbau eines Berichtswesens wird Mitte des Jahres 2012 endabgestimmt sein. Die erste Erfassung von Daten und Informationen in das Berichtswesen ist nach der Implementierung für Herbst 2012 vorgesehen. Auf Grundlage dieses Abstimmungsstandes und der zeitlichen Planung zur Implementierung, ist ein *Berichtswesen* im Rahmen der Analyse der Kontrollphase als vorhanden einzuordnen.

Die nachfolgende Darstellung visualisiert die Positionierung des Förderprogramms „Frau und Beruf" in der Matrix zur Analyse der Kontrollphase.

---

[834] Vgl. Kapitel 4.3.1.

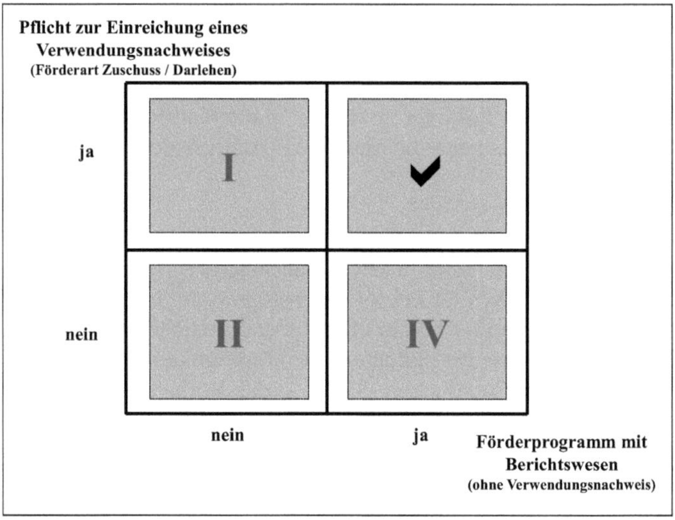

Abbildung 40: Matrix zur Analyse der Kontrollphase beim Förderprogramm „Frau und Beruf"[835]

Allgemein betrachtet würden Gestaltungspotentiale zur Optimierung eines Förderprogramm-Controllings vorliegen, wenn bei der Förderart des Zuschusses eines der beiden Instrumente Verwendungsnachweis oder Berichtswesen nicht zum Einsatz kommt.[836]

Dies ist beim Förderprogramm „Frau und Beruf" nicht der Fall, so dass *keine theoretischen Gestaltungspotentiale* offen bleiben und demnach auch kein Handlungsbedarf besteht.

5.6 Kategorisierung im Rahmen der Beziehungsanalyse

Die vom Fördermanagementprozess losgelöste Beziehungsanalyse analysiert die Verflechtung der Akteure Fördergeber, Födernehmer und Zielgruppe.[837]

Eigentlicher Fördergeber beim Förderprogramm „Frau und Beruf" ist das MGEPA des Landes Nordrhein-Westfalen. Die *Födernehmer* sind die geförderten Kompetenzzentren. Da der Fördergeber durch die Förderung grundsätzlich

[835] Eigene Darstellung.
[836] Vgl. Kapitel 4.5.2 und die Erläuterungen zu Abbildung 34.
[837] Vgl. Kapitel 4.4.1.

unmittelbar in Kontakt mit den Fördernehmern steht, können bei diesen auch direkte Informationen im Rahmen eines Berichtswesens abgefragt werden, die der Fördergeber zur Steuerung des Förderprogramms nutzen kann. Das Vorhandensein der benötigten Informationen ist beim Förderprogramm „Frau und Beruf" durch die Erfassung von Daten im webbasierten Berichtswesen sichergestellt, denn die Fördernehmer mussten ihre Bereitschaft zur Teilnahme an diesem Förderprogramm-Controlling-Prozess bereits im Interessenbekundungsverfahren zusichern.[838]

Obwohl die Fördernehmer unterschiedliche Trägerstrukturen[839] aufweisen können, liegt *keine erhöhte Komplexität der Fördernehmerstruktur* vor. Dies liegt darin begründet, dass alle Kompetenzzentren neu und insbesondere für das Förderprogramm „Frau und Beruf" eingerichtet werden und eine insgesamt vergleichbare Aufgaben- und Tätigkeitsstruktur im Sinne des Förderprogrammzwecks wahrnehmen.

Die im Rahmen des Förderprogramms „Frau und Beruf" in Nordrhein-Westfalen unmittelbar geförderten Kompetenzzentren als Fördernehmer sollen durch Maßnahmen und Aktivitäten zu einer Verbesserung der Situation von Frauen im Berufsleben beitragen.[840] Daher ist letztendlich die *Zielgruppe ungleich der Gruppe der Fördernehmer* und wird demnach nur mittelbar gefördert. Im Sinne der Beziehungsanalyse handelt es sich beim Förderprogramm „Frau und Beruf" um ein *Förderprogramm mit drei Akteuren.*

Nach dieser ersten Einordnung des Förderprogramms in die Ausprägung mit drei Akteuren folgt eine Beurteilung, ob es sich bei den Zielgruppen um eine eher homogene oder eine sehr differenzierte Gruppe handelt. Aus dieser Beurteilung lässt sich ableiten, ob sich das Förderprogramm als ein Mono- oder Multi-Beziehungsgeflecht auffassen lässt.

Betrachtet man unterschiedliche Gruppen von Frauen im Kontext einer angestrebten oder ausgeübten Berufstätigkeit detaillierter, wurden insbesondere folgende spezielle *Zielgruppen für das Förderprogramm* hervorgehoben: Erwerbslose Frauen, Wiedereinsteigerinnen, Alleinerziehende, Migrantinnen, Schülerinnen und Studentinnen, Frauen und Mädchen mit Behinderung, Frauen mit Fami-

838 Vgl. Ministerium für Gesundheit, Emanzipation, Pflege und Alter des Landes Nordrhein-Westfalen (2011c).

839 Vgl. die Aufzählung der potentiellen Träger in Fußnote 796.

840 Vgl. Beginn des Kapitels 5.2.

lienaufgaben, prekär Beschäftigte, Frauen mit Aufstiegs- und Veränderungsambitionen, Führungsfrauen, Gründerinnen und Unternehmerinnen.[841]

Um das Förderprogramm hinsichtlich der Wirkungen bei der Zielgruppe beurteilen zu können, werden Informationen über den Erfolg des Förderprogramms bei jeder Zielgruppe benötigt. Je differenzierter die Zielgruppen sind, desto höher ist die Komplexität beim Förderprogramm-Controlling, die Informationen strukturiert zu erhalten, zu analysieren und Steuerungsempfehlungen abzuleiten. Um diese Komplexität zu veranschaulichen, werden in einer Vorstufe die genannten Zielgruppen in folgender Abbildung zunächst systematisiert dargestellt.

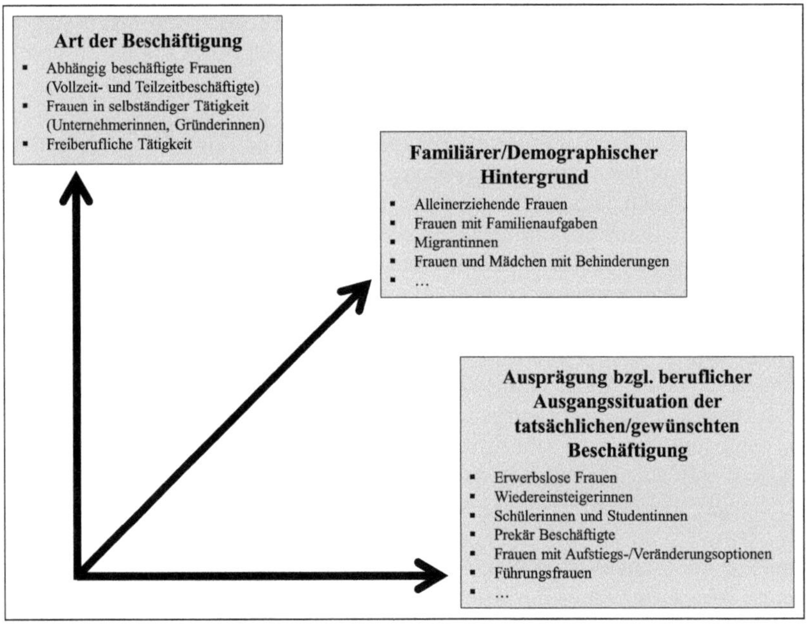

Abbildung 41: Systematisierung der Zielgruppen des Förderprogramms „Frau und Beruf“[842]

[841] Vgl. Landeskoordinierungsstelle des Förderprogramms Frau und Beruf/Ministerium für Gesundheit, Emanzipation, Pflege und Alter des Landes Nordrhein-Westfalen (2012), S. 3.

[842] Eigene Darstellung.

Aus dieser Abbildung wird bei detaillierter Betrachtung der möglichen Kombinationen bei den Zielgruppen ersichtlich, dass es sich um eine sehr heterogene Zielgruppenstruktur handelt. So sollen Ziele sowohl bei Frauen in Abhängigkeit von der Art der Beschäftigung erreicht werden als auch bei Frauen, die sich in einer unterschiedlichen beruflichen Ausgangssituation bei der (gewünschten) Beschäftigung befinden. Jede mögliche Kombination bei den Zielgruppen ist noch um die übergreifenden Eigenschaften von Frauen zu ergänzen, woraus eine weitere Differenzierung erfolgt. In der vorangegangenen Abbildung nicht dargestellt, aber als vorgeschaltete Zielgruppe zu berücksichtigen sind die Unternehmen, in denen Frauen arbeiten und gefördert werden bzw. neu in Arbeit kommen sollen.

Möchte der Fördergeber nun (Teil-)Ziele bei den Zielgruppen festlegen und diese hinsichtlich des Erfolgs überprüfen und das Förderprogramm danach steuern können, ist er mit einer hohen Komplexität konfrontiert. Um den Zielerreichungsgrad für ein speziell formuliertes Ziel überprüfen zu können, bedarf es im Berichtswesen zielbezogener individueller Angaben, die sich von Zielen für andere Zielgruppen deutlich unterscheiden können. Will ein Berichtswesen unter der Bedingung der geschilderten Komplexität für alle Zielgruppen eine Zielerreichung beurteilen können, müssen umfangreiche Informationen erfasst werden. So kann in einem Berichtswesen zur Erfolgsmessung beispielsweise ein ganz anderer Informationsbedarf und -umfang bei der Zielgruppe „alleinerziehende abhängig beschäftige Führungsfrauen" im Vergleich zu der Zielgruppe „arbeitslose Frauen mit Behinderung" vorliegen. Auf Grund dieser *differenzierten Zielgruppenstruktur* kann kein einheitlicher und für alle Zielgruppen gleicher Ansatz im Berichtswesen bzw. Controlling erfolgen. Es bedarf vielmehr einer komplexeren Berichtsstruktur, um Aussagen über einzelne Zielgruppen tätigen zu können.

Anhand dieser Beurteilung handelt es sich bei dem Förderprogramm „Frau und Beruf" in der Beziehung Fördergeber, Fördernehmer und Zielgruppen um ein *Multi-Beziehungsgeflecht.*

Die nachfolgende Abbildung positioniert das Förderprogramm „Frau und Beruf" in der Beziehungsanalysematrix.

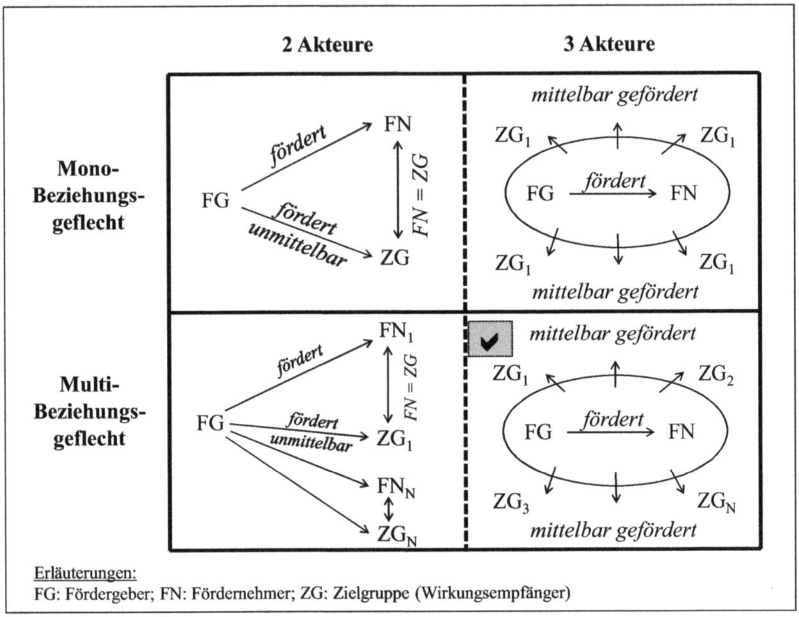

Abbildung 42: Beziehungsanalysematrix beim Förderprogramm „Frau und Beruf“[843]

Auf Grund der vorangegangenen Erläuterungen ist das Förderprogramm „Frau und Beruf“ in die *Kategorie mit dem höchsten Komplexitätsgrad*[844] einzustufen. Dieser Komplexitätsfaktor sollte Berücksichtigung finden, wenn vorhandene Gestaltungspotentiale in Gänze betrachtet werden bzw. Handlungsbedarfe umgesetzt werden sollen.[845] Dies gilt insbesondere für Gestaltungspotentiale/Handlungsbedarfe bei der Operationalisierung und Formulierung von Zielgrößen, da diese in einem Berichtswesen überprüfbar gemacht werden müssen. Mit einer erhöhten Komplexität bzw. Vielfalt geht auch ein erhöhter Aufwand im Rahmen des Controllings bzw. der Erfolgskontrolle einher.[846] Bei der Umsetzung der Gestaltungspotentiale bedeutet dies insbesondere bei den Zielgrößen, dass aufgrund der Differenziertheit der einzelnen Zielgruppen jeweils unterschiedliche, maximal teilweise überschneidende, Informationen benötigt wer-

[843] Eigene Darstellung.

[844] Vgl. zur Darstellung der Komplexitätsgrade Abbildung 30 und die Erläuterungen in Kapitel 4.4.2.

[845] Vgl. Kapitel 4.6.

[846] Vgl. die Erläuterungen zu dem Zusammenhang der Zielformulierung mit der Komplexität aus der Beziehungsanalyse in Kapitel 4.4.1.

den. Im Rahmen der Erfolgskontrolle müsste das Controlling daher unterschiedliche Indikatoren, Kennzahlen oder andere Informationen je Zielgruppe auswerten, um Aussagen über den Erfolg des Förderprogramms „Frau und Beruf“ bei jeder Zielgruppe treffen zu können.

5.7 Beurteilung der Ergebnisse hinsichtlich des Förderprogramm-Controllings

Beim Förderprogramm „Frau und Beruf“ liegen in Summe an zwei Stellen im Fördermanagementprozess *theoretische Gestaltungspotentiale* vor. Das Ausnutzen dieser Gestaltungspotentiale könnte zur Optimierung des Förderprogramm-Controllings beitragen, wodurch sowohl die laufende Steuerung als auch die Erfolgsbeurteilung unterstützt werden kann.

Das erste Gestaltungspotential liegt in einer *operationalisierten Zielformulierung* sowohl bei der direkten Leistungserbringung des Fördernehmers als auch bei der Wirkung der Förderung.[847] An dieser Stelle soll nochmals hervorgehoben werden, dass eine operationalisierte und messbare Zielformulierung die zentrale Grundlage eines jeden Controllings bildet.[848] Insbesondere output-orientierte Ziele beim Leistungsempfänger sollten im Rahmen des ausstehenden Zielvereinbarungsprozesses ohne erhöhte Komplexität operationalisierbar sein. Bei einer Operationalisierung von Wirkungszielen bei den Zielgruppen des Förderprogramms greift der ermittelte Komplexitätsgrad aus der Beziehungsanalyse.[849]

Das zweite wesentliche Gestaltungspotential liegt in der *Einführung von Meilensteinen im Auszahlungsmodus* der bewilligten Förderung. Eine Verknüpfung der Auszahlung an die Kompetenzzentren mit Meilensteinen könnte bei ihnen Anreize schaffen, definierte Ziele zu erreichen. Ein Meilenstein könnte etwa mit output-orientierten Zielen verknüpft werden. Da die Kompetenzzentren bereits Förderanträge gestellt und die Bewilligungen erhalten haben, sollte dieses theoretische Gestaltungspotential im Zusammenhang mit der Fördersystematik unter verwaltungsrechtlichen Aspekten geprüft werden. Ggf. ist dieses aus betriebswirtschaftlicher Perspektive grundsätzlich sinnvolle Instrument aus dem öffentlich-rechtlichen Blickwinkel hier nicht realisierbar bzw. auch vor dem Hintergrund der individuellen Würdigung der Fördersystematik nicht zweckmäßig.

Die Positionierung des Förderprogramms „Frau und Beruf“ in die Kategorie mit der höchsten Komplexität im Beziehungsgeflecht Fördergeber, Fördernehmer

---

847 Vgl. Kapitel 5.3.2.
848 Vgl. die Erläuterungen zu den Fußnoten 376 bis 386.
849 Vgl. Kapitel 5.6.

und Zielgruppe hat Einfluss auf den Aufwand bei der praktischen Umsetzung von Gestaltungspotentialen.

Neben der Ermittlung von Gestaltungspotentialen, ist der *begleitende Einsatz von betriebswirtschaftlichen Instrumenten* zu würdigen, da sich der Einsatz dieser Instrumente positiv auf die Möglichkeiten eines Förderprogramm-Controllings auswirkt. Betriebswirtschaftliche Instrumente können begleitend eingesetzt werden, um ermittelte Gestaltungspotentiale praktisch umzusetzen. Liegt kein Gestaltungspotential vor, bedeutet dies nicht automatisch, dass generell alle betriebswirtschaftlichen Instrumente zur Unterstützung des Förderprogramm-Controllings eingesetzt werden bzw. wurden. Die nachfolgende Tabelle fasst den Einsatz der in dieser Arbeit für ein Förderprogramm-Controlling als relevant erachteten betriebswirtschaftlichen Instrumente beim Förderprogramm „Frau und Beruf" zusammen.

Zentrale betriebswirtschaftliche Instrumente im Fördermanagementprozess zur Unterstützung des Förderprogramm-Controllings[850]	**Einsatz/beabsichtigter Einsatz beim Förderprogramm „Frau und Beruf"**
Zielvereinbarung	✔
Kennzahlen und Indikatoren als Leistungsmaße	✔
Projektmanagement und Projektcontrolling	bisher nicht im Einsatz
Meilensteine im Auszahlungsmodus	Gestaltungspotential
Meilensteine bei der Antragstellung	auf Grund der individuellen Fördersystematik nicht realisierbar
Verwendungsnachweis	✔
Berichtswesen	✔
E-Government-Lösung zur Unterstützung des Berichtswesens	✔
Befragung als Bestandteil des Berichtswesens	bisher nicht im Einsatz
Unterstützung durch externe Berater	✔
Evaluation	✔

Tabelle 10: Einsatz betriebswirtschaftlicher Instrumente beim Förderprogramm „Frau und Beruf"[851]

850 Vgl. Kapitel 4 bzgl. der Erläuterungen und Positionierung dieser Instrumente im Fördermanagementprozess.

851 Eigene Darstellung.

Abschließend kann festgehalten werden, dass das Ministerium für Gesundheit, Emanzipation, Pflege und Alter des Landes Nordrhein-Westfalen als Initiator des Förderprogramms „Frau und Beruf" von Beginn an für alle Phasen des Fördermanagementprozesses die Verbindung zum Controlling des Förderprogramms im Blick hatte. Um dies sicherzustellen, wird sich, wie in der obigen Tabelle dargestellt, einer breiten Palette betriebswirtschaftlicher Instrumente bedient. Damit sind die Grundlagen geschaffen, im Laufe des Förderzeitraums aussagekräftige Erfolgsbeurteilungen vornehmen und bei Fehlentwicklungen Steuerungsmaßnahmen einleiten zu können.

Wenn das Gestaltungspotential, Ziele weiter zu operationalisieren bei der Zielvereinbarung ausgeschöpft wird, kann eine Erfolgsbeurteilung bei einer Vielzahl von Zielarten ansetzen. Bei der praktischen Realisierung wird allerdings die aufgezeigte Komplexität aus der Beziehungsanalyse im Verhältnis von Fördergeber, Fördernehmer und Zielgruppen zu berücksichtigen sein, so dass ggf. auf der praktischen Ebene nach Abwägung von Nutzen und Aufwand auf die Formulierung von Wirkungszielen verzichtet werden wird. Auf die Definition von operationalisierten und output-orientierten Zielen beim Fördernehmer sollte jedoch nicht verzichtet werden. Diese Zielformulierung müsste auch realisierbar sein, da hierbei noch nicht der ermittelte Komplexitätsgrad aus der Beziehung zu den inhomogenen Zielgruppen vorliegt.

Trotz der insgesamt guten Ansätze wäre optimalerweise eine Zielvereinbarung direkt im Anschluss an die – unmittelbar nach Durchführung des Interessenbekundungsverfahrens stattgefundene – Auswahl der Kompetenzzentren und vor Start der Förderperiode am 01. Januar 2012 wünschenswert gewesen. So hätte jedes Kompetenzzentrum direkt beim Start der Tätigkeit individuell zielorientiert die Arbeit aufnehmen können.

Da das Berichtswesen im Idealfall auch auf die festgelegten Kennzahlen und Indikatoren zur Zielerreichung abgestimmt ist, führt die zeitliche Verschiebung des Zielvereinbarungsprozesses in die bereits begonnene Förderperiode bzw. Tätigkeit durch die Kompetenzzentren dazu, dass auch das Berichtswesen erst später implementiert wird. Wäre die Zielvereinbarung bereits vorab festgelegt worden, hätte ein Berichtswesen mit dem Start der Tätigkeit der Kompetenzzentren zur Verfügung gestanden. Dies hätte dem MGEPA ermöglicht, die ersten Aktivitäten der Kompetenzzentren anhand der übermittelten Angaben bereits frühzeitig auswerten und beurteilen zu können. So hätten auch zeitnah Informationen und Erkenntnisse vorgelegen, die dem Ministerium für eine Außendarstellung bzw. politische Argumentation möglicherweise dienlich gewesen wären.

Da die Implementierung des Berichtswesens für Herbst 2012 vorgesehen ist, werden ab diesem Zeitpunkt die bisherigen Aktivitäten rückwirkend für das Berichtsjahr 2012 umgehend zu erfassen sein, so dass ein erster Bericht über das Berichtsjahr 2012 zu Beginn des Jahres 2013 erstellt werden kann.

Abschließend ist in dem Gesamtkontext anzumerken, dass neben der strukturierten Erfassung controllingrelevanter Daten insbesondere natürlich die sachgerechte Inanspruchnahme im Sinne einer entscheidungsorientierten Nutzung von besonderer Bedeutung ist. Daher gilt es anschließend im Umgang mit den vorliegenden Daten eine Managementkultur zu entwickeln, welche Diskussionen, Analysen und Entscheidungen auf Grundlage der Daten institutionalisiert. Eine ausschließliche Implementierung eines Berichtswesens zu Dokumentationszwecken würde das Potential dieses Instrumentes nicht ausschöpfen und den Einsatz eines Berichtswesens zu einem Rechtfertigungsinstrument herabstufen. Vielmehr gilt es die vorliegenden Informationen zu nutzen, um Entscheidungen für die Führungsebene vorzubereiten. Diese sollte mit den vorliegenden Daten die Erreichung der festgelegten Zielvereinbarungen prüfen und bewerten sowie auf Basis der gewonnenen Erkenntnisse einen neuen Zielvereinbarungsprozess, ggf. mit anderen Schwerpunkten hinsichtlich der Aktivitäten und Zielgruppen für das Folgejahr anstoßen. Diese Wechselwirkung zeigt, dass insbesondere auch der kombinierte Einsatz unterschiedlicher Instrumente zu einer Absicherung der Wirksamkeit eines Controllings führen kann.

6 Schlussbetrachtung

Öffentliche Institutionen setzen im Rahmen von Förderprogrammen staatliche Mittel als Fördergelder ein, um damit einen bestimmten Zweck zu verfolgen, etwa ein politisches Ziel zu erreichen oder eine gesellschaftliche Wirkung zu erzielen. Dabei zeigen die bisherigen Erkenntnisse, dass bei der laufenden Förderung oftmals auf den Einsatz von Steuerungsgrößen und Steuerungsinstrumenten zur laufenden Erfolgskontrolle verzichtet wird. Außerdem mangelt es neben dem laufenden Controlling vielfach an einer aussagekräftigen abschließenden Bewertung (Evaluation), die eine klare Aussage über den erreichten Erfolg eines Förderprogramms beinhaltet. Eine begleitende Erfolgskontrolle durchzuführen mit der Option, laufende Steuerungsmaßnahmen zu ergreifen, ist von besonderer Relevanz, um das Ziel des Förderprogramms nicht aus dem Fokus zu verlieren. Sofern dadurch Abweichungen von dem geplanten Ziel identifiziert werden sollten, gilt es, auf der Führungsebene Entscheidungen zu treffen, mit welchen Maßnahmen bzw. Änderungen das geplante Ziel erreicht werden kann. Während im laufenden Förderprozess damit Entscheidungsbedarf vorliegt, wenn abzusehen ist, dass von gesetzten Zielen abgewichen wird, kann eine abschließende Erfolgsbeurteilung nach Ende des Förderzeitraums demgegenüber die Entscheidungsgrundlage für die Fortsetzung des Förderprogramms bilden.

Ziel dieser Arbeit war daher in einem ersten Schritt, einen praktikablen theoretischen Modellrahmen zu konzipieren und zu beschreiben, in dem systematisch und strukturiert entlang des Fördermanagementprozesses Förderprogramme anhand von Analysen kategorisiert werden können. Dabei wurde der Modellrahmen so gewählt, dass alle Förderprogramme Berücksichtigung finden können, die unter den in dieser Arbeit definierten Begriff des Förderprogramms fallen. Anhand der Kategorisierungsergebnisse sollten Gestaltungspotentiale abgeleitet und gezielt der Einsatz von betriebswirtschaftlichen Instrumenten empfohlen werden. Dabei lag der Fokus dieser Gestaltungspotentiale und den zugeordneten Instrumenten darauf, die Rahmenbedingungen für ein laufendes Förderprogramm-Controlling zu optimieren. Im Kontext dieser prozessorientierten Kategorisierung sollte aber auch eine prozessunabhängige Analyse die Komplexität des Beziehungsgeflechts von Fördergeber, Fördernehmer und Zielgruppe berücksichtigen. Insgesamt können durch die Erkenntnisse des Modells (also durch die in Analysen ermittelten Gestaltungspotentiale in Verbindung mit den passenden betriebswirtschaftlichen Instrumenten sowie des Komplexitätsfaktors) Entscheidungsprozesse vorbereitet bzw. unterstützt werden.

Letztlich leistet diese Arbeit durch die Entwicklung eines theoretischen Modells einen wissenschaftlichen Beitrag, der zu einer Optimierung eines Förderprogramm-Controllings und zur Verbesserung der laufenden Steuerung beitragen kann. Daher war ein wesentliches Ziel dieser Arbeit, ein wissenschaftliches Modell zu erarbeiten, das auch für eine praktische Anwendung geeignet ist. Ein solcher Ansatz ist in der bisherigen wissenschaftlichen Literatur nicht vertreten. Diese Arbeit ist daher als ein erster Beitrag und als Basis bzw. Ausgangspunkt für weitere betriebswirtschaftliche Arbeiten zum Thema staatliche Förderprogramme zu sehen.

Ausgehend von der Problemstellung und Ausgangslage wurde in *Kapitel 1* die Zielsetzung der Arbeit präzisiert und ihr Aufbau beschrieben. Zur Realisierung dieser Zielsetzung erläuterte der Autor zunächst den Ablauf seines theoretischen Forschungsprozesses. Dabei wurden zuerst die theoretischen Grundlagen im Umgang mit staatlichen Förderprogrammen einerseits sowie für das Controlling andererseits gelegt. Im dritten theoretischen Abschnitt zur Entwicklung einer betriebswirtschaftlichen Konzeption zur Kategorisierung von Förderprogrammen sollten dann beide Grundlagenbereiche in einem neuen Modell zusammengeführt werden. Abschließend wurde die Anwendung des entwickelten theoretischen Modells im Rahmen einer praktischen Fallstudie in Aussicht gestellt.

In *Kapitel 2* wurden als Ausgangsbasis für den weiteren Forschungsprozess die Grundlagen zum zentralen Forschungsgegenstand dieser Arbeit, dem staatlichen Förderprogramm, gelegt. Daher diente dieses Kapitel der Schaffung eines einheitlichen Grundverständnisses im Umgang mit dem Begriff des staatlichen Förderprogramms. Bevor das Begriffsverständnis im Rahmen dieser Arbeit definiert wurde, fand eine Einordnung des staatlichen Förderprogramms in das Handlungsportfolio eines Staates statt. Dabei wurde herausgearbeitet, dass staatliche Förderprogramme auf Verwaltungsvorschriften in Form von Förderprogramm-Richtlinien fußen und damit in der Abwicklung einen umfangreicheren Handlungsspielraum bieten als beispielsweise gesetzliche Anspruchsgrundlagen. Dieser Handlungsspielraum gewährleistet wiederum, dass die in einem Controlling gewonnenen Erkenntnisse vergleichsweise einfacher umgesetzt und entsprechende Steuerungsmaßnahmen eingeleitet werden können.

Da das im Hauptteil erarbeitete theoretische Modell zur Optimierung des Controllings von Förderprogrammen am Fördermanagementprozess ausgerichtet ist, wurden anschließend dessen einzelne Abschnitte beleuchtet.

Die Erarbeitung eines Modells, mit dem das Controlling optimiert werden kann, geschah vor allem vor dem Hintergrund, dass der Umgang mit den zunehmend knappen finanziellen Ressourcen staatliche Institutionen vor Herausforderungen beim sinnvollen Einsatz der vorhandenen Mittel stellt. Daher wird von den staatlichen Institutionen erwartet, diese begrenzten Mittel effizient und effektiv einzusetzen. Hinzu kommt, dass der Bürger und weitere externe Akteure mehr Transparenz über die Ergebnisse der Leistung staatlicher Institutionen fordern. So verhält es sich ebenfalls mit staatlichen Förderprogrammen. Bei staatlichen Förderprogrammen werden öffentliche Mittel eingesetzt. Über den Erfolg dieses Mitteleinsatzes sollte eine staatliche Institution als Fördergeber transparent Auskunft geben können. Darüber hinaus sollten Förderprogramme zielorientiert gesteuert und bei Fehlentwicklungen Gegenmaßnahmen eingeleitet werden. Außerdem steht bei Förderprogrammen neben der Entscheidung über Maßnahmen im laufenden Fördermanagementprozess auch die Entscheidung an, ob ggf. ein Förderprogramm nach Ablauf einer Förderphase verlängert werden soll. Für all diese Entscheidungen und Maßnahmen kann ein gut gestaltetes Förderprogramm-Controlling in Verbindung mit den geeigneten betriebswirtschaftlichen Instrumenten die notwendigen Informationen liefern und Entscheidungsprozesse unterstützen.

Um sich der für diese Arbeit relevanten Auffassung eines Förderprogramm-Controllings zu nähern, musste in *Kapitel 3* zunächst ein betriebswirtschaftliches Grundlagenverständnis zum allgemeinen Controlling geschaffen werden. In einem zweiten Schritt wurde das Verwaltungscontrolling als eine spezielle Ausprägung davon erläutert, bevor das Förderprogramm-Controlling – im Hinblick auf das Förderprogramm als ein konkretes Instrument der Verwaltung – in den Gesamtkontext des Verwaltungscontrollings eingeordnet wurde. Dabei wurden die einzelnen Phasen des Controllings immer in Verbindung zu den Abschnitten des Fördermanagementprozesses gesetzt. Diese prozessorientierte Betrachtung wurde ebenfalls hinsichtlich eines wirkungsorientierten Controllings vorgenommen. Aus diesem Grund sollten für staatliche Förderprogramme im Prozess der öffentlichen Leistungserstellung nicht nur die eingesetzten Ressourcen (Inputs) und die erbrachte Leistung (Outputs) gesteuert bzw. beurteilt werden. Im gesamten Prozess von der Zielformulierung in der Planungsphase über die laufende Erfolgskontrolle in Verbindung mit Steuerungsmaßnahmen bis zur finalen Erfolgsbeurteilung waren vielmehr auch die gesellschaftlichen Wirkungen (Outcome) in eine Gesamtbetrachtung mit einzubeziehen.

Aufbauend auf den in Kapitel 2 und 3 dargestellten Grundlagen wird in *Kapitel 4* die Entwicklung eines theoretischen Modells zur Kategorisierung von Förderprogrammen erläutert. Durch die vorgenommenen Analysen zur Kategorisierung von Förderprogrammen wurden in einem ersten Schritt alle Phasen innerhalb des Fördermanagementprozesses berücksichtigt und damit die prozessorientierte Betrachtung fortgesetzt. In den ersten vier Analysen wurden Gestaltungspotentiale in jedem Prozessschritt identifiziert, deren Umsetzung zu einer Optimierung des Förderprogramm-Controllings und zu einer Verbesserung der Steuerbarkeit des Förderprogramms beiträgt. Um diese Gestaltungspotentiale auch operativ ausschöpfen zu können, wurden den einzelnen Analysen gezielt betriebswirtschaftliche Instrumente zugeordnet. In einer fünften prozessübergreifenden Analyse der Beziehung zwischen Fördergeber, Fördernehmer und Zielgruppe wurde eine Komplexität festgestellt, die bei der Umsetzung der Gestaltungspotentiale und bei der Erfolgskontrolle berücksichtigt werden sollte. Im Gesamtergebnis konnte daher je Förderprogramm die Summe der Gestaltungspotentiale aus den einzelnen Analysen der Prozessschritte unter Berücksichtigung des Komplexitätsgrades gewürdigt werden. Dabei wurde dem theoretischen Modell zur Analyse von Förderprogrammen ein Aggregationsniveau zu Grunde gelegt, das erlaubt, die Gesamtheit der Förderprogramme betrachten zu können. Bei dieser globalen Konzeption wurde zwar das Ziel der Arbeit erreicht, in dem Modell alle Förderprogramme berücksichtigen zu können. Allerdings blieben dadurch Gestaltungspotentiale unerwähnt, die nur bei bestimmten Förderprogrammen (z.B. je nach Förderschwerpunkt bzw. -bereich) zum Tragen kommen. Ferner kann das Modell auf dem vorhandenen Aggregationsniveau auch keine Hilfestellung geben, in wieweit die Zuordnung der betriebswirtschaftlichen Instrumente die an dem Ablauf des Förderprogramms beteiligten Akteure in die Lage versetzt, ein Gestaltungspotential richtig zu nutzen. Dies war allerdings auch nicht die beabsichtigte Zielstellung der Arbeit.

Im Rahmen einer praktischen Fallstudie in *Kapitel 5* wurde schließlich das theoretisch entwickelte Modell einer kritischen Anwendung unterzogen und auf seine praktische Eignung hin überprüft. Für das Förderprogramm „Frau und Beruf" des Ministeriums für Gesundheit, Emanzipation, Pflege und Alter des Landes Nordrhein-Westfalen wurden zunächst die einzelnen Prozessschritte erläutert, die prozessbegleitenden Analysen durchgeführt und daraus noch offene Gestaltungspotentiale abgeleitet. Unter Berücksichtigung der Beziehungsanalyse wurde die Komplexität bei diesem Förderprogramm betrachtet, welche sich aus der Heterogenität der Zielgruppen ergibt. Dies ist insbesondere bei der Erfolgskontrolle zu berücksichtigen. Bei dem Fallbeispiel „Frau und Beruf" handelt es sich um ein Förderprogramm, das von Beginn an im Hinblick auf seine laufende Steuerbarkeit auf Basis von Zielen und Erfolgskontrollen konzeptioniert wurde. Zudem war auch ein allgemeines Förderprogramm-Controlling initiiert. Diese beiden Aspekte wurden sowohl vom Fördergeber selbst verfolgt als auch durch externe Begleitung methodisch unterstützt. Daher konnten in der Arbeit nur noch wenige Gestaltungspotentiale ermittelt werden, was aber dem Zweck der Fallstudie, nämlich dem grundsätzlichen Beweis der praktischen Anwendbarkeit des theoretischen Modells, nicht entgegensteht.

Aufbauend auf dem entwickelten Modell zur Kategorisierung von Förderprogrammen können für den *weiteren Forschungsprozess* unterschiedliche Zielsetzungen abgeleitet werden.

In dem entwickelten Modell wurden jeder einzelnen Analyse geeignete Instrumente zugeordnet, um das Gestaltungspotential zur Optimierung eines Förderprogramm-Controllings auszuschöpfen sowie den Fördermanagementprozess besser begleiten zu können. Diese Instrumente haben im Einsatz jeweils ihre Stärken und Schwächen. Daher müssen die Verwendung und der Einsatz des Instrumentes so gestaltet werden, dass insbesondere in der speziellen Situation die jeweiligen Vorteile zum Tragen kommen.[852] Eine zukünftige Herausforderung wird sein, die im Rahmen dieser Arbeit aufgezeigten, betriebswirtschaftlichen Instrumente mehr zu standardisieren und den Prozess der individuellen Neugestaltung eines jeden Förderprogrammes weitestgehend zu überwinden. Ein Ansatz könnte darin liegen, dass für wiederkehrende und häufig auftretende Förderbereiche (z.B. je nach Förderschwerpunkt bzw. Politikfeld)[853] der Einsatz der Instrumente im Speziellen konkret beschrieben wird und dadurch Vorlagen zur praktischen Übernahme entstehen, die bei Bedarf ggf. nur geringfügig modifiziert werden müssen. So könnte je Förderbereich beispielsweise ein mögliches Kennzahlenportfolio zur Quantifizierung von Zielen zusammengestellt werden, aus dem sich die Beteiligten in einem Zielvereinbarungsprozess bedienen können, um Ziele anhand von Kennzahlen zu konkretisieren. Außerdem könnte mit Hilfe eines solchen Kennzahlenbündels der Aufbau eines Berichtswesens je Förderprogrammsegment vereinheitlicht werden. Sollte dieser Schritt gelingen, können zum einen einheitliche Standards entstehen, die bei der Umsetzung auch Vergleiche zwischen Förderprogrammen ermöglichen. Zum anderen kann auch der Gesamtaufwand für Controlling-Aktivitäten bei Förderprogrammen reduziert werden, wenn man sich aus bestehenden Gesamtkonzepten bedienen kann.

Darüber hinaus können segmentspezifische Betrachtungen und konzeptionelle Standardisierungen des Instrumenteneinsatzes – nicht nur bei den betriebswirtschaftlichen Instrumenten je vorgenommener Analyse – für Förderprogramme weitere Forschungspotentiale bieten. Auch bei den Analysen und Kategorisierungen an sich kann angeknüpft werden. Diese könnten ebenfalls für spezifische Förderprogrammbereiche detaillierter ausgestaltet werden.

Das Aggregationsniveau aus dem in dieser Arbeit entwickelten Referenzmodell ermöglicht eine Analyse aller Förderprogramme. In einem weiteren Forschungsprozess kann für einzelne Bereiche von Förderprogrammen, z.B. Arbeitsmarktförderprogramme, das Aggregationsniveau reduziert werden und damit weitere spezifischere Analysen und Kategorisierungsansätze herausgearbeitet werden. So könnte ein Analyseansatz darin liegen, ob es sich bei dem Arbeitsmarktförderprogramm um eine Förderung der Infrastruktur handelt oder

[852] Vgl. Bussmann (1995), S. 347.
[853] Vgl. Abbildung 3 zur exemplarischen Darstellung von Förderbereichen.

aber, ob Personen bzw. Unternehmen direkt gefördert werden. Dadurch kann zwar nur ein Ausschnitt aller Förderprogramme betrachtet werden. Dieser mögliche Differenzierungs- und Individualisierungsvorgang könnte allerdings neue Ansätze und spezielle Erkenntnisse liefern, die zu einer weiteren Optimierung des Förderprogramm-Controllings und Verbesserung des Steuerungspotentials beitragen können.

Zur methodischen Umsetzung dieses Forschungsbedarfes sollten in Zusammenarbeit mit der Verwaltungspraxis weitere Fallstudien durchgeführt werden. Dadurch wird eine wissenschaftliche Analyse mit der praktischen Ebene verknüpft und die praktische Relevanz und die Potentiale der entwickelten theoretischen Modelle aufgezeigt und so ggf. deren Akzeptanz erhöht.

Schließlich sollten auch *nicht-betriebswirtschaftliche Ansätze bzw. Ansätze weiterer Wissenschaftsgebiete* in den weiteren Forschungsprozess einbezogen werden.

So können auch abseits der betriebswirtschaftlichen Controlling-Perspektive Förderprogramme nach Merkmalen bzw. Eigenschaften kategorisiert und Gestaltungspotentiale ermittelt werden. Ein Forschungsansatz dabei kann die Beantwortung der Fragestellung sein, wie Förderprogramme anreizkompatibel auszugestalten sind, damit mögliche Informationsasymmetrien zwischen Fördergeber und Fördernehmer beseitigt werden.

Ferner bedarf es einer Beantwortung rechtlicher Fragestellungen im Zusammenhang mit den in diesem Modell vorgestellten und zur Umsetzung empfohlenen Gestaltungspotentialen. Somit wäre zu untersuchen, ob und wie auf Basis der aktuell geltenden verwaltungsrechtlichen Rahmenbedingungen eine jederzeitige Ausübung der Gestaltungspotentiale im Fördermanagementprozess möglich ist. Vor diesem Hintergrund könnte herausgearbeitet werden, wie die rechtlichen Rahmenbedingungen ggf. umgestaltet werden müssten.

7 Literaturverzeichnis

Alonso, Angel Iglesias (2006): Die Umstrukturierung der Verwaltung und das New Public Management, in: Verwaltung und Management 2006, Heft 1, Seite 14-23.

Allgemeine Nebenbestimmungen für Zuwendungen zur institutionellen Förderung (ANBest-I), URL: http://www.bva.bund.de/nn_2143074/DE/ Aufgaben/Abt__II/Kulturfoerderung-BKM/Formularcenter/anbest__i__14 0306,templateId=raw,property=publicationFile.pdf/anbest_i_140306.pdf vom 31.01.2012.

Allgemeine Nebenbestimmungen für Zuwendungen zur Projektförderung (ANBest-P), URL: http://www.gsub.de/gsub/content/e349/e4501/e4598/files 4600/Anlage_3_ANBest_P_ger.pdf, vom 31.01.2012.

Allgemeine Nebenbestimmungen für Zuwendungen zur Projektförderung an Gemeinden (ANBest-G), URL: http://www.brd.nrw.de/schule/ privatschulen_ sonstiges/service/ANBest-G.pdf, vom 31.01.2012.

Amtsblatt der Europäischen Gemeinschaften (1999): Verordnung (EG) Nr. 1260/1999 des Rates vom 21. Juni 1999 mit allgemeinen Bestimmungen über die Strukturfonds, Luxemburg 1999.

Arbeitskreis Integrierte Verbundrechnung (2007): Erfolgsfaktoren für die Gestaltung von Reformprojekten, in: Innovative Verwaltung 2007, Heft 7/8, Seite 11-14.

Atteslander, Peter (2003): Umfragen als Führungsinstrument, in: Public Management 2003, Heft 4, Seite 1-7.

Bachmann, Peter (2004): Controlling für die öffentliche Verwaltung, Wiesbaden 2004.

Bähr, Uwe (2002): Controlling in der öffentlichen Verwaltung, Sternenfels.

Bartling, Heinrich (1993): Direkte und indirekte Subventionierung durch die Bundesanstalt für Arbeit, in: BetriebsBerater 1993, Seite 208-215.

Bauer, Helfried; Mösenbacher, Christine (2006): Leistungs- und wirkungsorientierte Steuerung? – internationale Beispiele, in: KDZ Forum Public Management 2006, Heft 3, Seite 4-6.

Baumann, Sven; Brändli, Jürg (2006): Strategisches Management schafft optimierte Strukturen, in: Verwaltung und Management 2006, Heft 11, Seite 14-17.

Bayerisches Staatsministerium für Arbeit und Sozialordnung, Familie und Frauen (2011): Onlinegestütztes Abrechnungs- und Auswerteverfahren „KiBiG.web“, München 2011.

Bea, Franz-Xaver; Scheurer, Steffen (2011): Trends im Projektmanagement, in: Zeitschrift für Führung und Organisation 2011, Heft 6, Seite 425-431.

Becker, Hans Paul; Peppmeier, Arno (2008): Bankbetriebslehre, 7. Auflage, Ludwigshafen 2008.

Becker, Ralph; Bögelein, Thomas (2001): Strategie bei der Einführung neuer Steuerungsinstrumente in der Landesverwaltung Baden-Württemberg, in: Strategie erfolgreich umsetzen, Hrsg.: Horváth, Péter, Stuttgart 2001.

Berens, Wolfgang; Bertelsmann, René (2002): Controlling, in: Handwörterbuch Unternehmensrechnung und Controlling, Hrsg.: Küpper, Hans-Ulrich, Wagenhofer, Alfred, Spalte 280-288, Stuttgart 2002.

Berens, Wolfgang; Hoffjan, Andreas (2004): Controlling in öffentlichen Verwaltungen und Non-Profit-Organisationen, in: Controlling – Lerneinheiten zum Wissensnetzwerk Controlling, Hrsg.: Grob, Heinz Lothar; vom Brocke, Jan; Lahme, Norman; Wahn, Mirko, München 2004.

Berens, Wolfgang; Hoffjan, Andreas; Strack, Martin (1995): Ökologiebezogenes Controlling – Umweltorientierte Koordination in kommunalen Versorgungsunternehmen, in: ZögU 1995, Heft 2, Band 18, Seite 143-160.

Berens, Wolfgang; Karlowitsch, Martin; Mertes, Martin (2000): Die Balanced Scorecard als Controllinginstrument in Non-Profit-Organisationen, in: Controlling 2000, Heft 1, Seite 23-28.

Berens, Wolfgang; Mosiek, Thomas; Röhrig, Andreas; Gerhardt, Birgit (2004): Outcome-orientiertes Management in der öffentlichen Verwaltung: Evolutionspfade zu einem wirkungsorientierten Controlling, in: BFuP 2004, Seite 323-341.

Betz, Roland (2008): Öffentliche Fördermittel – Unternehmen und Existenzgründer – Ein Handbuch über öffentliche Fördermittel, 3. Auflage, Seefeld 2008.

Beuthien, Volker [Hrsg.] (2008): Mitglieder-Fördermanagement in Genossenschaftsbanken – Analysen, Erläuterungen und Gestaltungsempfehlungen aus ökonomischer, rechtlicher und steuerlicher Sicht, Marburger Schriften zum Genossenschaftswesen, Band 106, Göttingen 2008.

Blanke, Bernhard (2005): Verwaltungsreform als Aufgabe des Regierens – Einleitung, in: Handbuch zur Verwaltungsreform, Hrsg.: Blanke, Bernhard; von Bandemer, Stephan; Nullmeier, Frank; Wewer, Göttrik, 3. Auflage, Wiesbaden 2005.

Blanke, Bernhard; Einemann, Edgar; Palm, Hermann; Thörmer, Heinz (2005): Modernes Management für die Verwaltung, 2. Auflage, Hannover 2005.

Blohm, Hans (1974): Die Gestaltung des betrieblichen Berichtswesens als Problem der Leitungsorganisation, 2. Auflage, Herne/Berlin 1974.

BMS Consulting (2011): Wirtschaftlichkeitsanalyse zum Förderprogramm Frau und Beruf, Düsseldorf 2011.

BMS Consulting (2012a): KiBiz.web, URL: http://www.bms-consulting.de/ index.php?option=com_content&view=article&id=67% 3Akibizweb& catid=35&Itemid=69, vom 18.03.2012.

BMS Consulting (2012b): Förderprogramm Frau und Beruf: Entwicklung eines Förderprogramm-Controllings, Stand: 24.05.2012, Düsseldorf 2012.

Bock, Christian (2004): New Public Management und eGovernment, in: Verwaltung und Management 2004, Heft 5, Seite 234-240.

Bogumil, Jörg (2003): Die politische Führung öffentlicher Dienste – Möglichkeiten und Grenzen der Reorganisation, in: New Public Service, Hrsg.: Koch, Rainer; Conrad, Peter, Wiesbaden 2003.

Böhmer, Roland; Krefeld, Hans-Wilhelm (2006): Auswirkungen des Berichtswesens auf die Zielvereinbarungen, in: Innovative Verwaltung 2006, Heft 11, Seite 28-31.

Böllhof, Dominik; Wewer, Göttrik (2005): Zieldefinition in der Verwaltung, in: Handbuch zur Verwaltungsreform, Hrsg.: Blanke, Bernhard; von Bandemer, Stephan; Nullmeier, Frank; Wewer, Göttrik, 3. Auflage, Wiesbaden 2005.

Brüggemeier, Martin (2004a): Von der Kunst, erfolgreich zu scheitern – Wirkungsorientiertes Controlling in öffentlichen Verwaltungen, in: Leistungsmessung und -vergleich in Politik und Verwaltung, Hrsg.: Kuhlmann, Sabine; Bogumil, Jörg; Wollmann, Hellmut, Wiesbaden 2004.

Brüggemeier, Martin (2004b): Public Management – Modernisierung des öffentlichen Sektors, in: WISU 2004, Heft 3, Seite 333-337.

Brüggemeier, Martin (2005): Externe Beratung öffentlicher Verwaltungen im Modernisierungsprozess, in: Verwaltung und Management 2005, Heft 2, Seite 86-91.

Budäus, Dietrich (1988): Konzeptionelle Grundlagen und strukturelle Bedingungen für die organisatorische Institutionalisierung des Controlling im öffentlichen Bereich, in: Controlling – Eine Chance für öffentliche Unternehmen und Verwaltungen, Hrsg.: Weber, Jürgen; Tylkowski, Otto, Stuttgart 1988.

Budäus, Dietrich (2002a): Operatives und strategisches Verwaltungscontrolling im aktuellen Reformprozess des öffentlichen Sektors (Teil 1), in: Controlling 2002, Heft 4/5, S. 205-211.

Budäus, Dietrich (2002b): Operatives und strategisches Verwaltungscontrolling im aktuellen Reformprozess des öffentlichen Sektors (Teil 2), in: Controlling 2002, Heft 7, S. 389-394.

Budäus, Dietrich (2004): Meinungsspiegel zum Thema: Controlling in öffentlichen Unternehmen und Verwaltungen, in: BFuP 2004, Heft 4, Seite 385-394.

Budäus, Dietrich; Buchholtz, Klaus (1997): Konzeptionelle Grundlagen des Controlling in öffentlichen Verwaltungen, in: Die Betriebswirtschaft 1997, Heft 3, Seite 322-337.

Bühler, Bernd Michael (2002): Von Outputs zu Outcomes, in: Verwaltung und Management 2002, Seite 273-278.

Bull, Hans Peter; Mehde, Veith (2009): Allgemeines Verwaltungsrecht mit Verwaltungslehre, 8. Auflage, Heidelberg 2009.

Bundesministerium der Finanzen (2009): Bundeshaushaltsplan 2009 – Einzelplan 17 – Bundesministerium für Familie, Senioren, Frauen und Jugend, URL: http://www.bundesfinanzministerium.de/bundeshaushalt2009/pdf/epl17.pdf, vom 17.02.2011.

Bundesministerium der Finanzen (2011): Einfach erklärt: Der Bundeshaushalt 2011, URL: http://www.bundesfinanzministerium.de/nn_105826/DE/BMF__Startseite/Multimedia/Einfach-Erklaert/Bundeshaushalt2011/Bundeshaushalt-2011-Alternativversion.html, vom 19.02.2011.

Bundesministerium für Bildung und Forschung (2007): Das 7. EU-Forschungsrahmenprogramm, Bonn und Berlin 2007.

Bundesministerium für Wirtschaft und Technologie (2010): Optimierung der bestehenden Breitbandförderprogramme, Berlin, auch abrufbar unter URL: http://www.bmwi.de/BMWi/Redaktion/PDF/Publikationen/Technologie-und-Innovation/it-gipfel-2010-optimierung-breitbandfoerderprogramme,property=pdf,bereich=bmwi,sprache=de,rwb=true.pdf, vom 05.04.2011.

Bundesrechnungshof (2006): Ergebnisbericht 2006, Bonn 2006.

Burghardt, Manfred (2008): Projektmanagement, 8. Auflage, Erlangen 2008.

Busch, Volker; Wehrmann, Stefan (2002): Qualitätssicherung von Verwaltungsreformprozessen, in: Controlling 2002, Heft 4/5, Seite 257-263.

Büschgen, Hans E. (1993): Bankbetriebslehre – Bankgeschäfte und Bankmanagement, 4. Auflage, Wiesbaden 1993.

Büschgen, Hans E. (2006): Das kleine Bank-Lexikon, 3. Auflage, Stuttgart 2006.

Buschor, Ernst (1993a): Wirkungsorientierte Verwaltungsführung, in: Wirtschaftliche Publikationen der Züricher, Heft 52, Zürich 1993.

Buschor, Ernst (1993b): Verwaltungskameralistik und Kostenrechnung, in: Das neue öffentliche Rechnungswesen, Hrsg.: Brede, Helmut; Buschor, Ernst, Baden-Baden 1993.

Buschor, Ernst (2002): Evaluation und New Public Management, in: Zeitschrift für Evaluation 2002, Heft 1, Seite 61-73.

Buschor, Ernst (2007): Anforderungen an Controllingsysteme, in: Controlling und Performance Management im Öffentlichen Sektor – Ein Handbuch – Festschrift für Professor Dr. Dr. h.c. Dietrich Budäus zum 65. Geburtstag, Hrsg.: Brüggemeier, Martin; Schauer, Reinbert; Schedler, Kuno, Bern/Stuttgart/Wien 2007.

Bussmann, Werner (1995): Instrumente der Erfolgskontrolle, in: VOP 1995, Heft 6, Seite 345-343.

BVerwG (1996): Urteil vom 17.01.1996, Az.: 11 C 5/95, zitiert nach juris.

BVerwG (1997): Urteil vom 08.04.1997, Az.: 3 C 6/95, zitiert nach juris.

Caiden, Gerald E.; Caiden, Naomi J. (1999): Überwachung, Messung und Evaluierung der Leistung öffentlicher Programme, in: Verwaltung und Management 1999, Heft 3, Seite 138-146.

Cerci, Meral; Matheis, Sylvia (2009): Online-Befragungen als Instrument der Verwaltungsmodernisierung, in: Innovative Verwaltung 2009, Seite 32-33.

Ceylangoglu, Sena (2002): Über Zielvereinbarungen die Beschäftigten motivieren, in: Innovative Verwaltung 2002, Heft 5, Seite 20-22.

Coenenberg, Adolf; Baum, Heinz-Georg (1987): Strategisches Controlling, Stuttgart 1987.

Credit Suisse (2007): Volkswirtschaft: Mehr Frauen – mehr Wachstum, URL: https://infocus.credit-suisse.com/app/article/index.cfm?fuseaction=OpenArticle&aoid=200193&coid=120&lang=DE, vom 04.04.2012.

Dearing, Elisabeth (2007): Wirkungsorientierte Steuerung in Verwaltung und Haushalt – Erste Ansätze in Österreichs Bundesverwaltung, in: Controlling und Performance Management im Öffentlichen Sektor – Ein Handbuch – Festschrift für Professor Dr. Dr. h.c. Dietrich Budäus zum 65. Geburtstag, Hrsg.: Brüggemeier, Martin; Schauer, Reinbert; Schedler, Kuno, Bern/Stuttgart/Wien 2007.

Deckert, Ronald; Schmid, Andreas (2003): Die KLAR greift ohne Ziel- und Wirkungsorientierung zu kurz, in: Innovative Verwaltung 2003, Heft 10, Seite 22-25.

Deckert, Ronald (2007): Der Nutzen von Zielen bleibt vielfach im Dunkeln, in: Innovative Verwaltung 2007, Seite 19-21.

Detterbeck, Steffen (2010): Allgemeines Verwaltungsrecht mit Verwaltungsprozessrecht, 8. Auflage, München 2010.

Deutsches Institut für Normungen e.V. (2009): Projektmanagement – Netzplantechnik und Projektmanagementsysteme, DIN-Taschenbuch 472, 1. Auflage, Berlin 2009.

Dichtl, Erwin; Issing, Otmar (1993): Vahlens Großes Wirtschaftslexikon, Band 1 (A – K), 2. Auflage, München 1993.

d-NRW (2012): KiBiz.web, URL: http://www.d-nrw.de/projekte/kibizweb, vom 18.03.2012.

Doering, Christian (2005): Mit E-Government zu einer neuen Verwaltungskultur, in: Innovative Verwaltung 2005, Heft 4, Seite 31-33.

Ege, Christian (2007): E-Government als Werkzeug der Verwaltungsverbesserung, in: Innovative Verwaltung 2007, Heft 5, Seite 11-14.

Ehlers, Dirk (1983): Die Handlungsformen bei der Vergabe von Wirtschaftssubventionen, in: Verwaltungsarchiv 74 (1983), Seite 112-132.

Ehlers, Dirk (1993): Die Kontrolle von Subventionen, in: DVBl., Heft 16, Seite 861-868.

Eichhorn, Peter et al. (1991): Verwaltungslexikon, 2. Auflage, Baden-Baden 1991.

Eichhorn, Peter (1993): Verwaltungskameralistik und Kostenrechnung, in: Das neue öffentliche Rechnungswesen, Hrsg.: Brede, Helmut; Buschor, Ernst, Baden-Baden 1993.

Eichhorn, Peter (2001): Öffentliche Betriebswirtschaftslehre als eine Spezielle BWL, in: WiSt 2001, Heft 8, Seite 409-416.

Eichhorn, Peter (2002): Controlling für öffentliche Dienstleistungen – Die öffentliche BWL bricht sich Bahn, in: Controlling 2002, Heft 4/5, Seite 213-217.

Eichhorn, Peter (2007): Controlling und Wettbewerb, in: Controlling und Performance Management im Öffentlichen Sektor – Ein Handbuch – Festschrift für Professor Dr. Dr. h.c. Dietrich Budäus zum 65. Geburtstag, Hrsg.: Brüggemeier, Martin; Schauer, Reinbert; Schedler, Kuno, Bern/Stuttgart/Wien 2007.

Erbguth, Wilfried (2009): Allgemeines Verwaltungsrecht mit Verwaltungsprozess- und Staatshaftungsrecht, 3. Auflage, Rostock 2009.

Erichsen, Jörgen (2011): Controlling-Instrumente von A-Z, 8. Auflage, Freiburg 2011.

Euler Hermes Deutschland (2012): Exportkreditgarantien der Bundesrepublik Deutschland, URL: http://www.agaportal.de/pages/aga/index.html, vom 21.04.2012.

Europäische Kommission (2008): Neue Fonds, bessere Regeln – Übersicht über die neuen Finanzregeln und Fördermittel – Möglichkeiten für den Zeitraum 2007-2013, Luxemburg 2008.

Europäische Kommission (2011): Wohin fließt das Geld?, URL: http://ec.europ a.eu/budget/prior_future/fin_framework_de.htm#footnote vom 19.02. 2011.

Fehres, Jörg (2009): Förderung der Breitbandversorgung in NRW – Förderprogramm der Breitbandversorgung ländlicher Räume, Köln, auch abrufbar unter URL: http://www.bezreg-koeln.nrw.de/brk_internet/organisation /abteilung03/dezernat_34/wirtschaftsforen/rueckblick/forum_03/ vortrag_dez33.pdf, vom 06.04.2011.

Fiedler, Rudolf (2010): Controlling von Projekten, 5. Auflage, Wiesbaden 2010.

Finger, Stefanie (2007): Das neue öffentliche Haushalts- und Rechnungswesen als Chance für Ansätze zur Ziel- und Wirkungsorientierung, in: Controlling und Performance Management im Öffentlichen Sektor – Ein Handbuch – Festschrift für Professor Dr. Dr. h.c. Dietrich Budäus zum 65. Geburtstag, Hrsg.: Brüggemeier, Martin; Schauer, Reinbert; Schedler, Kuno, Bern/Stuttgart/Wien 2007.

Förderland (2011): Wissen für Gründer und Unternehmen, URL: http://www.foerderland.de/472.0.html, vom 11.03.2011.

Forsthoff, Ernst (1973): Lehrbuch des Verwaltungsrechts, Erster Band: Allgemeiner Teil, München 1973.

Franke, Thomas (2011): Auswirkungen der Mittelkürzungen im Programm Soziale Stadt, Bonn 2011.

Freudenberg, Dierk (1997): Des Neue Steuerungsmodell in einer Landesverwaltung, in: Verwaltung und Managment 1997, Heft 2, Seite 76-83.

Freye, Sabine (2009): Zum Zusammenhang zwischen der Verschuldung der Bundesländer und ihren finanziellen Handlungsspielräumen, Halle (Saale) 2009.

Fritsch, Michael (2010): Marktversagen und Wirtschaftspolitik – Mikroökonomische Grundlagen staatlichen Handelns, 8. Auflage, München 2010.

Gabler Verlag [Hrsg.] (2011): Gabler Wirtschaftslexikon, URL: http://wirtschaftslexikon.gabler.de/Archiv/54820/wirtschaftsfoerderung-v5.html, vom 12.03.2011.

Gabler Verlag [Hrsg.] (2012): Gabler Wirtschaftslexikon, URL: http://wirtschaftslexikon.gabler.de/Archiv/8056/oeffentlicher-haushalt-v6.html, vom 12.07.2012.

Geier, Markus (1994): Integration in die Weltwirtschaft zwischen Entindustrialisierung und internationaler Wettbewerbsfähigkeit – Fallstudie Brasilien, Frankfurt am Main 1994.

Gemeindeamt des Kantons Zürich (2003): Wirkungsorientierte Gemeindeverwaltung – Grundlagen, URL: http://www.werbungwir.com/2003/4_arbeiten/prospekte/003_wif/Grundlagen.pdf, vom 04.11.2011.

Gerhard, Hans-Otto; Pötzl, Claudia (2011): Implementierung eines kennzahlengestützten Zielsystems, in: Innovative Verwaltung 2011, Heft 4, Seite 24-26.

Gerhards, Ralf (2000): Betriebswirtschaftslehre in der öffentlichen Verwaltung, in: Finanzwirtschaft 2000, Heft 6, Seite 128-130.

Gerhardt, Eduard (2002): Strategische Steuerung in der Öffentlichen Verwaltung, in: Verwaltung und Management 2002, Heft 6, Seite 368-371.

Geyer, Anton; Arnold, Erik; Good, Barbara; Jörg, Leonhard (2009): Evaluation des DFG-Förderprogramms SFB/Transregio, Wien 2009.

Glinder, Peter (2007): Berichtssysteme in der öffentlichen Verwaltung, in: Controller Magazin 2007, Heft 6, Seite 575-588.

Glinder, Peter; Meister, Jens; Wensing, Sabine (2005): Einführung neuer Steuerungsinstrumente (NSI) in der Landesverwaltung Baden-Württemberg, in: Controller Magazin 2005, Heft 3, Seite 270-279.

Götz, Volkmar (1966): Recht der Wirtschaftssubventionen, München und Berlin 1966.

Graber, Konrad (2002): Die Erfolgsfaktoren des New Public Management, in: Der Schweizer Treuhänder 2002, Heft 4, Seite 333-336.

Greiner, Oliver (2005): Neugestaltung der Ziel-, Kontroll- und Anreizsysteme, in: Controlling 2005, Heft 8/9, Seite 499-506.

Grimme, Wolfgang (2012): Mit Zielen führen, in: Personalwirtschaft – Special Öffentliche Verwaltung 2012, Seite 32-34.

Grunow, Hans-Werner G. (2010): Mittelstandsfinanzierung – Ein Leitfaden für Unternehmen, Frankfurt am Main 2010.

Gusy, Christoph (1991a): Subventionsrecht (Teil 1), in: JA 1991, Heft 10, Seite 296-291.

Gusy, Christoph (1991b): Subventionsrecht (Teil 2), in: JA 1991, Heft 11, Seite 327-333.

Haiber, Thomas (1997): Controlling für öffentliche Unternehmen, München 1997.

Haldemann, Theo; Marek, Daniel (2001): Evaluationsstudien für ein tatsächlich wirkungsorientiertes NPM, in: LeGes 2001, Nr. 2, Seite 41-62.

Hansmann, Marc (2006): Ersetzen Zielvereinbarungen die Rechts- und Fachaufsicht?, Innovative Verwaltung 2006, Heft 5, Seite 14-15.

Hansmann, Marc (2007): Controlling in der Ministerialverwaltung – Die „Anwendungslücke", in: Controlling und Performance Management im Öffentlichen Sektor – Ein Handbuch – Festschrift für Professor Dr. Dr. h.c. Dietrich Budäus zum 65. Geburtstag, Hrsg.: Brüggemeier, Martin; Schauer, Reinbert; Schedler, Kuno, Bern/Stuttgart/Wien 2007.

Hartmann-Wendels, Thomas; Pfingsten, Andreas; Weber, Martin (2010): Bankbetriebslehre, 5. Auflage, Berlin und Heidelberg 2010.

Haunschild, Ljuba; Clemens, Reinhard (2006): Konsistenz und Transparenz in der Beratungsförderung des Bundes und der Bundesländer – Empirische Analyse und Handlungsoptionen, in: IfM-Materialien Nr. 167, Bonn, auch abrufbar unter URL: http://www.ifm-bonn.org/assets/documents /IfM-Materialien-167.pdf, vom 05.05.2011.

Hegemann, Gudrun (2000): Reform der Verwaltung nur über den Wettbewerb, in: VOP, Heft 10 2000, Seite 23-26.

Hein, Manfred (1993): Einführung in die Bankbetriebslehre, 2. Auflage, München 1993.

Heintze, Cornelia (2002): Führen durch Zielvereinbarungen in öffentlichen Verwaltungen, in: Verwaltung und Management 2002, Heft 2, Seite 95-100.

Heiß, Hans-Jürgen (2000): Konzeption und Erfahrungen kommunaler Leistungsvergleiche in Baden-Württemberg, in: Leistungserfassung und Leistungsmessung in öffentlichen Verwaltungen, Hrsg.: Budäus, Dietrich, Wiesbaden 2000.

Henke, Wilhelm (1979): Das Recht der Wirtschaftssubventionen als öffentliches Vertragsrecht, Tübingen 1979.

Hill, Hermann (1996): Strategisches Controlling in der Kommunalverwaltung, in: Controlling 1991, Heft 4, Seite 232-237.

Hoffjan, Andreas (2000): Budgetierung in der öffentlichen Verwaltung, in: Finanzwirtschaft 2000, Heft 2, Seite 25-28.

Hofmeister, Albert (2003): Die Politik stärker für die Verwaltungsreform gewinnen, in: Innovative Verwaltung 2003, Heft 1/2, Seite 12-15.

Holtkamp, Lars (2010): Governance-Konzepte in der Verwaltungswissenschaft, in: Die Verwaltung 2010, Seite 167-194.

Homann, Klaus (2005): Verwaltungscontrolling: Grundlagen – Konzept – Anwendung, Köln 2005.

Hoofe, Gerd (2009): Steuerung nach Zielen – im Dialog zum Erfolg, in: Innovative Verwaltung 2009, Heft 4, Seite 10-12.

Horváth, Péter (1996): Controlling, 6.Auflage, München 1996.

Horváth, Péter (2004): Meinungsspiegel zum Thema: Controlling in öffentlichen Unternehmen und Verwaltungen, in: BFuP 2004, Heft 4, Seite 385-394.

Horváth, Péter (2011): Controlling, 12. Auflage, München 2009.

Horváth, Péter; Gleich, Ronald (2003): Das Controllingkonzept – Der Weg zu einem wirkungsvollen Controllingsystem, 5. Auflage, Stuttgart 2003.

Hujer, Reinhard; Cremer, Rolf (1977): Grundlagen und Probleme einer Theorie der sozioökonomischen Messung, in: Wirtschaftliche Messprobleme, Hrsg.: Pfohl, Hans-Christian; Rürup, Bert, Köln 1977.

Hunziker, Alexander W. (2011): Führen mit Kennzahlen in der öffentlichen Verwaltung, in: Verwaltung und Management 2011, Seite 73-77.

Ipsen, Hans Peter (1956): Öffentliche Subventionierung Privater, Berlin und Köln 1956.

Ipsen, Jörn (2009): Allgemeines Verwaltungsrecht, 6. Auflage, Köln 2009.

Jacoby, Klaus-Peter (2002): Möglichkeiten und Grenzen von Evaluation in der Verwaltungspolitik, in: Zeitschrift für Evaluation 2002, Heft 1, Seite 115-126.

Jann, Werner (2005): Verwaltungswissenschaft und Managementlehre, in: Handbuch zur Verwaltungsreform, Hrsg.: Blanke, Bernhard; von Bandemer, Stephan; Nullmeier, Frank; Wewer, Göttrik, 3. Auflage, Wiesbaden 2005.

Jung, Manfred (2000): Bürger- und Mitarbeiterbefragungen: Wer sich gezielt verändern will, muss wissen, wo er steht, in: Die erfolgreiche Steuerung öffentlicher Verwaltungen – Von der Reform zur kontinuierlichen Verbesserung, Hrsg.: Töpfer, Armin, Wiesbaden 2000.

Kaltenbrunner, Gerold; Kattnigg, Andreas (2008): Erfolgsfaktoren für wirkungsorientiertes Controlling – Eine Reflexion am Beispiel einer öffentlichen Verwaltung, in: Steuerung und Kontrolle in Nonprofit-Organisationen; Hrsg.: Schauer, Reinbert, Linz 2008.

Keller, Martin (1995): Kommunal-Controlling – Voraussetzungen zur Einführung, in: VOP 1995, Heft 6, Seite 380-388.

Kewenig, Wilhelm A. (1988): Chancen und Notwendigkeit des Controlling für die öffentliche Verwaltung, in: Controlling – Eine Chance für öffentliche Unternehmen und Verwaltungen, Hrsg.: Weber, Jürgen; Tylkowski, Otto, Stuttgart 1988.

Kiesel, Britta (2005): Wirkungsorientierte Steuerung einer Landesverwaltung, Wiesbaden 2005.

Klenger, Franz (2000): Operatives Controlling, 5. Auflage, Oldenburg 2000.

Klingebiel, Norbert (1999): Controlling in Öffentlichen Institutionen, in: Die Betriebswirtschaft, Heft 3, Seite 378-396.

Klose-Diwo, Klaus (2008): Chancen und Risiken von Zielvereinbarungen mit Gruppen, in: Innovative Verwaltung 2008, Heft 10, Seite 23-25.

Koch, Rembert (1994): Betriebliches Berichtswesen als Informations- und Steuerungsinstrument, Frankfurt am Main 1994.

Köditz, Franka (2004): Meinungsspiegel zum Thema: Controlling in öffentlichen Unternehmen und Verwaltungen, in: BFuP 2004, Heft 4, Seite 385-394.

Knust, Jens-Peter (1998): Besser werden – Total Quality Management in der Verwaltung, in: Neues Verwaltungsmanagement, Hrsg.: Horváth, Peter, Loseblattsammlung, Kapitel C 5.1, Seite 1-24, Düsseldorf 1998.

Krumpholz, Doris (2002): Zielvereinbarungen im nachgeordneten Bereich eines Landesministeriums, in: Verwaltung und Management 2002, Heft 1, Seite 49-54.

Krystek, Ulrich; Müller-Stewens Günter (1993): Frühaufklärung für Unternehmen, Stuttgart 1993.

Kucera, Marcus (2010): Zielvereinbarung in der Verwaltung, in: Verwaltung und Management 2010, Heft 4, Seite 188-192.

Kuhlmann, Sabine (2004): Einleitung: Leistungsmessung und Evaluation in Politik und Verwaltung, in: Leistungsmessung und -vergleich in Politik und Verwaltung, Hrsg.: Kuhlmann, Sabine; Bogumil, Jörg; Wollmann, Hellmut, Wiesbaden 2004.

Küpper, Hans-Ulrich (2008): Controlling, 5. Auflage, Stuttgart 2008.

Landeskoordinierungsstelle des Förderprogramms Frau und Beruf; Ministerium für Gesundheit, Emanzipation, Pflege und Alter des Landes Nordrhein-Westfalen (2012): Vorbereitungspapier zur Zielvereinbarung mit der Landeskoordinierung und dem MGEPA, Düsseldorf 2012.

Landesrechnungshof des Landes Nordrhein-Westfalen (2011): Jahresbericht 2011, Düsseldorf 2011.

Landesrechnungshof des Landes Nordrhein-Westfalen (2012): Jahresbericht 2012 - Kurzfassung, Düsseldorf 2012.

Landeszentrale für politische Bildung des Landes Nordrhein-Westfalen (2010): Jahresbericht 2009 – Förderung der Einrichtungen der politischen Bildung im Jahr 2009, Düsseldorf 2010.

Landratsamt Starnberg (2010): Förderrichtlinien, URL: http://www.lk-starnberg.de/index.phtml?NavID=613.243&amp%3BLa=1 vom 06.12.2010.

Littkemann, Jörn (1998): Projektmanagement und Projektcontrolling, in: Zeitschrift Führung und Organisation 1998, Heft 2, Seite 68-73.

Lüder, Klaus (1993): Verwaltungscontrolling, in: Die öffentliche Verwaltung 1993, Heft 7, Seite 265-272.

Maerker, Reinert (2004): Modernisierung der Verwaltung – Sackgasse oder neue Ufer?, in: Innovative Verwaltung 2004, Heft 6, Seite 23-26.

Maerker, Reinert (2007): New Public Management, New Public Budgeting, in: Controlling und Performance Management im Öffentlichen Sektor – Ein Handbuch – Festschrift für Professor Dr. Dr. h.c. Dietrich Budäus zum 65. Geburtstag, Hrsg.: Brüggemeier, Martin; Schauer, Reinbert; Schedler, Kuno, Bern/Stuttgart/Wien 2007.

Mattner, Michael (2012): Der Bewertungsplan in Mecklenburg-Vorpommern für den EFRE 2007-2013: Beispiele aus der Evaluationspraxis der einzelbetrieblichen Investitions- und F&E-Förderung, Berlin 2012, abrufbar unter URL: http://www.programmforschung.de/downloads/2012-03-29-gfp-jt-2012-vortrag-05-mattner-alec.pdf, vom 30.04.2012.

Mauch, Siegfried (1999): Zielorientiertes Führen – ein Umsetzungsmodell für die öffentliche Verwaltung, Stuttgart 1999.

Maurer, Hartmut (2009): Allgemeines Verwaltungsrecht, 17. Auflage, München 2009.

Ministerium für Arbeit, Integration und Soziales (2011): Informationsblatt zur Potentialberatung in Nordrhein-Westfalen, Düsseldorf 2011.

Ministerium für Generationen, Familie, Frauen und Integration (2002): Grundsätze zur Förderung örtlicher/regionaler Kooperationen gegen häusliche Gewalt, Düsseldorf 2002.

Ministerium für Generationen, Familie, Frauen und Integration (2006): Sonderprogramme zur Förderung von Kindern und Jugendlichen, Düsseldorf 2006.

Ministerium für Generationen, Familie, Frauen und Integration (2007): Richtlinien über die Gewährung von Zuwendungen zur Förderung von Integrationsagenturen für die Belange von Menschen mit Zuwanderungsgeschichte, Düsseldorf 2007.

Ministerium für Generationen, Familien, Frauen und Integration des Landes Nordrhein-Westfalen (2008): Richtlinien über die Gewährung von Zuwendungen für Investitionen in Kindertageseinrichtungen und Kindertagespflege zum Ausbau von Plätzen für Kinder unter drei Jahren, Düsseldorf 2008.

Ministerium für Generationen, Familien, Frauen und Integration des Landes Nordrhein-Westfalen (2009): Förderkonzept Interkulturelle Zentren und niedrigschwellige Integrationsvorhaben (Stand 2009), Düsseldorf 2009.

Ministerium für Generationen, Familien, Frauen und Integration des Landes Nordrhein-Westfalen (2010a): Investitionsprogramm U3 – Regionale Steuerung der Bewilligung der Fördermittel, Düsseldorf 2010.

Ministerium für Generationen, Familien, Frauen und Integration des Landes Nordrhein-Westfalen (2010b): Förderkonzept 2010 – Innovation in der kommunalen Integrationsarbeit – eine Förderung durch das Land Nordrhein-Westfalen, Düsseldorf 2010.

Ministerium für Gesundheit, Emanzipation, Pflege und Alter des Landes Nordrhein-Westfalen (2010): Datenreport Qualifikation und Berufsbeteiligung von Frauen in Nordrhein-Westfalen 1997-2008, Düsseldorf 2010.

Ministerium für Gesundheit, Emanzipation, Pflege und Alter des Landes Nordrhein-Westfalen (2011a): Leistungsbeschreibung für die Koordinierungsstelle des Kompetenzzentren Frau und Beruf, Düsseldorf 2011.

Ministerium für Gesundheit, Emanzipation, Pflege und Alter des Landes Nordrhein-Westfalen (2011b): Aufruf zur Einreichung von Interessenbekundungen zur Einrichtung der Kompetenzzentren „Frau und Beruf", Düsseldorf 2011, URL: http://www.agenturmark.de/fileadmin/agenturmark/regionalagentur/Aufruf_zur_Interessenbekundung.pdf, vom 05.04.2012.

Ministerium für Gesundheit, Emanzipation, Pflege und Alter des Landes Nordrhein-Westfalen (2011c): Formblatt 2 zur Teilnahme am Interessenbekundungsverfahren des Förderprogramms Frau und Beruf, Düsseldorf 2011.

Ministerium für Gesundheit, Emanzipation, Pflege und Alter des Landes Nordrhein-Westfalen (2012a): Die Potentiale von Frauen entwickeln und nutzen, URL: http://www.mgepa.nrw.de/emanzipation/frauen/frau_und_beruf/index.php, vom 26.03.2012.

Ministerium für Gesundheit, Emanzipation, Pflege und Alter des Landes Nordrhein-Westfalen (2012b): Pressemitteilung vom 17.02.2012, URL: http://www.mgepa.nrw.de/ministerium/presse/pressemitteilungsarchiv/pm2012/pm20120217/index.php vom 26.03.2012.

Ministerium für Innovation, Wissenschaft, Forschung und Technologie des Landes Nordrhein-Westfalen; Staatskanzlei des Landes Nordrhein-Westfalen; Ministerium für Wirtschaft, Mittelstand und Energie des Landes Nordrhein-Westfalen (2008): Richtlinie über die Gewährung von Zuwendungen für Forschung, Innovation und Technologie des Landes Nordrhein-Westfalen (FIT), Düsseldorf 2008.

Ministerium für Umwelt und Naturschutz, Landwirtschaft und Verbraucherschutz des Landes Nordrhein-Westfalen (2001): Richtlinien über die Gewährung von Zuwendungen für Maßnahmen des Naturschutzes und der Landschaftspflege (Förderrichtlinien Naturschutz – FöNa), Düsseldorf 2001.

Ministerium für Umwelt und Naturschutz, Landwirtschaft und Verbraucherschutz des Landes Nordrhein-Westfalen; Ministerium für Städtebau und Wohnen, Kultur und Sport (2003): Richtlinien für die Gewährung von Zuwendungen für ökologische Maßnahmen im Rahmen des Ökologieprogramms im Emscher-Lippe-Raum, Düsseldorf 2003.

Ministerium für Umwelt und Naturschutz, Landwirtschaft und Verbraucherschutz des Landes Nordrhein-Westfalen (2004): Richtlinien über die Gewährung von Zuwendungen für die Gefahrenermittlung und Sanierung von Altlasten, Düsseldorf 2004.

Ministerium für Umwelt und Naturschutz, Landwirtschaft und Verbraucherschutz des Landes Nordrhein-Westfalen (2006): Investitionsprogramm Abwasser NRW – Richtlinien über die Gewährung von Zuwendungen, Düsseldorf 2006.

Ministerium für Umwelt und Naturschutz, Landwirtschaft und Verbraucherschutz des Landes Nordrhein-Westfalen (2007): NRW Programm Ländlicher Raum 2007-2013, Düsseldorf 2007.

Ministerium für Umwelt und Naturschutz, Landwirtschaft und Verbraucherschutz des Landes Nordrhein-Westfalen (2009a): Richtlinien über die Gewährung von Zuwendungen für die Gefahrenermittlung und Sanierung von Altlasten sowie für weitere Maßnahmen des Bodenschutzes, Düsseldorf 2009.

Ministerium für Umwelt und Naturschutz, Landwirtschaft und Verbraucherschutz des Landes Nordrhein-Westfalen (2009b): Richtlinien über die Gewährung von Zuwendungen im Ressourceneffizienz-Programm des Landes Nordrhein-Westfalen, Düsseldorf 2009.

Ministerium für Umwelt und Naturschutz, Landwirtschaft und Verbraucherschutz des Landes Nordrhein-Westfalen (2009c): Richtlinien über die Gewährung von Zuwendungen für Maßnahmen des Wasserbaus einschließlich Talsperren, Düsseldorf 2009.

Ministerium für Wirtschaft, Mittelstand und Energie des Landes Nordrhein-Westfalen (2008a): Beratungsprogramm Wirtschaft NRW (BPW) – Richtlinien über die Gewährung von Zuwendungen zur Förderung von Gründungsberatungen, Düsseldorf 2008.

Ministerium für Wirtschaft, Mittelstand und Energie des Landes Nordrhein-Westfalen (2008b): Richtlinie über die Gewährung von Zuwendungen aus dem „Programm für rationelle Energieverwendung, regenerative Energien und Energiesparen – progres.nrw – Programmbereich Innovation“, Düsseldorf 2008.

Ministerium für Wirtschaft, Mittelstand und Energie des Landes Nordrhein-Westfalen (2008c): Richtlinie über die Gewährung von Zuwendungen aus dem „Programm für rationelle Energieverwendung, regenerative Energien und Energiesparen – progres.nrw – Programmbereich Innovation“, Düsseldorf 2008.

Ministerium für Wirtschaft, Mittelstand und Energie des Landes Nordrhein-Westfalen (2009a): Richtlinie für die Gewährung von Finanzhilfen zur Förderung der gewerblichen Wirtschaft einschließlich des Tourismusgewerbes, Düsseldorf 2009.

Ministerium für Wirtschaft, Mittelstand und Energie des Landes Nordrhein-Westfalen (2009b): Richtlinie „Investitionskapital des Landes NRW und der EU für kleine und mittlere Unternehmen (NRW/EU.Investitionskapital)“, Düsseldorf 2009.

Ministerium für Wirtschaft, Mittelstand und Energie des Landes Nordrhein-Westfalen (2010): Regionales Wirtschaftsförderprogramm des Landes Nordrhein-Westfalen – Infrastruktur-Richtlinie, Düsseldorf 2010.

Ministerium für Wirtschaft und Arbeit des Landes Nordrhein-Westfalen (2006): Richtlinien über die Gewährung von arbeitsplatzschaffenden Existenzgründungshilfen für Handwerksmeister/-innen (Meistergründungsprämie NRW), Düsseldorf 2006.

Mitterer, Karoline (2005): Der Produkthaushalt – Ein output-orientiertes Steuerungsinstrument, in: Forum Public Management 2005, Heft 2, Seite 8-10.

Mosiek, Thomas (2002): Interne Kundenorientierung des Controlling, Frankfurt 2002.

Mosiek, Thomas; Gerhardt, Birgit (2003): Outcome-orientiertes Verwaltungsmanagement – Eine Analyse der Wertschöpfungskette am Beispiel der Bezirksregierung Münster, in: Verwaltung und Management 2003, Heft 6, Seite 288-294.

Mosiek, Thomas; Gerhardt, Birgit; Wirtz, Alfred; Berens, Wolfgang (2003): Wirkungsorientiertes Controlling – Wertschöpfungsanalyse in der öffentlichen Verwaltung am Beispiel der Bezirksregierung Münster, in: Controlling 2003, Heft 1, Seite 27-35.

Mosiek, Thomas; Preuß, Axel (2004): Ergebnis- und wirkungsorientierte Steuerung der amtlichen Lebensmitteluntersuchung, in: Verwaltung und Management 2004, Heft 3, Seite 152-157.

Müller, Stefan; Brackschulze, Kai; Mayer-Fiedrich, Matija Denise; Ordemann, Tammo (2006): Finanzierung mittelständischer Unternehmen – Selbstrating, Risikocontrolling, Finanzierungsalternativen, München 2006.

Müller, Udo (1994): Controlling als Steuerungsinstrument der öffentlichen Verwaltung, in: APuZ 1994 B5, Seite 11-19.

Mundhenke, Ehrhard (2007): Ansätze zur Reform des Haushalts- und Rechnungswesens auf Bundesebene in Deutschland, in: Controlling und Performance Management im Öffentlichen Sektor – Ein Handbuch – Festschrift für Professor Dr. Dr. h.c. Dietrich Budäus zum 65. Geburtstag, Hrsg.: Brüggemeier, Martin; Schauer, Reinbert; Schedler, Kuno, Bern/Stuttgart/Wien 2007.

Murphy, Martin (2012): Die größte Schwäche: das Ruhrgebiet, in: Handelsblatt 2012, Nr. 60, Seite 60.

Nau, Hans-Reiner; Wallner, Gerhard (1999): Verwaltungs-Controlling für Einsteiger, Freiburg im Breisgau 1999.

Nideröst, Bruno (2002): Erfolgsbedingungen für Evaluationen, in: Leges 2002, Heft 1, Seite 39-55.

Niedersächsischer Bildungsserver (2012): http://www.nibis.de/nibis.phtml? menid=2968, abgerufen am 18.03.2012.

Novak, Axel (2011): Unterstützung bei Sanierung und Bau – Wer eine Förderung beantragt, muss langfristig planen, in: Haus der Zukunft – Bauen, Wohnen, Leben, Ausgabe Juni 2011, Beilage zum Handelsblatt vom 30.06.2011, Seite 13.

NRW.BANK (2009a): NRW.BANK.Film Zwischenfinanzierung – Zwischenfinanzierungen zur Realisierung von Kino- und TV-Produktionen, Düsseldorf 2009.

NRW.BANK (2009b): NRW.BANK.Film Gap-Finanzierung – Gap-Finanzierungen zur Realisierung von Kino- und TV-Produktionen, Düsseldorf 2009.

NRW.BANK (2009c): NRW.BANK.Film Risikoentlastung – Garantien für Hausbanken zur Risikoentlastung bei der Finanzierung von Filmproduktionen für Kino und TV-Sender, Düsseldorf 2009.

Nullmeier, Frank (2005): Output-Steuerung und Performance Measurement, in: Handbuch zur Verwaltungsreform, Hrsg.: Blanke, Bernhard; von Bandemer, Stephan; Nullmeier, Frank; Wewer, Göttrik, 3. Auflage, Wiesbaden 2005.

Oldiges, Martin (1984): Richtlinien als Ordnungsrahmen der Subventionsverwaltung, in: NJW, Heft 35, Seite 1927-1936.

Ott, Marc C. (1992): Controlling steigert die Leistung von Non-Profit-Organisationen, in: Management Zeitschrift 1992, Nr. 12, Seite 87-90.

o.V. (2000): Hauptstudium Betriebswirtschaftslehre, in: WISU 2000, Heft 3, Seite 327-331.

o.V. (2009): Förder- und Bürgschaftsbanken weiten ihr Engagement aus, um Mittelständler durch die Wirtschaftskrise zu bringen, in: Spezial zur WirtschaftsWoche 2009, Nr. 22, ab Seite 72.

o.V. (2011): Rettet die Soziale Stadt! Keine Kürzung der Städtebauförderung, URL: http://www.helle-promenade.de/1120.0.html, vom 26.04.2012.

o.V. (2012a): Träger für 16 neue Kompetenzzentren Frau und Beruf gesucht, URL: http://www.frauennrw.de/nachrichtenarchiv/j2011/m06/pm11-06-14_interessenbekundung-kompetenzzentren-frau-und-beruf.php vom 26.03.2012.

o.V. (2012b): Bekanntmachung der Ausschreibung Koordinierungsstelle für Kompetenzzentren Frau und Beruf, URL: http://ausschreibungen-deutschland.de/15812_Koordinierungsstelle_fuer_Kompetenzzentren_Frau_und_Beruf_2011_Duesseldorf, vom 26.03.2012.

Peine, Fran Joseph (2008): Allgemeines Verwaltungsrecht, 9. Auflage, Frankfurt an der Oder 2008.

Peipe, Sabine (2011): Crashkurs Projektmanagement, 5. Auflage, Freiburg 2011.

Pesch, Stefanie (2005): Wirtschaftliche Wirkungen von öffentlichen Förderprogrammen für Existenz- und Unternehmensgründungen in Deutschland, Köln 2005.

Pesendorfer, Eduard (2007): Wirkungsorientierter Einsatz von Ressourcen im Land Oberösterreich, in: Controlling und Performance Management im Öffentlichen Sektor – Ein Handbuch – Festschrift für Professor Dr. Dr. h.c. Dietrich Budäus zum 65. Geburtstag, Hrsg.: Brüggemeier, Martin; Schauer, Reinbert; Schedler, Kuno, Bern/Stuttgart/Wien 2007.

Picot, Arnold; Wolff, Birgitta (1994): Zur ökonomischen Organisation öffentlicher Leistungen: Lean Management im öffentlichen Sektor, in: Produktivität öffentlicher Dienstleistungen, Hrsg,: Naschold, Frieder; Pröhl, Marga, Gütersloh 1994.

Pieper, Thorsten (2009): Wirkungsorientiertes Controlling staatlichen Handelns – Systematische Identifikation und Bewertung der gesamtgesellschaftlichen Wirkung staatlichen Handels, Frankfurt am Main 2009.

Pippke, Wolfgang (1997): Zielvereinbarungen, in: Verwaltung und Management 1997, Heft 5, Seite 290-294.

Pook, Manfred; Fischer, Edmund (2002): Controlling in der öffentlichen Verwaltung: Entwicklungsstand und Perspektiven für die Kommunalverwaltung, in: Zeitschrift für Controlling, Accounting & System-Anwendungen 2002, Heft 2 (Sonderheft), Seite 43-53.

Popp, Thomas; Riedel, Henrik (2000): Eingriffsverwaltung contra Kundenorientierung?, in: VOP, Heft 12 2000, Seite 13-15.

Porter, Michael Eugene (1999): Wettbewerbsvorteile: Spitzenleistung erreichen und behaupten, 5. Auflage, Frankfurt am Main 1999.

Prase, Oliver (2005): Auf den Weg zu einem effektiven und effizienten Controlling in der öffentlichen Verwaltung, in: Der öffentliche Dienst 2005, Heft 1, Seite 5-8.

Priewasser, Erich (2001): Bankbetriebslehre, 7. Auflage, München 2001.

Püttner, Günter (1989): Wirtschaftsverwaltungsrecht – Lehrbuch, Stuttgart 1989.

Reichard, Christop (2007): Wirkungsorientiertes Verwaltungsmanagement, in: Controlling und Performance Management im Öffentlichen Sektor – Ein Handbuch – Festschrift für Professor Dr. Dr. h.c. Dietrich Budäus zum 65. Geburtstag, Hrsg.: Brüggemeier, Martin; Schauer, Reinbert; Schedler, Kuno, Bern/Stuttgart/Wien 2007.

Reichmann, Thomas (1995): Controlling mit Kennzahlen und Managementberichten, 4. Auflage, München 1995.

Reichmann, Thomas (2004): Kennzahlengestützte Controlling-Konzeption, in: Controlling – Theorien und Konzeptionen, Hrsg.: Scherm, Ewald; Pietsch, Gotthard, München 2004.

Reichmann, Thomas (2011): Controlling mit Kennzahlen, 8. Auflage, München 2011.

Reichmann, Thomas; Langemeyer, Gerhard (2002): Controlling in der Kommunalverwaltung – Mehr Transparenz und Effizienz in Zeiten knapper Kassen, in: Controlling 2002, Heft 4/5, Seite 265-273.

Reimer, Phillip (2008): Zur Theorie der Handlungsformen des Staates, Hamburg 2008.

Rengers, Stefan (2008): Einführung und Aufbau eines Fördercontrolling in der Landesverwaltung, in: Controller Magazin 2008, Heft März/April, Seite 34-41.

Richter, Liselotte (1988): Kosteninformationssystem – ein notwendiges Instrumentarium des modernen Verwaltungsmanagements, in: Controlling – Eine Chance für öffentliche Unternehmen und Verwaltungen, Hrsg,: Weber, Jürgen; Tylkowski, Otto, Stuttgart 1988.

Richter, Mark (2000): Controllingkonzeption für öffentliche Verwaltungsbetriebe, in: Rostocker Beiträge zu Controlling und Rechnungswesen, Hrsg.: Graßhoff, Jürgen, Band 4, Rostock 2000.

Rieper, Bernd; Witte, Thomas; Berens, Wolfgang (1996): Betriebswirtschaftliches Controlling, Wiesbaden 1996.

Röbken, Heinke (2007): Zur Verbreitung von Managementkonzepten in der öffentlichen Verwaltung, in: Verwaltung und Management 2007, Heft 5, Seite 268-273.

Röhl, Klaus-Heiner (2005): Mittelstandspolitik: eine wirtschaftspolitische Agenda zur Stärkung mittelständischer Unternehmen, Köln 2005.

Röhrig, Andreas (2008): Wirkungsorientiertes Controlling im politisch-administrativen System unter besonderer Berücksichtigung der Gestaltungsmöglichkeiten von öffentlichen Verwaltungen, Frankfurt am Main 2008.

Ruschhaupt, Stefan (2007): Strategische Planung in einem mehrstufigen Verwaltungsaufbau mit Hilfe der Balanced Scorecard, in: Controller Magazin 2007, Heft 6, Seite 616-623.

Sander, Ludger; Langer, Christian (2004): New Public Management, in: WiSt 2004, Heft 2, Seite 88-94.

Saß, Johannes; Krüger, Kai (2008): Doppik mit Controlling als Basis der Neuen Steuerung, in: Innovative Verwaltung 2009, Heft 3, Seite 27-29.

Schedler, Kuno (1993):Anreizsysteme in der öffentlichen Verwaltung, Bern 1993.

Schedler, Kuno (2005): Verwaltungscontrolling, in: Handbuch zur Verwaltungsreform, Hrsg.: Blanke, Bernhard; von Bandemer, Stephan; Nullmeier, Frank; Wewer, Göttrik, 3. Auflage, Wiesbaden 2005.

Schenker-Wicki, Andrea (2002), Umfassende Wirkungsprüfung staatlicher Subventionen, in: Verwaltung und Management 2002, Heft 2, Seite 68-75.

Schetting, Gerd (1973): Rechtspraxis der Subventionierung – Eine Untersuchung zur normativen Subventionspraxis in der Bundesrepublik Deutschland, Berlin 1973.

Schilling, Martin; Schaub, Cornelius; Rübcke, Felix (2008): Effektiver Einsatz von Fördermitteln trotz knapper Kassen, in: Innovative Verwaltung 2008, Heft 1/2, Seite 32-34.

Scholl, Jochen (2007): E-Government: Aufbruch zu neuen wissenschaftlichen Ufern oder nur eine Modeerscheinung, in: Verwaltung und Management 2007, Heft 1, S. 35-43.

Schmidberger, Jürgen (1993): Controlling für öffentliche Verwaltungen - Funktionen – Aufgabenfelder – Instrumente, Wiesbaden 1993.

Schmidt, Jürgen (2006): Wirtschaftlichkeit in der öffentlichen Verwaltung, 7. Auflage, Hildesheim 2006.

Schmidt, Rolf (2006): Besonderes Verwaltungsrecht I, 10. Auflage, Bremen 2006.

Schmidt, Uwe (2002): Methodenkompetenz in der Evaluation, in: Zeitschrift für Evaluation 2002, Heft 1, Seite 197-202.

Schoser, Franz (1995): Zwischenbilanz nach fünf Jahren wirtschaftlicher Selbstverwaltung – Sicherung von Existenzen vorrangig, in: Handelsblatt, Nr. 144 vom 28.07.1995, Seite 6.

Schreckeneder, Berta C. (2010): Projektcontrolling, 3. Auflage, Freiburg 2010.

Schwarze, Jochen (1997): Überlegungen zu einem Verwaltungscontrolling, in: Verwaltung und Management 1997, Heft 3, Seite 150-154.

Seifert, Michael (1997): Handbuch der Fördermaßnahmen für mittelständische Unternehmen – Steueranreize und Förderprogramme, Bonn 1997.

Seyfried, Peter (2003): Regieren als Rechenaufgabe, in: Verwaltung und Management 2003, Heft 4, Seite 172-180.

Semrau, Thorsten; Graumann, Matthias; Jost, Larissa (2011): Partizipative Zielvereinbarungen, in: Zeitschrift für Führung und Organisation 2011, Heft 4, Seite 238-244.

Skulimma, Klaus (1995): Praktische Ansätze zur Leistungssteigerung in der öffentlichen Verwaltung, in: VOP 1995, Heft 3, Seite 172-178.

Sommer, Stephan (2006): F&E Controlling – Ein Meilenstein-Bewertungsmodell für Produktentwicklungsprozesse, in: Technologie & Management 2006, Heft 5/6, Seite 23-25.

Spengel, Christoph (2010): Keine Begrenzung der Steuerlichen FuE-Förderung auf KMU, URL: http://blog.handelsblatt.com/steuerboard/2010/06/17/keine-begrenzung-der-steuerlichen-fue-forderung-auf-kmu/, vom 21.02. 2011.

Spiller, Bernhard (2010): Die Förderung generiert beachtliche Multiplikatoreffekte, in: Immobilien & Finanzierung 2010, Heft 23, Seite 822-825.

Staehle, Wolfgang H. (1967): Kennzahlen und Kennzahlensysteme, München 1967.

Statistische Bundesamt (2012): Statistiken zu den jährlichen Schulden des öffentlichen Gesamthaushalts, URL: https://www-genesis.destatis.de/ genesis/online/data;jsessionid=490F2BD7620F17E8687D37ED07D23101. tomcat_GO_2_1?operation=statistikAbruftabellen&levelindex=0&leveli d=1342083081716&index=2, vom 12.07.2012.

Steffens, Barbara (2011): Pressemitteilung vom 14.06.2011, URL: http://www. mgepa.nrw.de/ministerium/presse/pressemitteilungsarchiv/pm2011/p m110614b/index.php, vom 26.03.2012.

Stober, Rolf (1996): Rechtliche Rahmenbedingungen der Wirtschaftsförderung, in: BetriebsBerater, Seite 1845-1854.

Stober, Rolf (2007): Besonderes Wirtschaftsverwaltungsrecht – Gewerbe- und Regulierungsrecht, Produkt- und Subventionsrecht, 14. Auflage, Stuttgart 2007.

Stockmann, Reinhard (2004): Was ist eine gute Evaluation?, Saarbrücken 2004, auch verfügbar unter URL: http://www.ceval.de/typo3/filead-min/user _upload/PDFs/workpaper9.pdf, vom 09.05.2012.

Stoklossa, Viviane (2009): Berichtswesen, in: Controlling 2009, Heft 10, Seite 535-537.

Stratthaus, Gerhard (2000): Lernen, Verändern, Steuern – Erfolgsfaktoren für die öffentliche Verwaltung im 21. Jahrhundert, in: Strategische Steuerung – Erfolgreiche Konzepte und Tools in der Controllingpraxis, Hrsg.: Horvàth, Pèter, Stuttgart 2000.

Streitferdt, Lothar (2007): Staatliches Controlling auf der Grundlage der doppelten Buchführung, in: Controlling und Performance Management im Öffentlichen Sektor – Ein Handbuch – Festschrift für Professor Dr. Dr. h.c. Dietrich Budäus zum 65. Geburtstag, Hrsg.: Brüggemeier, Martin; Schauer, Reinbert; Schedler, Kuno, Bern/Stuttgart/Wien 2007.

Straub, Nadine; Waschbusch, Gerd (2008): Staatliche Förderprogramme in der Mittelstandsfinanzierung – Theoretische Grundlagen und praktische Gestaltungshinweise insbesondere für saarländische Unternehmen, in: Arbeitspapiere zur Existenzgründung, Saarbrücken 2008.

Tepe, Linus (2009): Verfassungsrechtliche Vorgaben für Zuständigkeitsverlagerungen zwischen Gemeindeverbandsebenen, Stuttgart 2009.

Thiemann, Bernd [Hrsg.] (1999): Knapps Enzyklopädisches Lexikon des Geld-, Bank- und Börsenwesens, Band 2 (J-Z), 4. Auflage, Frankfurt am Main 1999.

Thom, Norbert; Ritz, Adrian (2006): Public Management, 3. Auflage, Wiesbaden 2006.

Thomas, Axel (2007): Moderne Instrumente für ein Erfolgscontrolling bei Wirtschaftsförderungsgesellschaften, in: Verwaltung und Management 2007, Heft 1, Seite 4-9.

Thommen, Jean-Paul (2008): Managementorientierte Betriebswirtschaftslehre, 8. Auflage, Zürich 2008.

Tolkmitt, Volker (2007): Neue Bankbetriebslehre – Basiswissen zu Finanzprodukten und Finanzdienstleistungen, 2. Auflage, Wiesbaden 2007.

Tonnellier, Hans-Joachim (2011): Gezielte Förderung statt Gießkanne, in: Immobilien & Finanzierung 2011, Heft 1, Seite 26-27.

Vogel, Stefan (2000): Der Staat als Marktteilnehmer – Voraussetzungen der Zulässigkeit wirtschaftlicher Tätigkeit des Gemeinwesens in Konkurrenz zu Privaten, Zürich 2000.

von Hagen, Jürgen; von Stein, Johann Heinrich [Hrsg.] (2000): Geld-, Bank- und Börsenwesen – Handbuch des Finanzsystems, 40. Auflage, Stuttgart 2000.

von Lucke, Jörn; Reinermann, Heinrich (2000): Speyerer Definition von Electronic Government, Speyer 2000. Auch abzurufen als Online-Publikation unter http://foev.dhv-speyer.de/ruvii, vom 24.01.2012.

Wagenhofer, Alfred (2000): Bilanzierung und Bilanzanalyse, 6. Auflage, Wien 2000.

Wagner, Reinhard (2009): Das ist neu in den deutschen PM-Normen, in: Projekt-Magazin 2009, Ausgabe 3, Seite 1-8.

Weber, Jürgen (1988a): Controlling in öffentlichen Unternehmen und Verwaltungen – Chancen und Restriktionen, in: Controlling – Eine Chance für öffentliche Unternehmen und Verwaltungen, Hrsg.: Weber, Jürgen; Tylkowski, Otto, Stuttgart 1988.

Weber, Jürgen (1988b): Controlling – Möglichkeiten und Grenzen der Übertragbarkeit eines erwerbswirtschaftlichen Führungsinstruments auf öffentliche Institutionen, in: Die Betriebswirtschaft (1988), Heft 2, Seite 171-194.

Weber, Jürgen (1995): Einführung in das Controlling, 6. Auflage, Stuttgart 1995.

Weber, Jürgen; Hamprecht, Markus (1995): Controlling in Non-Profit-Organisationen – Konzept und Chancen, in: Controlling 1995, Heft 3, Seite 124-131.

Weber, Jürgen; Schäffer Utz (2008): Einführung in das Controlling, 12. Auflage, Stuttgart 2008.

Werner, Horst S. (2006): Eigenkapital-Finanzierung, Köln 2006.

Wey, Karin (2000): Wege durch den Förderdschungel – Fördermittel-Handbuch für Unternehmen und Existenzgründer, Stuttgart 2000.

Widmer, Thomas (2002): Staatsreform und Evaluation: Konzeptionelle Grundlagen und Praxis bei den Schweizer Kantonen, in: Zeitschrift für Evaluation, Heft 1, Seite 101-114.

Witt-Bartsch, Angela; Enz, Harald (2004): Projektmanagement – Ein Buch mit sieben Siegeln, in: Verwaltung und Management 2004, Heft 2, Seite 92-97.

Wöhe, Günter; Döring, Ulrich (2008): Einführung in die Allgemeine Betriebswirtschaftslehre, 23. Auflage, München 2008.

Wollmann, Hellmut (2000): Evaluierung und Evaluierungsforschung von Verwaltungspolitik und -modernisierung – zwischen Analysepotential und -defizit, in: Evaluationsforschung, Hrsg.: Stockmann, Reinhard, Opladen 2000.

Wunderer, Rolf; Jaritz, André (2006): Unternehmerisches Personalcontrolling, 3. Auflage, München 2006.

Zantow, Roger (2004): Finanzierung – Die Grundlagen modernen Finanzmanagements, München 2004.

Zürcher, Markus (1999): Qualitätsmanagement in der Verwaltung, in: Organisator 1999, Heft 12, Seite 14-15.

Beiträge zum Controlling

Herausgegeben von Wolfgang Berens

Band 1 Wolfgang Berens / Joachim Strauch: Due Diligence bei Unternehmensakquisitionen – eine empirische Untersuchung. Unter Mitarbeit von Thorsten Behrens und Julia Lescher. 2002.

Band 2 Andreas Siemes: Marktorientierte Kreditrisikobewertung. Eine empirische Untersuchung mittels Künstlicher Neuronaler Netze. 2002.

Band 3 Karl Christoph Heinen: Die Berücksichtigung von Kosten in der Konkurrenzanalyse. 2002.

Band 4 Thomas Mosiek: Interne Kundenorientierung des Controlling. 2002.

Band 5 Vera Südmeyer: Wettbewerbsvorteile durch strategisches Betriebsformenmanagement. Ein dynamischer Bezugsrahmen für Einzelhandelsunternehmen. 2003.

Band 6 Wolfgang Berens / Walter Schmitting (Hrsg.): Controlling im E-Business. Rückkehr zur Rationalität. 2004.

Band 7 René Bertelsmann: Entwicklung einer Controlling-Konzeption im verallgemeinerten Neuen Steuerungsmodell für Trägerorganisationen der gesetzlichen Unfallversicherung. 2005.

Band 8 Mirko Tillmann: Risikokapitalbasierte Steuerung in der Schaden- und Unfallversicherung. Konzeption einer modellgestützten Risikoanalyse. 2005.

Band 9 Andreas Hoffjan: Risikorechnung bei industrieller Auftragsfertigung. Theoretische Konzeption und Anwendung für die Bauwirtschaft. 2006.

Band 10 Pascal Nevries: Die Marketingwirkungen von Börsengängen. Eine konzeptionelle Analyse. 2006.

Band 11 Klaus Segbers: Die Geschäftsbeziehung zwischen mittelständischen Unternehmen und ihrer Hausbank. Eine ökonomische und verhaltenswissenschaftliche Analyse. 2007.

Band 12 Andreas Röhrig: Wirkungsorientiertes Controlling im politisch-administrativen System. Unter besonderer Berücksichtigung der Gestaltungsmöglichkeiten von öffentlichen Verwaltungen. 2008.

Band 13 Nino Raddao: Potenzialorientierte Kundensegmentierung zur Optimierung des Leistungsportfolios in der Firmenkundenbank. Konzeption und Implementierung einer efficient customization am Beispiel von Genossenschaftsbanken. 2009.

Band 14 Thorsten Pieper: Wirkungsorientiertes Controlling staatlichen Handelns. Systematische Identifikation und Bewertung der gesamtgesellschaftlichen Wirkungen staatlichen Handelns. 2009.

Band 15 Tina Püthe: Mittelständische Unternehmen und Genossenschaftsbanken. Eine empirische Analyse der Wirkung ökonomischer und verhaltenswissenschaftlicher Faktoren. 2009.

Band 16 Christian Buschhoff: Evaluation von Verwaltungsmodernisierung. Empirische Erkenntnisse auf Grundlage der Binnenmodernisierung in einer Landesverwaltung. 2009.

Band 17 Florian Wüller: Kundenwertorientierte Vertriebssteuerung im Firmenkundengeschäft der Kreditgenossenschaften. Kundenwertmodellierung, -operationalisierung und konzeptionelle Gestaltungsempfehlungen. 2012.

Band 18 Torsten Wruck: Förderprogramm-Controlling: Entwicklung einer betriebswirtschaftlichen Konzeption. Kategorisierung von staatlichen Förderprogrammen entlang des Fördermanagementprozesses zur Ableitung von Gestaltungspotentialen. 2013.

www.peterlang.de